“十四五”国家重点出版规划项目

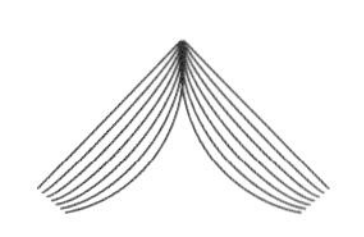

中国顶尖学科
出版工程

复旦大学
历史地理学科

主编
葛剑雄

副主编
张晓虹

学术前沿

江淮关系与淮扬运河水文动态研究
（10—16世纪）

袁　慧　著

出版说明

顶尖学科的创新和发展，一直是全社会关心的热点议题。国家的发展需要顶尖学科的支撑，高端人才的培养体现了顶尖学科的传承。为我国学科建设发展注入人文关怀和强化历史厚度，探索学科发生发展的规律，有助于推动我国的学科建设，使我国顶尖学科实力更加饱满、更具国际化和人性化、更适应未来社会融合发展的趋势。

“中国顶尖学科出版工程”缘起于2018年10月杭州电子科技大学融媒体与主题出版研究院院长韩建民教授和上海教育出版社缪宏才社长在飞往西安的飞机上的一席谈话。二位谈到，作为出版人，不仅要运营好出版社，更重要的是担负起出版人的职责，服务社会，传承文化。作为高校教师、教育出版社社长，他们的关注点不约而同地聚集在了高等教育上。近年来，教育部等国家有关部门对高等教育尤其是顶尖人才的培养格外重视。人才培养离不开学科建设，国家建设需要学科支持。学科发展水平是高校和科研机构的核心竞争力，是全社会关注的焦点。一个好的学科首先应该讲历史、讲积淀、讲传承、讲学科建设史，而目前我国大部分顶尖学科没有系统建设自己的学科史，更没有建构自己学科的学术文化传统。世界上一些著名的大学科研机构，如剑桥大学卡文迪许实验室，恰恰是高度重视科学与人文的结合，所以才产生了享誉世界的科研成果。

英国物理学博士C.P.斯诺曾经提出了两种文化，一种是人文文化，一种是科学文化。随着科学技术与社会的发展，两者之间的鸿沟越来越明显。这两种文化对社会发展都有利有弊，只有做好融合，才能健康推动社会全面进步。学科建设是两种文化融合的重要阵地，因此亟需在学科建设与发展中注入人文和历史，以起到健康发展的带动作用。

“中国顶尖学科出版工程”的出版理念就是要更重视学科史的建设，为学科发展注入历史文脉，为社会打通文理，对理工学科来说，尤其需要人文传统建设。一个没有历史和文化的理工学科是偏激片面的、没有温度的，也不会产生树干的成果。重大的成果肯定是融合升华后的成就，是在历史和文化融合的基础上铸造的果实，而枝节过细的成果往往不能产生学术根本的跃升。当下我们的人文学科也需要学科史、人物史和传统史的建设，只有这样，才是真正的学科发展，才更具国际竞争力，才更不可超越。这是我们这套书选取学科的指导思想，也是这套书不同于一般学术著作系列的特点。

这一出版工程将分辑推出我国各顶尖学科的学科史、学术经典和重要前沿成果等。对于其中的学术经典，需要说明的是，由于此前它们出版或发表于不同时期，所以格式、表述不统一之处甚多，有些字沿用了旧时写法，有些书名等是出于作者本人的书写习惯。为尊重作者的行文风格，本次出版除作必要的改动外，原则上予以保留。

第一辑是复旦大学历史地理学科系列，由我国著名历史地理学家葛剑雄先生担任主编。葛先生是我们的老作者、老朋友，他非常肯定并支持我们的理念和做法，并且身体力行。几年来大家精诚合作，在葛先生的影响、带动下，在全体作者辛苦努力下，这个项目不仅获得了国家出版基金立项支持、入选国家"十四五"出版规划，还带动了同济大学建筑学科等后续项目的启动。

希望通过这一出版工程，为我国更多的高校和科研机构带来示范性效应，推动学科发展与进步，增强学科竞争力，引领学科建设新趋势。

上海教育出版社

2022年10月

复旦大学历史地理学科·序

上海教育出版社策划出版"中国顶尖学科出版工程",将复旦大学历史地理学科系列作为第一辑。复旦大学中国历史地理研究所欣然合作,组成编委会,我受命主编。

本所之所以乐意合作,并且动员同仁全力以赴,因为这是一项非常有价值、有意义并具有紧迫性的工作,也是我们这个学科点自己的需要。通过这套书的编撰,可以写出学科的历史,汇聚已有成果,总结学术经验,公布经典性论著,展示学术前沿,供国内外学术界和公众全面了解,让大家知道这个学科点是怎样造就的,评价一下它究竟是否够得上顶尖。

复旦大学历史地理学科的起点,是以谭其骧先生1950年由浙江大学移席复旦大学历史系为标志的。而谭先生与历史地理学科的渊源,还可追溯至1931年秋他与导师顾颉刚先生在燕京大学研究生课程的课堂外有关两汉州制的学术争论。1955年2月,谭先生赴京主持重编、改绘杨守敬《历代舆地图》。1957年,"杨图"编绘工作移师上海。1959年,复旦大学在历史系成立历史地理研究室。1982年,经教育部批准,成立中国历史地理研究所。1999年组建的复旦大学历史地理研究中心,成为教育部首批全国重点研究基地之一。

这一过程约长达70年,没有一个人全部经历。学科创始人谭先生已于1992年逝世,1957年起参加"杨图"编绘并曾担任中国历史地理研究所所长10年的邹逸麟先生已于2020年逝世,与邹先生同时参加"杨图"编绘的王文楚先生已退休多年。现有同仁中,周振鹤教授与我是经历时间最长的。我与他同时于1978年10月成为复旦大学历史系的研究生,由谭先生指导。我于1981年入职历史地理研究室,1996年至2007年任中国历史地理研究所所长,1999年至2007年任历史地理研究中心主任。由于自1980年起就担任谭先生的学术助手,又因整理谭先生的日记,撰写谭先生的传记,对谭先生的个人经历、学术贡献以及1978年前的情况有了一定了解。但70年的往事还留下不少空白，就是我亲历的事也未必能保持准确的记忆。

一年多来，同仁曾遍搜相关档案资料，在上海市档案馆和复旦大学档案馆发现了不少重要文件和原始资料，同时还向同仁广泛征集。但由于种种原因，有些重要的事并未留下本应有的记录，或者未能归入档案，早已散失。

本系列第一部分是学科学术史和学科论著总目。希望通过学术史的编撰，为这70年留下尽可能全面准确的记载。学科论著总目实际上是学术史中学术成果的具体化。要收全这70年来的论著同样有一定难度，因为在电子文档普遍使用和年度成果申报制度实施之前，有些个人论著从一开始就未被记录或列入索引，所以除了请同仁尽可能详细汇总外，还通过各种检索系统作了全面搜集。从谭先生开始，个人的论著中都包括一些非本学科或历史学科的论著，还有些是普及性的。考虑到一个学科点对学术的贡献和影响并不限于本学科，所以对前者全部收录；而一个学科点还有服务社会的功能，所以对具有学术性的普及论著也同样收录，非学术性的普及论著则视其重要性和影响力酌情选录。

在复旦大学其他院系，尤其是历史系，也有一些历史地理研究者，其中有的一直是我们的合作者，或者就是从这里调出的，他们的历史地理论著应视为本学科点的成果，自然应全部收录，但不收录他们离开复旦大学后的论著。本博士、硕士学科点所招收的研究生在学期间发表的论著，与本单位导师合作研究的博士后在流动站期间完成的论著，均予收录。本学科点人员离开复旦大学后的论著不再收录。历史地理研究中心所外聘的研究人员在应聘期间按合同规定完成的论著，按本中心人员标准收录。

第二部分是学术传记和相应的学术经典。考虑到学术经验需要长期积累，学术成果必须经受时间的检验，所以在首批我们按年资选定了四位，即谭其骧先生、邹逸麟先生、周振鹤教授和我。本来我们还选了姚大力教授，但他一再坚辞，我们只能尊重他本人的意见，留在下一批。

我们确定“经典”的标准，是本人论著中最高水平和最有代表性的部分，具体内容由本人选定。谭先生那本只能由我选，但我自信大致能符合谭先生的意愿。谭先生在1987年出版自选论文集《长水集》时，我曾协助编辑；他的《长水集续编》虽出版于他身后，但他生前我已在他指导下选定篇目，我大致了解谭先生对自己的论著的评价。

除谭先生的学术传记不得不由我撰写外，其他三本都由本人自撰。当时邹逸麟先生已重病在身,但为了学术传承,他以超人的毅力,不顾晚期癌症的痛苦与极度虚弱,在病床上完成了口述,将由他的学生段伟整理成文。

第三部分是青年教师或研究生的新著。之所以称为"学术前沿",是因为它们在选题、研究方法、表达方式上都有一定新意,反映了年轻一代的学术旨趣和学术水平。其中有的或许能成为作者与本学科的经典,有的会被自己或他人的同类著作所取代,这是所有被称为"前沿"的事物的必然结果。

由于没有先例可循,这三部分是否足以反映复旦大学历史地理学科的全貌和水平,我们没有把握,只能请学术界方家和广大读者鉴定。我们将在可能条件下,争取修订再版。这套书反映的是我们的过去,如果未来的同仁们能够保持并发展历史地理学科的现有水准,那么若干年后肯定能出版本系列的续编和新版。我与大家共同期待。

葛剑雄

2022 年 6 月

目录

图目

表　目

绪论

一、研究对象、区域和时段

(一) 研究对象及相关概念

1. 淮扬运河

淮扬运河是京杭大运河淮安至扬州段,北起废黄河(古淮河),南至长江,发端自春秋时期吴国开凿的沟通长江和淮河的邗沟,在历史上另有中渎水、里运河等称谓。淮扬运河作为京杭大运河各段中起源较早的一段,历史时期受长江、淮河、黄河、海洋交错影响,水文形势复杂多变。

2. 江淮关系

"江淮关系"的概念,从广义上看,即长江和淮河之间的关系,无论是地理范围还是涵盖内容都牵涉甚广。从狭义上看,"江淮关系"的概念类似"黄淮关系""黄运关系"[1],即水系之间的互动和关联及其对水环境的影响。本书研究的"江淮关系"指相对狭义的概念,其内涵主要包括三个方面:一是江、淮水系的沟通,二是江、淮之间的水流方向,三是江、淮之间的河湖水文。

事实上,"江淮关系"相关概念前人早已提出。岑仲勉在"上古时江淮的下游相通"中谈到"江与淮的关系",他认为早期江、淮下游港汊彼此相通,春秋末年吴国开凿的邗沟就是在这种江、淮相通的水文基础上稍加疏浚、开凿形成的。[2] 民国时期张謇也提到"江与淮关系"一词,他认为运河堤防是一道约束淮水南下入江的屏障:"夫淮入江之道,即上下河。上之宝应、高邮、江都,下之盐城、兴化、东台、泰县:上恃运河西之堤,下恃运河东之堤。当堤之坝,一遇大涨,上利开,下利不开,争持无已。试问不分于上,又有何策?此淮与江之关系也。"[3] 由此可见,张謇和岑仲勉所述名为江淮关系,实际上是淮扬运河和长江、淮河之间的关系。

谈及"江淮关系",就要提到淮扬运河。这条介于江、淮之间的运河自开凿起就承载着沟通江、淮水系的功能。因此,淮扬运河是江淮关系的载体。另一方面,运河堤防闸坝、水文动态的演变又会赋予江淮关系新的内涵。江、淮、运联系密切,从水文动态演变层面来说,淮扬运河史是江淮关系史的重要组成部分。

---

1 韩昭庆:《黄淮关系及其演变过程研究——黄河长期夺淮期间淮北平原湖泊、水系的变迁和背景》,复旦大学出版社 1999 年;邹逸麟:《历史上的黄运关系》,《光明日报》2009 年 2 月 10 日。

2 岑仲勉:《黄河变迁史》,人民出版社 1957 年,第 177—179 页。

3 李明勋、尤世玮主编:《张謇全集》,上海辞书出版社 2012 年,第 3 册,第 937、939 页。

3. 水文动态

“水文”指自然界中水的各种变化和运动的现象，其中水的时空分布和变化规律是现代研究探讨的重要内容。[1] 本书所要探讨的淮扬运河水文动态，主要指历史时期运河流向、水源变化及其与沿线河湖互动的过程。

4. 运湖关系和单堤、双堤

“运湖关系”指运河和湖泊的关系。淮扬运河自开凿起，很长一段时间内借湖泊通行。在这种情况下，湖泊是运河的一部分，运、湖一体。单堤即一道堤防，在运、湖一体时期，单堤既是运堤，又是湖堤。双堤是两道堤防，堤防之间是沟渠形态的运河。一般而言，湖区双堤渠系运道形成，意味着运河和湖泊实现分离。

（二）涉及区域

淮扬运河所在区域是废黄河（古淮河）以南、长江以北、江淮丘陵以东、黄海以西的平原区，在历史时期乃至现代被称为淮扬地区。按现代行政区划来看，包括江苏中部的淮安、扬州、盐城、泰州、南通等地（图 0－1）。

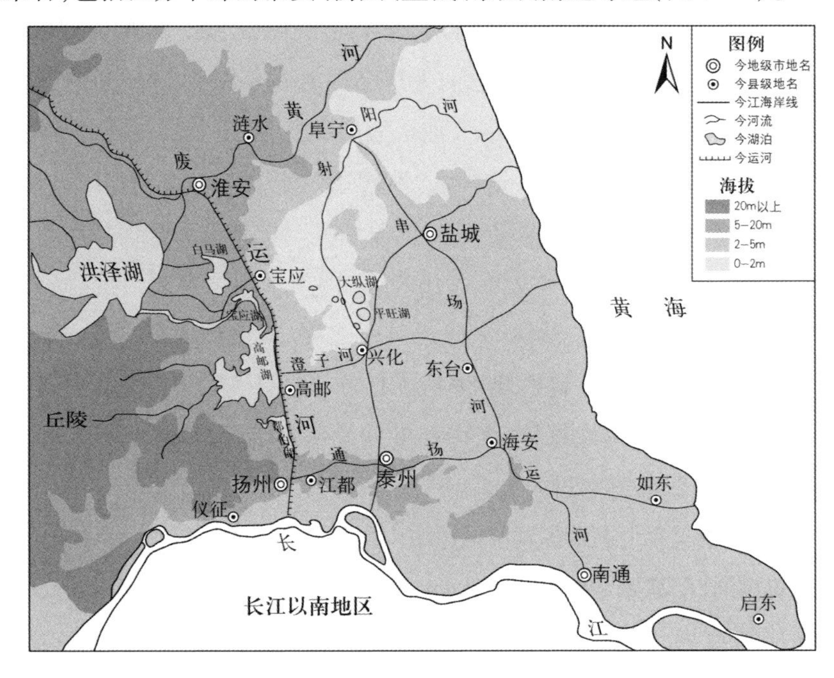

图 0－1　淮扬地区范围和地势图

资料来源：江苏省基础地理信息中心编制：《江苏省地图集》，“地势”图，中国地图出版社 2004 年，第 8—9 页。

1　杨大文、杨汉波、雷慧闽编著：《流域水文学》，清华大学出版社 2014 年，第 1 页。

淮扬地区的地貌类型是一个四周高、中间低的碟形洼地，内部又细化成若干个地貌类型(图 0-2)。

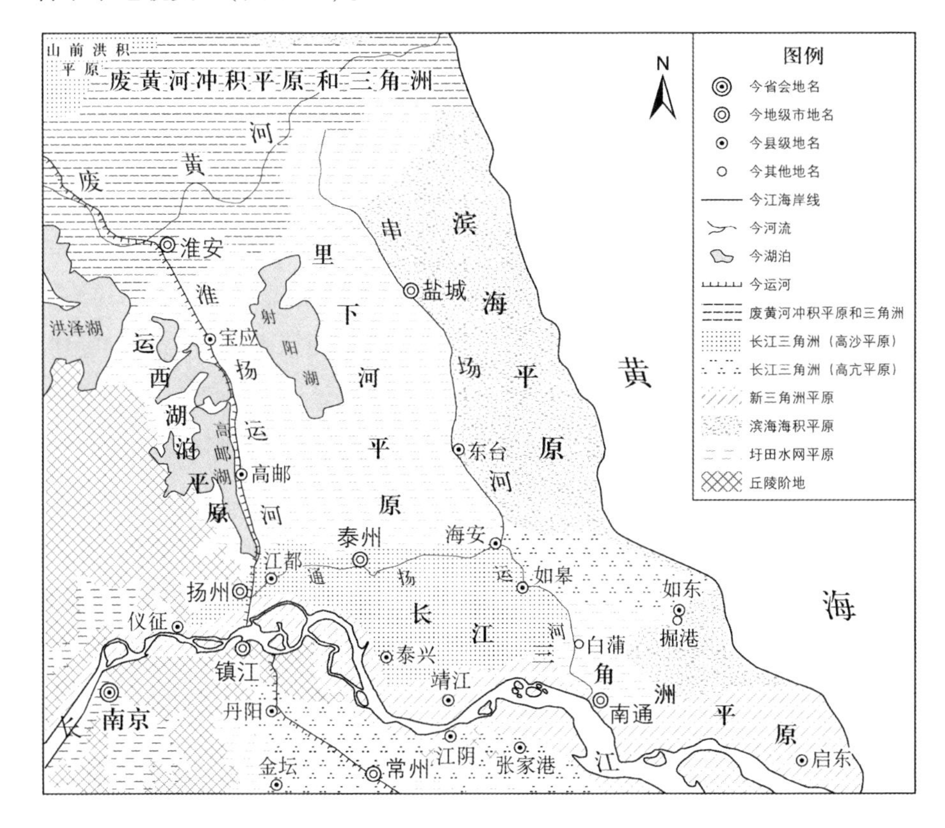

图 0-2 淮扬地区地貌类型图

资料来源：江苏省地图集编辑组：《江苏省地图集》，“江苏地貌”图，1978 年。

1. 废黄河冲积平原和废黄河三角洲

位于淮扬地区北端，在废黄河沿岸。南宋黄河夺淮以前，这里是古淮河三角洲。在距今 7 000 年以前的高海面时期，淮河河口在淮安以西一带徘徊。距今 2 000 年以来，随着海平面后退，泥沙沉积在河口，形成三角洲平原。宋代，淮河河口已延伸至阜宁。[1] 南宋黄河夺淮以后，泥沙在淮河下游和河口沉积，加速沿岸地势抬升和河口成陆进程，形成黄河三角洲和沿岸冲积平原。

2. 长江三角洲平原

位于淮扬地区南端，在长江和通扬运河之间，是距今 7 000 年来高海面

1 凌申：《古淮口岸线冲淤演变》，《海洋通报》2001 年第 5 期。

后退形成的。汉代以前,长江河口徘徊在镇江、扬州一线,此后沙洲并岸、河口东迁,长江北岸逐渐成陆。[1] 值得注意的是,扬州、泰州到海安一线有一处地势较高的岗地,现已成为江、淮水系的天然分水岭。[2] 已有研究表明,岗地是长江古沙嘴区,高达7—8米。它的形成并非受河流沉积作用影响,而是受波浪堆积作用影响,因此地势较为高亢。[3]

3. 运西湖泊平原、里下河平原和滨海平原

废黄河平原和长江三角洲之间的区域,地势相对低洼,其中又以淮扬运河和串场河为界,分为运西湖泊平原、里下河平原和滨海平原。运西湖泊平原地势较高,历史上樊梁湖、津湖、白马湖即今天运西诸湖(白马湖、宝应湖、高邮湖、邵伯湖)的前身。这些湖泊在南宋黄河夺淮以前是散布的小湖群,后经潴水,形成水面广阔的湖群。里下河地区在距今7 000年前高海面时期是一片浅海湾,古长江、淮河携带的大量泥沙,在波浪、潮流等海洋动力影响下,分别在江、淮入海口堆积成沙嘴和岸外沙坝,浅海湾成为潟湖区。其后由于长江、淮河水流的淡化作用和泥沙的沉积,里下河地区逐渐涸出,潟湖演变成淡水湖泊和沼泽。南宋黄河夺淮以后,里下河地区受黄、淮水流影响,接受泥沙沉积,在人为开发作用下,逐渐形成今天的河网平原。[4] 串场河(即范公堤一线)以东的滨海平原大部分自明清以来成陆,由于泥沙堆积受海潮影响,地势较其西部的里下河平原稍高。

总体而言,淮扬地势呈现西高东低和南北高、中间低的特点。其中有两条颇具标识性的凸起地貌,即淮扬运河和范公堤(见图0-3)。两道地貌都

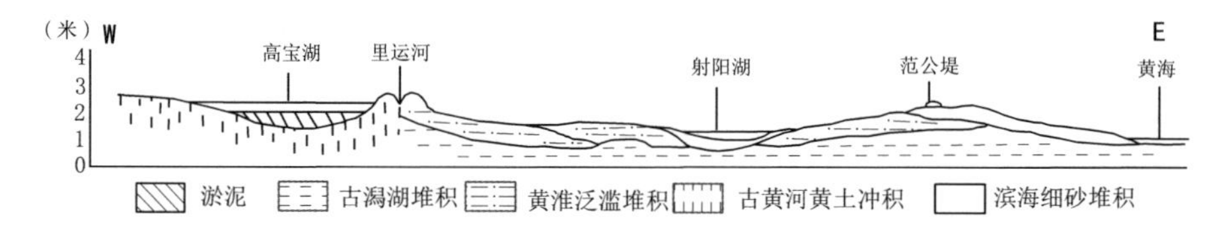

图0-3 淮扬运河东、西两侧的地貌剖面图

资料来源:叶青超:《试论苏北废黄河三角洲的发育》,“苏北里下河地区沉积相示意图”,《地理学报》1986年第2期。

---

1 陈金渊著,陈炅校补:《南通成陆》,苏州大学出版社2010年,第36—55页。
2 高文学主编:《中国地震年鉴》,地震出版社1988年,第281页。
3 陈吉余、虞志英、恽才兴:《长江三角洲的地貌发育》,《地理学报》1959年第3期。
4 吴必虎:《历史时期苏北平原地理系统研究》,华东师范大学出版社1996年,第24—30页;凌申:《全新世以来里下河地区古地理演变》,《地理科学》2001年第5期。

是历史时期人为塑造的,都对淮扬地区水环境产生了深远影响。范公堤是唐宋时期基于岸外沙坝兴建的捍海堰。[1] 与之相比,运河沿线的地貌塑造和自然、人为的互动过程更为复杂,今天淮扬运河西侧湖泊密布、水面宽阔和东侧平原广袤、田畴纵横的景观格局是基于历史时期运河演变的结果,这是需要重点关注的内容。

（三）时段界定

宋代、明代是淮扬运河堤岸闸坝体系确立的时期,也是运西湖泊密布、运东阡陌纵横景观格局初步形成的时期。宋代淮扬运河单堤形成,明代运河堤岸由单堤发展到双堤。堤防形成的同时,闸坝体系随之建立。运河堤防和闸坝形成过程体现出对外界水环境的应对,堤防闸坝的发展又对运河水文形势及沿线水环境产生反作用。由于淮扬地区天然水流多为东西向,纵贯南北的运堤形成后,会对东西向水流进行拦截。大部分水流潴积在运西,运东陆地涸出,运河两侧的河湖地貌由此产生分异。

运河堤岸闸坝的兴起和确立不仅影响运河本身及周边河湖的水文形势,还对江淮关系的演变至为关键。明代后期淮水由独流入海转为分泄入江,这是江淮关系发展过程中的重大转折,确立了明清以来乃至现代淮水入江格局的基础性结构。这种转变的原因,一是南宋黄河夺淮以来,淮河下游受到扰动,至明代后期清口淤塞,淮水被迫分泄南下;另一个则是淮扬运河堤岸闸坝体系的建立。由于淮扬地势西高东低,南北高、中部低,黄河等外力的扰动并不会直接带来淮水入江的局面,若没有运堤拦截和闸坝调控,分泄南下的淮水只能在淮扬地区漫流入海,只有运堤闸坝体系确立之后,淮水入江的格局才得以构建。

将宋明时期作为一个时段探讨,还考虑到淮扬运河的水流方向、水源和运湖关系等在此间经历诸多转变。这一点,前人已提纲挈领地进行了总结:"从古以来北流之渠水,一变而向南流矣。忽渠忽湖常变动之运道,一变而为固定不移之渠道矣。常患水少之邗沟,一变而水多为患矣。"[2] 这些变化完成于明代后期,但是明代淮扬运河的运道路线、堤岸模式和闸坝调控都可追溯至宋代。宋代,在乔维岳、李溥、张纶、陈损之等治水者的主持下,淮扬运河路线、单堤形态和闸坝体系基本形成。南宋黄河夺淮以来,虽然淮河下游

---

1 凌申:《苏北古海堤考证》,《海岸工程》1990年第2期。

2 (清)徐庭曾:《邗沟故道历代变迁图说》,《扬州文库》,广陵书社2015年,第43册,第281页。

水系受到扰动，但影响程度较小，明初治运者陈瑄在开凿淮扬运河北段清江浦、修筑湖区运堤和完善闸坝控制等方面仍承袭宋制。明代后期，淮河下游受到黄河强烈扰动，部分淮水被迫南徙，在水环境变局中，以万恭、潘季驯为代表的治水者在淮水出路和运河治理上仍力求恢复明初形制。总之，在淮扬运河水文动态和江淮关系演变上，宋明时期确立了基本结构，清代、民国时期很大程度上是对明代结构的深化。因此，将宋明时期作为一个时间段进行研究很有必要。

与此同时，还需要对宋代以前的江淮关系和淮扬运河水文形势加以梳理、考证。宋代以前，由于江、淮河口开阔，水流散漫，江、淮水系在自然条件下稍加疏浚即可沟通。运河是一条半天然、半人工的河道。唐宋之交，随着江、淮河口东迁，丰水环境衰退，感潮环境减弱，淮扬运河近江、近淮段浅涩，暗示着江、淮水系分化。宋代以来，在江、淮分化的背景下，淮扬运河全线堤防、闸坝兴起，运河逐渐由一条半天然、半人工的河道过渡为一条全线人工河道。唐宋之交是江淮关系由一体走向分化的节点，也是淮扬运河的属性由半人工、半自然过渡到全线人工干预的转折点。厘清宋代以前淮扬运河和江淮关系的演变情况，成为探究宋明时期相关内容的前提。

二、研究综述

（一）研究概述

历史时期江、淮、黄、海的交互作用，赋予了淮扬运河及整个淮扬地区复杂多变的水文形势，也为探讨人与环境的互动提供了诸多经典案例。围绕淮扬运河及区域水环境的演变，前人有丰富的研究成果。

1. 文献考据

早在宋代，就有学者针对《孟子》“决汝、汉，排淮、泗，而注之江”（以下简称“排淮注江”），探讨江、淮相通和邗沟的关系。诸如郑樵、林之奇、朱熹等人质疑《孟子》记载的可靠性，而傅寅、陈大猷肯定《孟子》记载，并且认为邗沟是基于江、淮相通旧迹形成的。明代以来，与淮扬运河有关的著述有多种。胡应恩所著《淮南水利考》对春秋以来至万历初年的淮扬河湖演变有详细梳理，其中很多内容被《天下郡国利病书》引用。明末朱国盛的《南河全考》有关于淮扬运河的文字考证和地图。刘文淇的《扬州水道记》和刘宝楠的《宝应县图经》是清代两部专门论述淮扬运河的著作，前者分“江都运河”

"高邮运河""宝应运河"三部分论述，值得注意的是其对运河沿线湖泊和堤防的研究；后者提出"邗沟十三变"，对淮扬运河历史演变进行提纲挈领式的考证。此外，清代胡渭《禹贡锥指》、徐庭曾《邗沟故道历代变迁图说》对淮扬运河的变迁也有论述。

2. 淮河流域研究

民国以来，地理调查兴起，河流地貌和河口海岸的演变受到关注。围绕导淮工程，更多的学者趋向于从宏观视角梳理淮河流域水系和河湖演变，代表性著作有《导淮之根本问题》《淮河流域地理与导淮问题》，武同举编纂的《淮系年表全编》更对淮河流域水系和淮扬运河的历史变迁有详尽的梳理。官方也有很多资料汇集，包括《导淮委员会十七年来工作简报》《导淮工程计划附编》《导淮工程计划》《淮河水利问题与二十四年之导淮工程》等。[1]

20 世纪 50 年代以来，淮河流域的相关研究有胡焕庸《淮河》《淮河水道志》，徐士传《黄淮磨认》，水利部治淮委员会《淮河水利简史》，张义丰、李良义、钮仲勋《淮河地理研究》，王鑫义《淮河流域经济开发史》和张文华《汉唐时期淮河流域历史地理研究》。[2] 现代淮扬地区大部分已属于淮河流域，对淮河流域水系的梳理有助于从宏观上把握淮扬运河、湖泊的水文动态。

3. 黄淮运关系研究

淮扬地区历史上是江、淮、黄、海交互影响的区域。南宋黄河夺淮以来，黄河成为干预淮扬河湖地貌发育的外力因素，尤其是黄、淮交汇处的清口及上游的洪泽湖演变，对淮扬运河和湖泊的影响最为关键。要想探讨江淮关系和淮扬运河的水文动态，就要先厘清黄河对淮扬地区的扰动。相关研究有单树模《黄淮关系的历史演变》、邹逸麟《黄淮海平原历史地理》《历史上的黄运关系》、韩昭庆《黄淮关系及其演变过程研究——黄河长期夺淮期间淮北平原湖泊、水系的变迁和背景》、于见《明清时期黄淮运关系及其治理方针》、王英华《洪泽湖—清口水利枢纽的形成与演变》等。此外，日本学者谷

---

1 杨杜宇：《导淮之根本问题》，新亚细亚书店 1931 年；宗受于编：《淮河流域地理与导淮问题》，钟山书局 1933 年；导淮委员会编：《导淮委员会十七年来工作简报》，1929—1946 年；导淮委员会编：《导淮工程计划附编》，1931 年；导淮委员会编：《导淮工程计划》，1933 年；中国国民党中央统计处编：《淮河水利问题与二十四年之导淮工程》，1935 年。

2 胡焕庸：《淮河》，开明书店 1952 年；胡焕庸编著：《淮河水道志》（1952 年初稿），1986 年；徐士传：《黄淮磨认》，新华印刷厂 1988 年；水利部治淮委员会《淮河水利简史》编写组：《淮河水利简史》，水利电力出版社 1990 年；张义丰、李良义、钮仲勋主编：《淮河地理研究》，测绘出版社 1993 年；王鑫义主编：《淮河流域经济开发史》，黄山书社 2001 年；张文华：《汉唐时期淮河流域历史地理研究》，上海三联书店 2013 年。

光隆对黄淮运关系也作了专门探讨。[1] 这些以黄淮运关系为切入点的专题研究为探讨江淮关系提供了重要参考和方向性的启发。

4. 淮扬地区河湖环境演变研究

关于淮扬地区河湖环境演变的研究成果众多。淮扬地区的高邮湖、宝应湖和古射阳湖等，历史时期都曾是运河的组成部分，洪泽湖也和淮扬运河演变息息相关。河湖演变不仅是探讨淮扬环境变迁的基本内容，也是探究运河和区域环境互动的线索。在相关研究中，探讨射阳湖的有潘凤英《历史时期射阳湖的变迁及其成因探讨》《晚全新世以来江淮之间湖泊的变迁》、凌申《射阳湖历史变迁研究》《历史时期射阳湖演变模式研究》、柯长青《人类活动对射阳湖的影响》；探讨高邮湖的，有廖高明《高邮湖的形成和发展》和杨霄、韩昭庆《1717—2011年高宝诸湖的演变过程及其原因分析》[2]；探讨洪泽湖的，有景存义《洪泽湖的形成与演变》，朱松泉、窦鸿身等著《洪泽湖——水资源和水生生物资源》，韩昭庆《洪泽湖演变的历史过程及其背景分析》和王庆、陈吉余《洪泽湖和淮河入洪泽湖河口的形成与演化》。[3] 关于淮扬河湖地貌的研究，有潘凤英《试论全新世以来江苏平原地貌的变迁》，凌申《全新世以来苏北平原古地理环境演变》《全新世以来里下河地区古地理演变》，姜加虎、窦鸿身、苏守德编著《江淮中下游淡水湖群》。[4] 系统探讨淮扬地区环境演变的代表性著作，有吴必虎《历史时期苏北平原地理系统研究》、张崇旺《明清时期江淮地区的自然灾害与社会经济》、彭安玉《明清苏北水灾研究》、卢勇《明清时期淮河水患与生态社会关系研究》、吴海涛《淮河流域环

---

1 单树模：《黄淮关系的历史演变》（初稿），1979年，油印本；于见：《明清时期黄淮运关系及其治理方针》，《治淮》1986年第3期；邹逸麟：《黄淮海平原历史地理》，安徽教育出版社1993年；韩昭庆：《黄淮关系及其演变过程研究——黄河长期夺淮期间淮北平原湖泊、水系的变迁和背景》；王英华：《洪泽湖—清口水利枢纽的形成与演变》，中国书籍出版社2008年；邹逸麟：《历史上的黄运关系》，《光明日报》2009年2月10日；[日]谷光隆：《大运河・黄河・淮河三水系の概观：黄淮交汇河工史序论》，1982年。

2 潘凤英：《晚全新世以来江淮之间湖泊的变迁》，《地理科学》1983年第4期；潘凤英：《历史时期射阳湖的变迁及其成因探讨》，《湖泊科学》1989年第1期；廖高明：《高邮湖的形成和发展》，《地理学报》1992年第2期；凌申：《射阳湖历史变迁研究》，《湖泊科学》1993年第3期；柯长青：《人类活动对射阳湖的影响》，《湖泊科学》2001年第2期；凌申：《历史时期射阳湖演变模式研究》，《中国历史地理论丛》2005年第3辑；杨霄、韩昭庆：《1717—2011年高宝诸湖的演变过程及其原因分析》，《地理学报》2018年第1期。

3 景存义：《洪泽湖的形成与演变》，《河海大学学报（哲学社会科学版）》1987年第2期；朱松泉、窦鸿身等著：《洪泽湖——水资源和水生生物资源》，中国科学技术大学出版社1993年；韩昭庆：《洪泽湖演变的历史过程及其背景分析》，《中国历史地理论丛》1998年第2辑；王庆、陈吉余：《洪泽湖和淮河入洪泽湖河口的形成与演化》，《湖泊科学》1999年第3期。

4 潘凤英：《试论全新世以来江苏平原地貌的变迁》，《南京师院学报（自然科学版）》1979年第1期；凌申：《全新世以来苏北平原古地理环境演变》，《黄渤海海洋》1990年第4期；凌申：《全新世以来里下河地区古地理演变》，《地理科学》2001年第5期；姜加虎、窦鸿身、苏守德编著：《江淮中下游淡水湖群》，长江出版社2009年。

境变迁史》。[1] 从环境考古视角分析淮扬环境演变的研究，有朱诚等《长江三角洲长江以北地区全新世以来人地关系的环境考古研究》。[2] 此外，淮北地区的水环境和淮扬地区有一定关联，相关研究也需要关注。马俊亚《被牺牲的"局部"：淮北社会生态变迁研究（1680—1949）》等书关于漕运利益和淮北社会生态变迁的研究，为淮扬地区的研究提供了一种新视角。[3]

5. 淮扬运河史研究

淮扬运河史研究主要分为两类：一类是对京杭大运河的整体性或局域性研究，其中包含淮扬运河研究，代表性著作有史念海《中国的运河》、陈桥驿《中国运河开发史》、姚汉源《京杭运河史》、徐从法《京杭大运河史略》《京杭运河志（苏北段）》、杨静《京杭大运河沿线典型区域生态环境演变》[4]；一类是对淮扬运河的专题性研究。郭黎安《里运河变迁的历史过程》分六朝以前、隋唐、宋代、明清等阶段，对淮扬运河路线和运口进行长时段考察。[5] 徐炳顺《扬州运河》作为一本专题性著作，对邗沟路线、沿岸湖泊、堰埭闸堤、水源蓄泄等进行了深入探讨。[6] 将运河和城镇发展结合起来的研究，有徐炳顺《长江北岸江淮运口的变迁》、邹逸麟《淮河下游南北运口变迁和城镇兴衰》。[7] 罗宗真《扬州唐代古河道等的发现和有关问题的探讨》、秦浩《试述扬州水道的变迁和唐城》、林承坤《长江和大运河的演变与扬州港的兴衰》、庄林德《扬州港海外交通兴衰述略》、徐炳顺《江北运口的变迁及其对社会经济的影响》、韩茂莉《唐宋之际扬州经济兴衰的地理背景》、史念海《隋唐时期运河和长江的水上交通及其沿岸的都会》等则探讨了运河变迁和扬州城市

1　吴必虎：《历史时期苏北平原地理系统研究》；张崇旺：《明清时期江淮地区的自然灾害与社会经济》，福建人民出版社2006年；彭安玉：《明清苏北水灾研究》，内蒙古人民出版社2006年；卢勇：《明清时期淮河水患与生态社会关系研究》，中国三峡出版社2009年；吴海涛：《淮河流域环境变迁史》，黄山书社2017年。

2　朱诚等：《长江三角洲长江以北地区全新世以来人地关系的环境考古研究》，《地理科学》2003年第6期。

3　马俊亚：《被牺牲的"局部"：淮北社会生态变迁研究（1680—1949）》，北京大学出版社2011年；马俊亚：《区域社会发展与社会冲突比较研究：以江南淮北为中心（1680—1949）》，南京大学出版社2014年。

4　史念海：《中国的运河》，陕西人民出版社1988年；姚汉源：《京杭运河史》，中国水利水电出版社1998年；徐从法主编，京杭运河江苏省交通厅、苏北航务管理处史志编纂委员会编：《京杭运河志（苏北段）》，上海社会科学院出版社1998年；陈桥驿主编：《中国运河开发史》，中华书局2008年；徐从法：《京杭大运河史略》，广陵书社2013年；杨静等著：《京杭大运河沿线典型区域生态环境演变》，电子工业出版社2014年。

5　郭黎安：《里运河变迁的历史过程》，《历史地理》第5辑，上海人民出版社1987年。

6　徐炳顺：《扬州运河》，广陵书社2011年。

7　徐炳顺：《长江北岸江淮运口的变迁》，《淮河志通讯》1985年第2期；邹逸麟：《淮河下游南北运口变迁和城镇兴衰》，《历史地理》第6辑，上海人民出版社1988年。

发展的关系。[1]

有关淮扬运河的研究广泛而精深，其中淮扬运河的流向、水源和运湖关系是尤其需要关注的问题。这不仅是运河史的重要组成部分，还是江淮关系的重要体现。关于淮扬运河的流向等问题，前人已有研究。刘文淇在《扬州水道记》中指出，唐宋以前运河的地势、堤防和明清时期不同："春秋之时，江淮不通。吴始城邗，沟通江淮，此扬州运河之权舆也。于邗筑城、穿沟，后世因名之曰'邗沟'，一曰'邗江'。而由江达淮，皆统谓之'邗沟'。唐宋以前，扬州地势南高北下，且东西两岸未设堤防，与今运河形势迥不相同。若以今日之运河，求当年沟通之故道，失之远矣。"[2]《扬州水道记》注意到了运河地势和堤防的改变，但对运河流向的论述尚未展开。关于运河水流方向的改变，刘宝楠在《宝应县图经》中有较为系统的阐述，他认为唐代以前运河流向是由南向北、由江入淮，"唐以前渠水高而淮水低，渠水辄泄入淮，梗运道"；至嘉靖年间，运河流向进入转变的临界点。[3] 今人对淮扬运河的流向变化也有研究，彭安玉《大运河江淮段流向的历史演变——兼论清代"借黄济运"政策的影响》指出唐宋以前大运河江淮段流向是由南向北，水流由江入湖再由湖入淮，明清时期大运河江淮段自北向南流。[4] 另一方面，淮水入江是明代后期以来江淮关系的重要内容，徐炳顺《导淮入江史略》论述了明代、清代、民国时期导淮入江的历史，对治水方案、水利工程和利益争端都有详细阐述。[5] 王庆、陈吉余《淮河入长江河口的形成及其动力地貌演变》则论述导淮入江对长江河段的影响。[6] 这些研究对淮扬运河的发展脉络既有细致的梳理，也关注运河和沿线区域的互动，为深入剖析淮扬运河水文动态提供了重要基础。

---

1 罗宗真：《扬州唐代古河道等的发现和有关问题的探讨》，《文物》1980年第3期；秦浩：《试述扬州水道的变迁和唐城》，《南京大学史学论丛》第3辑，南京大学出版社1980年；林承坤：《长江和大运河的演变与扬州港的兴衰》，《江苏省考古学会1983年考古论文选》，1983年，第83—89页；庄林德：《扬州港海外交通兴衰述略》，《江苏省考古学会1983年考古论文选》，1983年，第90—97页；徐炳顺：《江北运口的变迁及其对社会经济的影响》，《江苏水利史志资料选辑》1985年第3期；韩茂莉：《唐宋之际扬州经济兴衰的地理背景》，《中国历史地理论丛》1987年第1辑；史念海：《隋唐时期运河和长江的水上交通及其沿岸的都会》，《中国历史地理论丛》1994年第4辑。

2 （清）刘文淇著，赵昌智、赵阳点校：《扬州水道记》，广陵书社2011年，第1页。

3 （清）刘宝楠：《宝应县图经》卷3《河渠》，成文出版社1970年，第294页。

4 彭安玉：《大运河江淮段流向的历史演变——兼论清代"借黄济运"政策的影响》，《江南大学学报（人文社会科学版）》2017年第3期。

5 徐炳顺：《导淮入江史略》，广陵书社2017年。

6 王庆、陈吉余：《淮河入长江河口的形成及其动力地貌演变》，《历史地理》第16辑，上海人民出版社2000年。

（二）拓展空间

前人对淮扬运河和河湖环境的演变已有丰富的研究，但在以下几个方面还需要深入探讨。

其一，关注运河和江淮关系。已有研究在探讨运河及相关水利工程、河湖环境演变时，多将淮扬运河作为独立个体，或者强调运河和黄、淮的关联，而较少关注运河在江淮关系中的地位和影响。从江淮关系视角看待历史时期淮扬运河的水文动态及两者的互动过程，厘清运堤闸坝体系对运河本身和江淮关系的影响，既是对京杭大运河研究的继续和补充，也是在探讨江淮关系的演变过程。

其二，从黄淮关系转向江淮关系。已有研究对淮扬运河和区域水环境的研究侧重于黄、淮视角，即探究黄河夺淮对淮扬水系和湖泊的影响，而尚未系统关注江淮关系。对淮扬地区而言，黄河的影响更像是一种外力扰动，而江淮关系的构建及其与运河的紧密关联才是区域水环境演变内在逻辑的体现。

其三，重视淮扬运河水文形势和江淮关系框架确立的宋明时期。淮水入江构成了明清以来江淮关系的主体，前人研究多将关注时段放在清代、民国时期，相对忽略了宋明时期。而正是这一阶段，淮扬运河堤岸闸坝体系得以形成和完善，确立了运河水文形势和江淮关系的基调。厘清相关内容，不仅有利于揭示淮扬运河及沿线环境互动的内在逻辑，还为理解此后江淮关系演变提供了重要基础。

（三）研究意义

淮扬地区历史上受江、淮、黄、海交错影响，虽然黄河对这一地区河湖演变和地貌塑造产生了深刻影响，但从长时段来看，江、淮之间的关系更为悠久。历史地理学家张修桂提出："江淮一体，关系密切。"[1] 21世纪初，围绕治淮问题，相关观点不仅强调要关注淮河的干支流关系、入海通道等，还对江淮关系研究提出诉求："1954年江淮同时大水，有时也同时大旱，可以说江淮水文关系比黄淮密切。……水利部长江水利委员会这些年来，做的工作很

---

1 韩昭庆：《黄淮关系及其演变过程研究——黄河长期夺淮期间淮北平原湖泊、水系的变迁和背景》，张修桂"序"。

多,但没有研究和淮河的关系。淮委会应研究淮河与长江的关系。”[1]因此,以江淮关系为视角探讨淮扬运河水文动态和以淮扬运河为主体探讨江淮关系的演变,有一定的学术价值和现实意义。

1. 学术意义

历史时期江、淮水系和淮扬运河的演变、互动,是淮扬地区环境演变的缩影,也是区域环境演变的重要驱动力。自然和人为因素交错影响的淮扬运河既受地理环境制约,也对区域环境产生强烈的反作用。探讨宋明时期自然和人为因素交互影响下的淮扬运河水文动态,揭示其背后江淮关系的内涵,不仅是进一步探讨淮扬地区水环境演变的重要基础,也能为深入揭示区域人地关系提供经典案例,是一项必要的研究。

2. 现实意义

1851年淮水冲开洪泽湖南端的蒋坝,经三河过高邮、邵伯诸湖入江,最终形成淮水主流入江的局面,直至现代依然如此。虽然在淮水入江的路径和水量上有所出入,但清末以来江、淮、运的互动仍可在宋明时期找到历史逻辑。现代运河沿线的湖泊、水系和农田地貌或多或少打上了水环境演变的历史印记,对江、淮、运演变过程的探讨,既对厘清现代水系概貌、治理湖沼河网有所借鉴,也对大运河沿线农田灌溉、城镇发展和乡村景观的建设有些许启发。

三、资料、方法和章节

（一）资料和方法

本书所用资料主要是历史文献和现代地理学研究成果。前者是厘清淮扬运河水文演变脉络的基本资料,后者是探究古代河湖环境演变的重要参照。两者各成体系又相辅相成,双方的结合为重新解读古代水情提供了突破口。

1. 从历史文献中提取反映江淮关系和淮扬运河水文形势的关键信息

在江淮关系上,古文献记载有直接和间接两种。诸如《左传》“吴城邗,沟通江、淮”,是对春秋末年江淮关系的直接记载,宋代沈括《梦溪笔谈》“但

---

1 袁国林:《治淮没有终极目标,只有阶段目标》,水利部淮河水利委员会编:《淮河研究会第四届学术研讨会论文集》,中国水利水电出版社2005年,第27页。

江、淮已深,其流无复能至高邮耳”是对彼时江淮关系的直接刻画。[1] 诸如淮扬运河常态性浅涩,则是判断江、淮水系沟通不畅的间接参照,需要进一步论证。

在淮扬运河流向等水文形势的判断上,古文献也有重要的指示意义。《来南录》是唐代李翱自洛阳南下途中所写的日记,其中“自淮阴至邵伯三百有五十里,逆流。自邵伯至江,九十里,……渠有高下,水皆不流”[2]是探究唐代后期淮扬运河流向的一手资料。明代“近日淮水南注,转为高、宝”[3]记述了万历初期淮水南下的水流动态。地势高低是判断水流方向的间接参照,北宋向子諲“运河高江、淮数丈,自江至淮凡数百里,人力难浚”[4]反映运河近江、近淮段淤高,这种改变势必会对湖泊入淮水流产生影响。明代嘉靖年间“从淮安抵瓜、仪,水势高下相去可丈余”[5]则反映运河流向已产生自北向南的趋势。通过文献的考证、对比,能够梳理出江淮关系和淮扬运河水文动态演变的历史脉络。

2. 借助现代地理学研究和考古资料重新解读古文献

《孟子》“决汝、汉,排淮、泗,而注之江”和春秋邗沟的关系,以及江、淮相通的开端等问题,自宋代起就陷入争论。近代以来,伴随地理调查和河口海岸研究的兴起,有学者尝试从海岸变迁的视角进行阐述。近几十年来地学沉积和考古证据的出现,使得这些问题能够继续得到深入回应。此外,针对淮河、长江河口的研究也是重要的参考资料,相关成果有陈吉余等在长江三角洲地貌发育方面的研究,如《长江三角洲江口段的地形发育》《长江三角洲的地貌发育》。[6] 另有同济大学海洋地质系对长江河口三角洲发育和沉积体系的研究,如《全新世长江三角洲地区砂体的特征和分布》《全新世长江三角洲的发育》《全新世长江三角洲的发育及其对相邻海岸沉积体系的影响》。[7] 这些研究不仅清晰梳理了历史时期长江河口的演变脉络,还详细阐述了长

1 (宋)沈括著,侯真平校点:《梦溪笔谈》,岳麓书社1998年,第198页。

2 (唐)李翱撰:《李文公集》卷18《来南录》,上海古籍出版社1993年,第89页。

3 (清)顾炎武撰,黄坤等校点:《天下郡国利病书》,上海古籍出版社2012年,第1103页。

4 (元)脱脱等撰:《宋史》卷96《河渠志六》,中华书局1977年,第2389页。

5 (明)吴文恪:《吴文恪文集》卷8,《明别集丛刊》第4辑,黄山书社2016年,第13册,第368页。

6 陈吉余:《长江三角洲江口段的地形发育》,《地理学报》1957年第3期;陈吉余、虞志英、恽才兴:《长江三角洲的地貌发育》,《地理学报》1959年第3期。

7 李从先、郭蓄民、许世远、王靖泰、李萍:《全新世长江三角洲地区砂体的特征和分布》,《海洋学报》1979年第2期;王靖泰、郭蓄民、许世远、李萍、李从先:《全新世长江三角洲的发育》,《地质学报》1981年第1期;李从先、范代读:《全新世长江三角洲的发育及其对相邻海岸沉积体系的影响》,《古地理学报》2009年第1期。

江沙嘴和沉积物质的形成机理。将其与古文献结合，是探究历史时期河口感潮环境的重要方法，也为进一步厘清唐宋以前潮水济运的情形提供了参考。

3. 利用古地图和现代地图获取时空参照

弘治九年（1496年）成书的《漕河图志》、明后期潘季驯所著《河防一览》、明末朱国盛所著《南河全考》以及《图书编》等明代古籍中有很多关于淮扬运河及沿线堤防、闸坝和城镇的地图。正德《淮安府志》、嘉靖《惟扬志》、隆庆《高邮州志》、万历《淮安府志》、万历《宝应县志》、万历《扬州府志》、天启《淮安府志》等方志中也收录有一些地图。这类地图不带有精准的测绘属性，属于示意图。本书引用其中少量地图作为论述辅助，而对大部分地图，本书不作直接呈现，仅在探究明代淮扬运河与周边水系的互动过程中获取空间参照。

本书参照《中国历史地图集》，也参考现代地图，如江苏省基础地理信息中心编制的《江苏省地图集》和水利部淮河水利委员会、中国科学院南京地理与湖泊研究所编的《淮河流域地图集》。现代地貌是历史时期自然和人为因素相互作用、时空叠加的结果，借助现代地图，既能加强对研究区域空间范围和地理要素的认知，也能通过地势对河湖水情加以判读。诚然，历史时期淮扬地势高低起伏变化很大，但是沿扬州、泰州一线的岗地（今江、淮水系的天然分水岭）在现代地图中仍是一道显著的地貌标志。这些具有标识性的地貌，对厘清古代水文形势起着重要的参照作用。

4. 结合历史文献和实地考察

考察地点有扬州运河、高邮明清故道和淮安清口水利枢纽遗迹等。现代高邮城西的运河呈现“一湖两河三堤”的景观，湖是高邮湖，两河是明清运河和现代京杭大运河，三堤是明清运河西堤、东堤和现代京杭大运河东堤。明代以前运、湖合一，明代运河形成双堤渠系河道，运、湖实现分离。1956年大运河拓宽、裁弯取直，在古运河以东另开现代京杭大运河。20世纪80年代为保障运堤安全，填平古运河故道，旧迹虽然湮没，但古河道形态仍清晰可见，是研究古代运河堤岸的实物资料。在高邮市博物馆，有明清时期高邮城和大运河的复原模型，为探讨历史时期运河、水系演变提供了参考。

（二）章节内容

本书以宋代至明代为主要研究时段，兼涉宋代以前，以江淮关系为视角，探究淮扬运河堤岸闸坝体系形成过程中运河流向、水源和运湖关系等水文动态的演变历程，解读不同时期江淮关系的具体内涵及其与淮扬运河的互动进程，揭示淮扬运河沿线河湖地貌和水环境演变的内在驱动机制。其中，第一章探讨宋代以前江、淮河口主导下的淮扬运河和江淮关系，第二章研究时段是宋代，第三章梳理明代嘉靖以前淮扬运河的水文动态及其背后隐喻的江淮关系，第四章探究黄河扰动及诸多因素综合影响下淮水分泄南下的历史进程，第五章至第七章分别探讨明代嘉靖以后淮扬运河北段、中段、南段的水文动态及新的江淮关系的构建过程。

第一章　探究宋代以前江、淮河口变迁等自然因素影响下淮扬运河水文动态和江淮关系的演变过程。从江、淮河口变迁视角出发，以《孟子》“排淮注江”为切入点，探究早期江、淮水系贯通一体的状态，并论证春秋邗沟是在早期江、淮相通旧迹上疏浚开凿形成的。以潮水和湖水为主要研究对象，探究汉唐时期江、淮河口东迁背景下运河的沟通状态和水流方向。厘清唐宋之交河口东迁和运河浅涩之间的关联，明确唐宋之交是江淮关系由一体走向分化的临界点。

第二章　将淮扬运河分为北部近淮段、南部近江段和中部湖泊段，探讨江、淮水系分化背景下运河堤岸闸坝体系等人为干预的加强过程及其对淮扬运河水文动态和运河沿线河湖地貌的影响。江、淮水系分化，近江、近淮运段淤积，人为干预相应增强，加剧了江、淮水系的隔绝，由此引起运河流向改变。淮扬中部湖泊发育和单堤形成之间的互动关系，不仅表明了运河对沿线水环境和河湖地貌的分化作用，还体现出运河在宋代淮扬水利格局中所占据的枢纽性地位。

第三章　以黄河夺淮为背景，以江淮关系为视角，探究明代嘉靖以前淮扬运河北段清江浦、中部湖泊和南段扬州运河的路径、水源和堤岸闸坝，复原清江浦开凿、运湖互动、宣德四年（1429 年）“邵伯平流”的动态过程，阐述明代前中期的江淮关系是人为干预勉强维持的结果，同时运河体系的确立为明代后期江淮关系的转变埋下了伏笔。

第四章　探究嘉靖、万历年间黄河扰动下淮水南泄局面的确立过程。在前人研究基础上，厘清黄河改道、清口淤塞和洪泽湖扩展的关系。以淮水出路为中心，梳理万历年间的治水方略和治水实践，探究黄河扰动和人为干预综合影响下，淮水由高家堰分泄南下的路径。分析万历年间淮河下游水环境变局中的群体响应及其对治水方略和治水实践的影响。

第五章　以淮扬运河北段为研究主体,复原嘉靖以来运道地势、运河流向、运口位置、水源的转变过程,阐述转变背后的驱动因素。探究水环境变迁中运河堤岸由单堤到双堤的变迁,分析堤岸形态和淮水南泄的互动,探究闸坝体系的发展过程及其对运河和沿线水环境的影响。

第六章　以淮扬运河中段(主要是沿白马湖、宝应湖、高邮湖、邵伯湖等沿湖运段)为研究主体,首先阐明运西湖群的扩展原因,包括淮水南下、运堤拦截和入江不畅;其次,厘清双堤渠系越河的形成过程,复原运湖关系由一体转向分离的动态演变,阐明湖泊发育和运堤形态的差异,揭示运河沿线地理环境的复杂性;最后,分析运堤和闸坝调控对南下淮水的导向作用,对东、西水环境的隔绝作用以及对区域地貌的塑造作用。

第七章　以邵伯湖以南的扬州运河为研究主体,结合扬州地势和漕运,指出运河作为淮水入江通道的局限,厘清明代运河、金湾河、芒稻河入江水网的形成。以漕运利益和泄水需求之间的矛盾为切入点,探究长江运口闸坝体系的变更,分析其对淮水入江的反作用及对淮扬运河沿线水环境的扰动。

结论　淮扬运河是江淮关系的载体,淮扬运河史在一定程度上是江淮关系史。历史时期的江淮关系经历了宋代以前一体时期、宋元至明中期的分化时期和明代后期以来的淮水入江时期。其间驱动因素有江、淮河口东迁和黄河扰动等自然因素,但是宋明时期形成的运河堤岸闸坝才是淮水入江格局得以确立的内在逻辑。宋明时期淮扬运河堤岸闸坝的发展,不仅影响了运河自身的水文动态和江淮关系的演变,也使淮扬地区形成以运河为中心的水利调控系统,导致运河东、西两侧河湖地貌产生分异,运河西部湖泊密布、东部阡陌遍布的景观格局初步形成。宋明时期是淮扬运河水文动态演变和江淮关系确立的重要阶段,在淮扬地区河湖地貌演变和水利格局构建过程中也有里程碑式的意义。

第一章

从一体到分化：宋代以前江淮关系和淮扬运河的变迁

在宋代以前几千年的时间跨度内，长江河口、淮河河口和海岸线变化巨大，各时期江、淮、海形势对比明显，淮扬运河和江淮关系被赋予不同的特质。本章以江、淮河口及海岸线变迁为线索，结合历史文献和现代地理学研究、考古证据，解读《孟子》“排淮注江”内涵及其与春秋邗沟的关系，探讨汉唐时期湖泊盈缩和感潮环境对淮扬运河的影响，找出江、淮水系由一体走向分化的时间节点，以此阐明宋代以前江淮关系和淮扬运河水文形势的互动过程和内在联系。

第一节　《孟子》“排淮注江”和春秋邗沟的关系

《左传》：“（哀公）九年，吴城邗，沟通江、淮。”[1]这条在春秋末年由吴国开凿的邗沟，是淮扬运河的起源，也被认为是江、淮沟通的开端。但是《孟子》却将长江、淮河水系相通的时间追溯到上古时期，即“禹疏九河，瀹济、漯，而注诸海，决汝、汉，排淮、泗，而注之江，然后中国可得而食也”[2]（以下简称“排淮注江”）。围绕《孟子》“排淮注江”，历来争论颇多，随着考古和环境证据增多，这一文献也需进一步解读。这既是理解早期江淮关系的关键，也是厘清淮扬运河起源的线索。

一、《孟子》“排淮注江”研究综述

《孟子》“排淮注江”的争论始自宋代。一方面，部分学者质疑《孟子》“排淮注江”记载的可靠性。苏轼[3]、蔡沈[4]等以《禹贡》“沿于江海，达于淮泗”为依据，认为由长江至淮河需途经海道，春秋邗沟开凿之前，江、淮水系尚未沟通，《孟子》“排淮注江”的记载有误。朱熹立足《禹贡》“导淮自桐柏，东会于泗、沂，东入于海”，以江、淮各自独流入海、不存在淮水入江的情况为由，否认《孟子》“排淮注江”。[5] 郑樵认为江、淮相通始于春秋末年邗沟开凿，《孟子》“排淮注江”错将邗沟当作大禹治水的印迹。他说：“盖吴王夫差

1　杨伯峻编著：《春秋左传注》，中华书局2016年，第1844页。

2　（清）焦循著，刘建臻点校：《孟子正义》卷11，广陵书社2016年，第435页。

3　（宋）苏轼：《东坡书传》卷5，中华书局1991年，第127页。

4　（宋）蔡沈：《书经集传》卷2《夏书》，上海古籍出版社1987年，第28页。

5　（宋）朱熹：《晦庵先生朱文公文集》卷71，（宋）朱熹撰，朱杰人等主编：《朱子全书》，上海古籍出版社、安徽教育出版社2002年，第24册，第3418—3419页。

掘沟以通于晋，而江始有达淮之道。孟子盖指夫差所掘之沟以为禹迹也，明矣。”[1]林之奇[2]、章如愚[3]也持这一观点。另一方面，部分学者肯定《孟子》“排淮注江”，认为春秋以前确实存在江、淮相通的现象。傅寅在《禹贡说断》中指出：“盖淮之东大抵地平而多水，古沟洫法，江淮之所相通灌者非必一处，岂但邗沟之旧迹而已哉?”[4]陈大猷认为以《禹贡》“沿于江海，达于淮泗”否定《孟子》“排淮注江”的观点过于拘泥“沿”字考据，春秋以前江、淮水系相通，邗沟在旧水道基础上疏浚而成。“今淮南湖港入江者不可胜数，后世穿渠通所难通者多矣。江、淮相近，地平如掌，转输之径捷，沟浍之灌溉，历唐虞三代岂不能穿渠以相通，而必待吴王创之乎？曰：传谓吴王始通江淮，何也？曰：意者中间或湮塞，而吴王复通之，亦犹世谓隋炀帝始开汴以通淮河也。曰：《禹贡》言淮、泗入海，而《孟子》则谓注之江，非误乎？曰：注者，或是相注流通，未必谓其尽入江也。”[5]

明代否定《孟子》“排淮注江”的观点和宋代类似，如胡广[6]、章一阳[7]等据《禹贡》“沿于江海，达于淮泗”对《孟子》提出质疑。另一方面，明代后期受黄河长期夺淮影响，清口及淮河下游通道被黄河泥沙淤高，淮河有南移趋势，部分淮水南下入江。这种水文形势暗合《孟子》记载，为“排淮注江”提供了更为广阔的解读空间。“淮为黄扼，只得由大涧口、施家沟、周家桥、高梁涧、武家墩等处，散入射阳白马草子、宝应、高邮等湖，由湖迤逦入江。《孟子》所谓‘排淮、泗而注之江’者，此也。此淮之支流也。”[8]《孟子》“排淮注江”被当作治水依据，“而一时群口藉藉援孟子排淮注江之说，必欲彻毁高堰，纵淮东下，由是入江、入海之议纷然矣”。[9] 与之相对，也有观点质疑《孟子》“排淮注江”，反对将此作为导淮入江治水策略的理论依据。“淮之所以列四渎者，以其独至于海也。若必须注江而后达海，则亦不得谓之渎矣。且江与淮相隔三百余里，人所共知。若堰淮入海之路而必注之瓜、仪，则高邮、

---

1 （宋）郑樵：《六经奥论》卷2，《景印文渊阁四库全书》，台湾商务印书馆1986年，第184册，第41页。

2 （宋）傅寅：《禹贡说断》卷2，中华书局1985年，第55页。

3 （宋）章如愚：《群书考索》卷66，《景印文渊阁四库全书》，第936册，第872页。

4 （宋）傅寅：《禹贡说断》卷2，第55页。

5 （宋）陈大猷：《书集传》卷上，《景印文渊阁四库全书》，第60册，第221页。

6 （明）胡广等纂修，周群、王玉琴校注：《四书大全校注·孟子集注大全》卷5，武汉大学出版社2015年，第868页。

7 （明）章一阳：《金华四先生四书正学渊源》卷8，《孟子文献集成》编纂委员会编：《孟子文献集成》第29卷，山东人民出版社2017年，第396页。

8 （清）顾炎武撰，黄坤等校点：《天下郡国利病书》，第982页。

9 （明）陈应芳：《敬止集》卷3，“上杨后翁总河”，《泰州文献》，凤凰出版社2014年，第17册，第202页。

界首诸湖之水，尽化为浊流，而广陵一郡之民尽化为鱼鳖矣。”[1]随着水文环境变迁，争论更为复杂。

清代，围绕《孟子》“排淮注江”的争论进入白热化，一因淮河入江形势的延续，一因考据学的发展，尤其是乾嘉考据的繁盛。肯定《孟子》“排淮注江”的观点主要有三类。其一，钱大昕认为“排淮注江”的原因在于江水下游广泛漫流。“盖天下之水莫大于海，而江即次之，故老子以江海为百谷王。南条之水，皆先入江，后入海。世徒知毗陵为江入海之口，不知朐山以南、余姚以北之海，皆江之委也。汉水入江二千余里，而尚有北江之名，淮口距江口仅五百里，其为江之下流何疑？《禹贡》云：‘沿于江海，达于淮、泗。’此即淮、泗注江之证。注江者，会江以注海，与导水之文初不相悖也。《说文》云：‘江水至会稽山阴为浙江。’浙江者，渐江也。渐江与江水不同源而得名江者，源异而委同也。《国语》：‘吴之与越，三江环之。’韦昭以为吴松江、钱唐江、浦阳江也。钱唐江即浙江，吴松、浦阳亦注江而后注海，故皆有江之名。汉儒去古未远，其言江之下流，不专指毗陵一处，如知会稽山阴亦为江水所至，则无疑乎‘淮、泗注江’之文矣。”[2]钱大昕基于地理考证，认为浙江、吴淞江等河道称谓带有“江”字，表明上古时期长江在广阔的范围内漫流，《孟子》“排淮注江”作为江、淮通流的印证，本身无误。

其二，《孟子》“排淮注江”描述的是上古江、淮相通的现象，后水道淤塞，春秋末年吴国重新疏浚，是为邗沟。萧穆在《淮泗入江说》中论述了这一观点：“春秋哀公九年：‘秋，吴城邗，沟通江、淮。’盖大禹导淮通江，至春秋之时，此道不免淤塞，吴城邗而沟通之，乃因大禹之故道而疏通之也。不然，岂有前此大禹所未能通之道，而吴之城邗日浅，反不费多时之力而沟通之，是其智识、功力高出大禹之上矣，有是理耶？孟子、墨子之时，不过数百十年，岂不知吴城邗有沟通江淮之事？而不举吴而言禹者，以此功实出之大禹，不过年久稍塞，吴特稍加疏通之力云尔。”[3]

其三，《孟子》“排淮注江”所指的江、淮相通处不在下游，而是由淮河中游分别经合肥、六合等处入江。清初孙兰提出这一观点：“扬州地势散漫，不能约束淮流，禹则开清江一渠，堰其下流入扬之处，一自清江浦入海，其余波

1　(明)顾大韶：《炳烛斋随笔》，《续修四库全书》，上海古籍出版社 2002 年，第 1133 册，第 3—4 页。

2　(清)钱大昕：《潜研堂文集》卷 9《答问六》，《嘉定钱大昕全集》，凤凰出版社 2016 年，第 9 册，第 141 页。

3　(清)萧穆撰，项纯文点校：《敬孚类稿》卷 1，“淮泗入江说”，黄山书社 2014 年，第 17 页。

之流散不尽者，又导之由庐州巢湖、胭脂河以入江，又导之由天长、六合以入江，所谓排淮泗者也。久而入江之口渐淤，今故迹犹存也。”[1]孙星衍引用《水经注》文献，将巢湖、濡须口一线作为古时江、淮沟通的证据，以此解读《孟子》“排淮注江”：“然则夏时贡道，正可由巢湖溯施、泄、肥水之流通淮，达于菏泽。菏泽合泲、泗之流，故云达于淮泗，从此达河，则至禹都矣。江、淮、泗通流，不必在吴王沟通之后也。”[2]焦循综合孙兰和孙星衍的观点，由“排淮注江”中“排”字的义理入手，提出更为系统的阐释。焦循据《说文》指出“排”有挤、抵、推等“退去”的含义，与“通”相反；又据《孟子》赵岐注“排”为“壅”（“壅”与“雍”同，意思是“堤防止水”），指出《孟子》“排淮”即阻塞淮水南溢、约束水流向东入海：“以一淮受诸水，泗口以东，地势散漫，难于专流入海，故在上则决之，在下则排之。赵氏以‘壅’解‘排’，义为至精。何为壅？于泗口之下，筑堤以束之，不使其流涨泄于樊良、射阳之间，推抵之，逼令东入于海。有此排而淮乃挟泗入海，而不致南涨于江矣。”[3]此处“樊良”即指樊梁湖。他认为《孟子》“决汝、汉，排淮、泗，而注之江”在行文结构上用了属文互见，原意是“盖注江者，汝、汉之决也。注海者，淮、泗之排也”[4]，即汝水与淮水相合后至霍邱西，部分水流决出，经巢湖入江。淮水又向东至盱眙，支流决出，由天长、六合入江，再向东泗水汇入淮河，淮水受清口门限沙壅堵转而分泄入江，为使淮水全流归海，需堵塞决口。“汝入淮，则决之使合汉水以注之江。泗入淮，则壅之使并入于海，故云‘决汝、汉，排淮、泗，而注之江’。”[5]焦循的阐释是清代最全面的见解之一，与孙兰、孙星衍相比，他更强调淮河下游在“排”的壅障下独流入海，淮水中游有分支经巢湖、六合入江。这不仅是一种文献考据，也是基于清代淮水入江水情得出的治水见解。

另有观点借《禹贡》“东迤北会于汇”阐释《孟子》“排淮注江”。蒋湘南以《水经》施水一支汇肥水入淮、一支东注巢湖，结合《禹贡》“彭蠡”和“淮合汉”，认为巢湖即汉水所汇的彭蠡：“盖汉水支流合淮，则淮南、淮北之地皆得称江汉。孟子谓‘决汝、汉，排淮、泗，而注之江’，亦以此也。汉后，水道南徙，巢湖

1　(清)焦循著，孙叶锋点校：《北湖小志》卷3，广陵书社2003年，第42—43页。

2　(清)孙星衍：《分淮注江论》，谭其骧主编：《清人文集地理类汇编》，浙江人民出版社1987年，第4册，第208—209页。

3　(清)焦循著，刘建臻点校：《孟子正义》卷11，第441页。

4　(清)焦循著，刘建臻点校：《孟子正义》卷11，第442页。

5　(清)焦循著，刘建臻点校：《孟子正义》卷11，第442页。

之水不能注肥，止有肥水注汉，而读《禹贡》《孟子》者皆滋疑矣，余故申而论之。”[1]俞樾认同“汇”即“淮”，“东迤北会于汇”是江、淮相通的印证：“吴君承志尝语余曰：此‘汇’字乃‘淮’之假借字。《汉唐扶颂》‘汇夷来降’，假‘汇’为‘淮’，即其例也。淮水在江北，江自湖口以东折而北行，合肥水而会于淮，故云北会于淮。余谓此说极新，前人所未有。《孟子》‘排淮、泗，而注之江’，昔人以江、淮不通为疑，今得此说，不特可以说《禹贡》，且可以说《孟子》矣。”[2]

否定《孟子》“排淮注江”的观点主要有三类。一是承袭宋代观点，以《禹贡》“沿于江海，达于淮泗”否定《孟子》“排淮注江”，代表人物有胡渭[3]、晏斯盛[4]等。二是从《孟子》“排淮注江”和春秋邗沟的关系出发，指出《孟子》记载有误。王步青认为《孟子》误将春秋末期开凿的邗沟当作“排淮注江”的禹迹。[5] 阎若璩认为，春秋邗沟引江达淮，与《孟子》“排淮注江”所暗示的流向不合，《孟子》记载有误，并非错将邗沟当作禹迹。[6] 三是否定江、淮由巢湖一线沟通。陈澧认为江、淮沟通的路径只有运河一线：“清河以东江、淮相通者，惟有邗沟。欲证《孟子》舍邗沟无可证也。夫差上距大禹千余年，安知邗沟非禹迹，后世湮塞，而夫差复通之乎？否则，谓《孟子》为误亦自无害。”[7]汪士铎反对孙兰、孙星衍、焦循的观点，指出引用《水经注》泚水、泄水、肥水文献解读《孟子》“排淮注江”的错误性，强调上古时期江、淮不通。[8]

20世纪以来，随着地学和地理调查的兴起，河流地貌、河口海岸演变受到关注。部分学者结合地理环境演变规律，解读古文献记载。李长傅认同清代钱大昕对江淮关系的论证，并根据河口形势作了补充：“古代江、淮同注浅海湾，入海之处相近，对于淮入海、入江每混淆不清。”[9]岑仲勉结合海岸线和河口演变情况，对早期江淮关系进行了详细的阐释：“但很古很古的时候，我国东部海岸一带，恐怕许多地方还是处在海平线下，并未淤淀，经过日久，才陆续积成龟坼式的地面，同时，因水流的缓急，仍保存着蛛网状的支派，除

---

1 （清）蒋湘南：《七经楼文钞》，《清代诗文集汇编》，上海古籍出版社2011年，第591册，第103页。

2 （清）俞樾：《达斋书说》，《续修四库全书》，第50册，第236页。

3 （清）胡渭著，邹逸麟整理：《禹贡锥指》卷8，上海古籍出版社2013年，第255页。

4 （清）晏斯盛：《禹贡解》卷3，李勇编：《禹贡集成》，上海交通大学出版社2009年，第5册，第223页。

5 （清）王步青：《四书本义汇参》孟子卷5，清乾隆刻本。

6 （清）阎若璩：《潜邱札记》卷2，《景印文渊阁四库全书》，第859册，第452页。

7 （清）陈澧：《与潘聘之书》，谭其骧主编：《清人文集地理类汇编》，第4册，第204页。

8 （清）汪士铎：《汪梅村先生集》卷2，《近代中国史料丛刊》第13辑，文海出版社1973年，第125册，第122—128页。

9 李长傅：《李长傅文集》，河南大学出版社2007年，第290—291页。

非水流完全没挟着沙泥，那是世界上任一大河的河口所常见的现象。我以为江、淮相通就因为这个缘故，孟轲的时代尚有不少古代传说流传着，所以他说淮、泗入江。像朱、王等认孟子是错误，无非用后世的地文来代替上古的真象。……因为江、淮下游彼此相通的港汊，到春秋末年或旧迹保留，或部分淤塞，吴王夫差只按着这些故道，把它重新开浚以便利交通，并不是由他创始凿成。”[1]其后部分研究对江淮关系也有提及，如凌申基于先秦时期里下河地区湖泊水网纵横的丰水环境，认为当时江、淮可通。[2]《古代淮河多种称谓问题研究》一文指出，“淮河以南至长江地区，早期川流纵横，可以通联的水道应该很多”。[3]《禹贡》“三江”研究也表明，长江是“三江”中的“北江”，早期长江下游尚未形成单一河道，南、北水体统一，为江、淮相通提供了重要条件。[4]

综上所述，已有研究对《孟子》“排淮注江”既有质疑，也有认同。传统考据靠文献互证和义理阐释，但以《禹贡》“沿于江海，达于淮泗”质疑《孟子》“排淮注江”的观点多少存在片面之处。传统考据的另一特点是带有阐述者所处时代的环境印记。焦循的义理阐释最为精妙，他将《孟子》“排淮注江”解读为在淮河下游筑堤束水，约束南溢淮水全数东流入海。这种阐述对应的是明清时期束堤归海的治水方略，焦循用现世水文阐述《孟子》，显然并不符合逻辑。值得注意的是，宋代傅寅、陈大猷及清代萧穆等认为上古时期江、淮下游地势低洼、沟汊互通，与后世不同，反映了他们突破时代局限的认知。社会科学和自然科学的交叉结合是实现古文献再解读的有效方法，随着多学科成果的交叉应用，对《孟子》“排淮注江”的解读也逐渐倾向认同，但已有研究的论述相对简短，对文献背后映射的江、淮、海形势尚未深入挖掘。因此，有必要在厘清地理环境的基础上，对《孟子》“排淮注江”再作阐释，对早期江淮关系和春秋邗沟的水文形势进一步探讨。

二、江、淮下游的地理环境和《孟子》“排淮注江”的传说

自然地理研究表明，春秋以前淮扬地区东部是江、淮、海交互作用的地带。古时大江大河的下游往往有多条分汊河道，河水漫流，水系相通。长江

1 岑仲勉：《黄河变迁史》，第177—178页。

2 凌申：《全新世以来里下河地区古地理演变》，《地理科学》2001年第5期。

3 安徽省社科联课题组：《古代淮河多种称谓问题研究》，徐东平等编：《皖北崛起与淮河文化——第五届淮河文化研讨会论文选编》，合肥工业大学出版社2010年，第18页。

4 王建革：《江南环境史》，科学出版社2016年，第5—26页。

下游有多条古河道，最北端一条由今江都经泰州北、溱潼、东台到川东港。[1]古淮河下游也有分汊河道，河道在今洪泽湖附近分为南、北两支，北支相当于今淮安、涟水、阜宁一线，在废黄河至阜宁之间入海，南支由今洪泽湖过射阳湖，在盐城、兴化之间入海（见图1－1－1）。今兴化地区是古长江、淮河之

图1－1－1　长江、淮河古河道分布图

资料来源：底图为国家文物局编著《中国文物地图集・江苏分册（上）》“江苏省石器时代遗存”图，中国地图出版社2008年，第60—61页。参照沈国俊：《长江古河道的发现》，“早、中更新世长江古河道分布图”，第204页；万延森、盛显纯：《淮河口的演变》，《黄渤海海洋》1989年第1期。

1　沈国俊：《长江古河道的发现》，中国地质学会第四纪冰川与第四纪地质专业委员会、江苏省地质学会合编：《第四纪冰川与第四纪地质论文集》第5集，地质出版社1988年，第203页。

间的河间低地，有40—58米厚的湖相沉积。[1] 在距今7 000年前的海侵时期，里下河地区成为一片浅海湾。[2] 古长江、古淮河搬运来的泥沙不断沉积，使长江北岸和淮河南岸沙嘴不断向海延伸。泥沙经海流再搬运，在江、淮入海口的海底缓坡上形成一系列西北-东南走向的岸外沙坝。[3] 随着岸外沙坝长成和长江、淮河沙嘴延伸，三者逐渐连接，封闭海湾而成潟湖（今里下河地区雏形）。[4] 沙坝断续分布，有泄水缺口，使里下河地区受海水影响，直至春秋以前仍处于潟湖环境。[5] 早期分汊河道形态依然存在，江水、淮水在入海处受海潮顶托，于河口三角洲形成许多分支，呈现漫流状态。

在江、淮、海的交互作用下，今里下河地区呈现湖泊密布、河汊众多的丰水环境，考古遗址的分布也说明了这一点（见图1-1-2）。从石器时代遗址分布看，商周以前的遗址多分布在长江、淮河河口沙嘴及岸外沙坝上，这些地方地势相对高爽，成为早期人类生活的场所。[6] 长江、淮河沙嘴及岸外沙坝包围的地区，即今里下河地区，商周以前的遗址出土较少，表明这里曾有一片广阔的水域。今扬州、泰州、如皋、海安局部曾是长江河口北岸的沙嘴，出土有许多商周以前的麋鹿化石，其中江都4处，泰州13处，姜堰58处，泰兴3处，海安12处，如皋3处。[7] 在泰州寺巷向阳河工地出土的麋鹿化石下层，发现了牡蛎化石和青灰色淤砂土。[8] 麋鹿多生活在平原、沼泽地带，长江北岸出土的化石和沉积物表明商周以前该区域处于低湿的滨海沼泽环境。在这样一个沼泽化的环境中，文化遗存难以大规模出现。滨海沼泽环境滋生了丰富的渔猎文化，海安青墩遗址出土有大量麋鹿、蚬壳、鱼、鳖化石和骨镞、骨鱼镖等捕鱼工具，表明渔猎占较大比重。[9] 与此形成鲜明对比的长江南岸地区，不仅出土了众多新石器时代的文化遗址，而且在张家港东山村遗址、常州圩墩遗址、寺墩遗址、潘家塘遗址、江阴祁头山遗

1　万延森、盛显纯：《淮河口的演变》，《黄渤海海洋》1989年第1期。
2　吴必虎：《历史时期苏北平原地理系统研究》，第11页。
3　虞志英、陈德昌、唐寅德：《关于苏北中部平原海岸古砂堤形成年代的认识》，《海洋科学》1982年第4期；凌申：《盐城市境全新世以来的海陆变迁》，《江苏水利史志资料选辑》1988年第17期。
4　凌申：《全新世以来里下河地区古地理演变》，《地理科学》2001年第5期。
5　曾昭璇、曾宪珊：《历史地貌学浅论》，科学出版社1985年，第50页。
6　吴必虎：《历史时期苏北平原地理系统研究》，第15页。
7　曹克清编著：《麋鹿研究》，上海科技教育出版社2005年，第85—86页。
8　周煜、黄炳煜：《天目山、单塘河古遗址调查简报》，《东南文化》1986年第2期。
9　黄赐璇、梁玉莲：《江苏青墩古人生活时期的地理环境》，《地理学报》1984年第1期。

址、南楼遗址等遗址中发现了稻谷、孢粉和农具等，表明该地区稻作农业发达。[1]

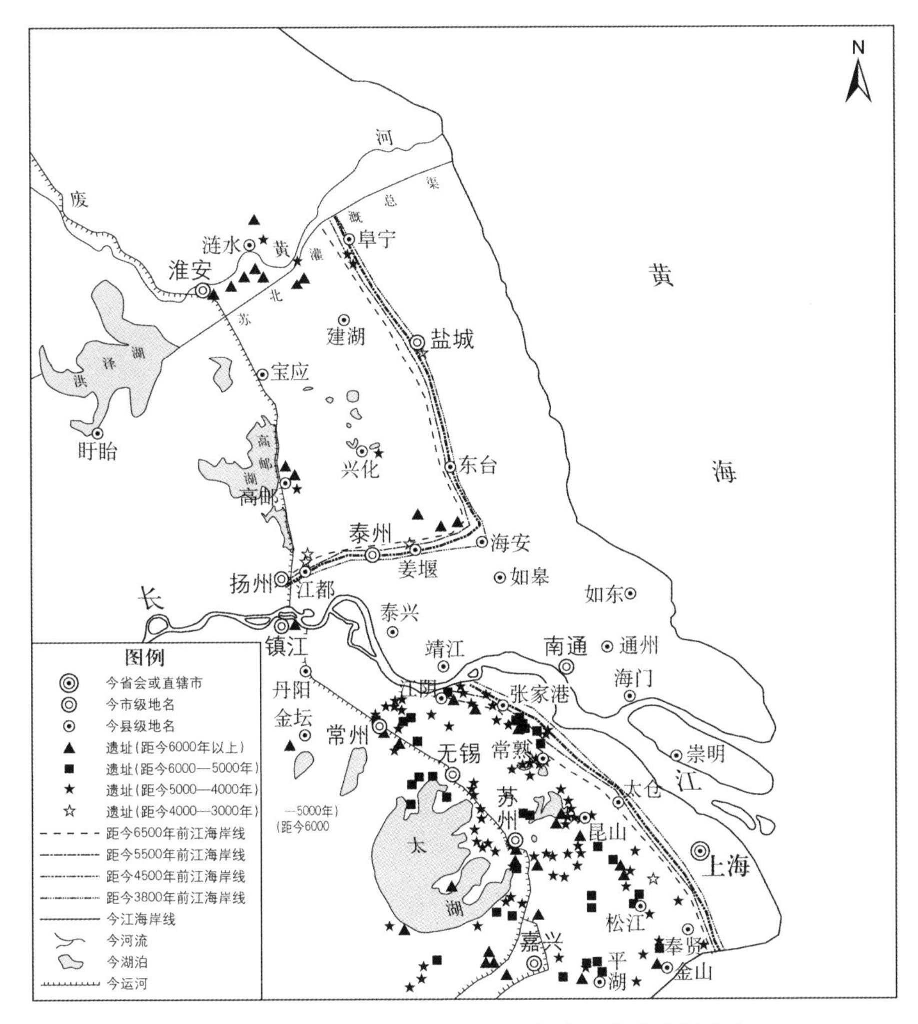

图1-1-2 长江、淮河南北岸新石器、商周文化遗址分布图

资料来源：底图为国家文物局编著《中国文物地图集·江苏分册（上）》“江苏省石器时代遗存”图，第60—61页。参照王张华、陈杰：《全新世海侵对长江口沿海平原新石器遗址分布的影响》，《第四纪研究》2004年第5期；凌申：《全新世以来里下河地区古地理演变》，《地理科学》2001年第5期；高蒙河：《长江下游考古地理》，复旦大学出版社2005年，第194—209页。

自然地理和考古证据表明，早期长江、淮河下游尚未形成单一型河道，

1 樊育蓓：《太湖流域史前稻作农业发展研究》，南京农业大学硕士学位论文，2011年，第15—34页。

河道分汊，彼此相通，江、淮下游处于河流漫流、湖泊密布的丰水环境。春秋战国时期，江、淮相通的旧迹仍可见，《孟子》将其追溯到上古大禹治水的传说，表明江、淮相通的水文形势存在已久。除了《孟子》，江、淮相通的记载也见于其他文献，《墨子》："古者禹治天下……南为江、汉、淮、汝，东流之，注五湖之处，以利荆楚、於越与南夷之民。"[1]《淮南子》："舜之时，共工振滔洪水，以薄空桑。龙门未开，吕梁未发，江淮通流，四海溟涬，民皆上丘陵、赴树木。"[2]基于早期考古和文献资料，对《孟子》"排淮注江"可进行如下辨析：

其一，江、淮位列古代四渎，各自独流入海，但江、淮入海口相距较近，江、淮下游河道分汊，水系彼此连通。春秋战国时期，江、淮下游分汊河道仍然存在，这在先秦文献中有所反映。《禹贡》："导淮自桐柏，东会于泗、沂，东入于海。"[3]秦汉以前泗水入淮处在睢陵，和后期《水经注》记载的泗水入淮处在淮阴有所不同。[4]《汉书·地理志》也指出："《禹贡》桐柏大复山在东南，淮水所出，东南至淮陵入海。"[5]淮陵在今盱眙县西40多公里处，前人研究多认为"淮陵"是"淮阴"的讹误，清代胡渭《禹贡锥指》指出："《汉志》云至淮陵入海。淮陵故城在今盱眙县西北八十五里，此地距海甚远，淮何得于县境入海？'淮陵'乃'淮阴'之讹，三千字亦谬也。"[6]结合环境变迁发现，这里"淮陵"不是"淮阴"的讹误，当时淮河下游尚未形成单一河道，盱眙以下河道分汊，河口开阔，水流散漫，河不成型，这一形势至春秋战国乃至汉代仍然存在，因此《汉书·地理志》认为《禹贡》时期淮河在淮陵以下入海。随着河口东迁，淮河下游形势发生改变，后世学者因地理环境变迁无法理解早期的河道形势，所以对早期淮水至淮陵入海的说法产生质疑。《禹贡》"三江既入，震泽厎定"[7]反映了秦汉以前长江下游河道分汊漫流的情形，当时长江下游尚未形成单一河道，江水散漫，长江南北水环境一体，水流沉积越过了今长江三角洲，延展至扬州、泰州一线以北。[8] 在江、淮下游河道分汊、水流散漫

1 张永祥、肖霞译注：《墨子译注》，上海古籍出版社2015年，第114页。

2 （汉）刘安撰，张双棣等校释：《淮南子校释》，北京大学出版社1997年，第838页。

3 （清）胡渭著，邹逸麟整理：《禹贡锥指》卷16，第611—612页。

4 邹逸麟：《淮河下游南北运口变迁和城镇兴衰》，《历史地理》第6辑。

5 （汉）班固：《汉书》卷28上《地理志上》，中华书局1962年，第1564页。

6 （清）胡渭著，邹逸麟整理：《禹贡锥指》卷16，第619页。

7 （清）胡渭著，邹逸麟整理：《禹贡锥指》卷6，第157页。

8 王建革：《江南环境史》，第5—26页。

的情况下,江、淮水系得以实现彼此沟通。

其二,质疑《孟子》的主流观点以《禹贡》“沿于江海,达于淮泗”为依据,提出春秋以前由长江至淮河需途经海道,江、淮之间没有水系相通,直至春秋末期邗沟开凿后,江、淮才实现沟通。结合考古资料来看,春秋战国时期里下河地区不仅有江、淮水流交互作用,也处于海水影响的潟湖环境。当时,长江河口位于镇江、扬州以下,淮河河口位于淮安以下,河口均呈开阔的喇叭状。古人对“海”的认知和今天对“海”的界定有明显区别。《汉书·地理志》记载《禹贡》淮水至淮陵处入海,并非指海平面上溯至盱眙一带,而是因为当时淮河下游尚未形成单一河道,淮河河口宽阔,水流散漫,在当时人的认知中,这片广阔的水面就是“海”了。长江河口上溯至镇扬一带,镇扬以下宽阔的喇叭状河口在人们的认知中也属于“海”。今长江北岸的泰州在战国时称“海阳”[1],在汉代称“海陵”,意思是海边高地,有“江海会祠”。[2] 由于河口开阔,江水漫流,古人对江、海界线并未有明确的区分。岑仲勉先生指出:“珠江三角洲地面至今仍保存着呼‘河’作‘海’的习惯,完全意味着河口一天一天的淤积,变成沧海桑田的局面;这种景况,当然可设想其一样适用于古代半河半海的淮河下流……”[3] 因此,《禹贡》“沿于江海,达于淮泗”并非表明江、淮不通,而恰恰是江、淮、海交互作用的例证。

三、《孟子》“排淮注江”与春秋邗沟的流向对比

宋儒陈大猷、清儒萧穆从文献考证的角度认识到,邗沟并非江、淮沟通的开端,而是在已有水系旧迹上稍加疏浚形成的。自然沉积和考古证据表明,春秋以前江、淮下游存在相通旧迹,这是一种河口地带的地理现象,《孟子》“排淮注江”即是对这一现象的记载。春秋末期,原本相通的江、淮分汊河道部分淤塞,吴国在此基础上开凿疏通,形成邗沟。春秋时期的邗沟并非如今天的运河一般是一条渠系人工河道,而是河湖连缀,途经广阔的射阳湖等水域。射阳湖属于古潟湖的一部分,春秋末年仍处于淡化潟湖的状态,水面辽阔。[4] 由此可见,邗沟是在天然河湖连通的基础上形成的。

---

1 (西汉)刘向校订、整理,韩峥嵘、王锡荣注译:《战国策译注》卷14《楚一》,吉林文史出版社1998年,第368页。

2 (汉)班固:《汉书》卷28上《地理志上》,第1590页。

3 岑仲勉:《黄河变迁史》,第178页。

4 凌申:《射阳湖历史变迁研究》,《湖泊科学》1993年第3期。

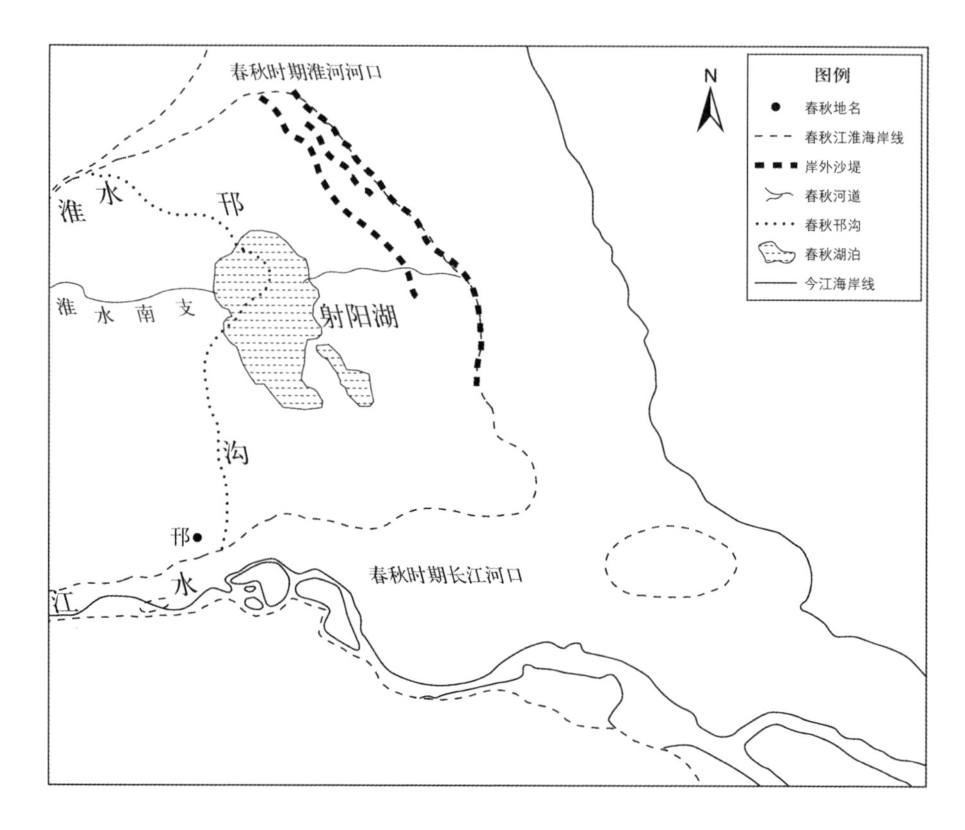

图 1－1－3　春秋时期江淮地区海岸线和邗沟示意图

资料来源：根据凌申《全新世以来里下河地区古地理演变》(《地理科学》2001 年第 5 期)图 2“里下河古潟湖形势图”改绘。

历来有观点认为春秋时期邗沟的水流方向是自江达淮，和《孟子》“排淮注江”所说的流向相反，据此否定《孟子》“排淮注江”和邗沟之间的关联：“然杨子地高，淮不注杨子。故孟子‘排淮、泗而注之江’，记者之误，信矣。”[1]阎若璩《潜邱札记》：“其通之者在哀九年，吴城邗，沟通江淮。杜注：于邗江筑城穿沟，东北通射阳湖，西北至末口入淮，以通粮道。然亦是引江入淮，与《孟子》排淮入江水道尚相反。”[2]魏源也指出：“且《汉志》江都‘渠水首受江，北至射阳入湖’，则吴之邗沟，亦但引江入淮，而非引淮注江。其时地势，江高淮下，所掘未若隋世之深广，故止通运道，不胜战舰。”[3]综合来看，

1　(明)胡应恩：《淮南水利考》卷上，陈雷主编：《中国水利史典 · 淮河卷》，中国水利水电出版社 2015 年，第 1 册，第 163 页。

2　(清)阎若璩：《潜邱札记》卷 2，《景印文渊阁四库全书》，第 859 册，第 452 页。

3　(清)魏源：《书古微》卷 5，“释道南条淮水”，《魏源全集》，岳麓书社 2011 年，第 2 册，第 137 页。

前人认为春秋邗沟水流由江入淮的文献依据有两点：一是《汉书·地理志》记载江水是入射阳湖的，江都“有江水祠。渠水首受江，北至射阳入湖”[1]；一是晋朝杜预对《左传》邗沟的注释，“于邗江筑城穿沟，东北通射阳湖，西北至末口入淮，通粮道也”[2]。因此，厘清邗沟与《孟子》“排淮注江”的关系，还要弄清先秦时期江、淮之间的实际流向。

《国语》载吴王夫差北上伐齐事迹，“归不稔于岁，余沿江溯淮，阙沟深水，出于商、鲁之间，以彻于兄弟之国”。[3]“沿江溯淮”是吴王由长江进入淮河的一段路线。史念海先生指出，因为地势的关系，运河水流的方向并不是一直向南，或是一直向北，乃是引江水由南流入，引淮水由北流入，相会于射阳湖中。[4] 春秋时期，长江和淮河沿岸地势高，江、淮之间地势低，这是由于长江、淮河沿岸的沙嘴是入海泥沙在波浪作用下形成的，地势较高，而江、淮之前的广大区域由潟湖演变而来，地势低洼。从石器时代遗址分布看，长江、淮河沿岸和岸外沙坝的遗址分布较多，江、淮之间遗址分布较少，也表明江、淮河口地势相对高爽。春秋末年，江水入邗沟北流，淮水入邗沟南流，所以吴王夫差沿邗沟北上伐齐，是“沿江溯淮”。《汉书·地理志》“渠水”只讲到射阳湖而没提及北段，是考虑到射阳湖至淮河一段的邗沟水流来自淮河。杜预的注释只是在说邗沟的起讫和走向，而不是邗沟的流向。[5]

春秋时期江、淮之间的地势是沿江、沿淮较高，中间相对低洼，邗沟的流向也是南引江水，北引淮水，江、淮之水共注洼地，而并非是《孟子》“排淮注江”表面所示的流向。但从“江”“淮”概念来看，《孟子》“排淮注江”的说法有一定的合理性。在江、淮开阔的河口地带，由于水流散漫、水系连通的形势，古人对江、淮之间的区分并不明确。在秦汉以前的文献中，江、淮混称的现象并不少见，这一点在石泉先生《古文献中的“江”不是长江的专称》一文中有详细论述。[6] 江、淮混称集中在水系下游，淮河有“江”之称，长江有时也称“淮”。《国语·吴语》：“越王句践乃率中军溯江以袭吴，入其郛，焚其姑苏，徙其大舟。”[7]这里的“江”指吴淞江，曾是长江分汉河道古中江的下游。

---

1 （汉）班固：《汉书》卷28下《地理志下》，第1638页。
2 （晋）杜预注，（唐）孔颖达等正义：《春秋左传正义》卷58，上海古籍出版社1990年，第1014页。
3 徐元诰撰，王树民、沈长云点校：《国语集解》“吴语第十九”，中华书局2002年，第554页。
4 史念海：《中国的运河》，第26页。
5 嵇果煌：《中国三千年运河史》，中国大百科全书出版社2008年，第93页。
6 石泉：《古代荆楚地理新探》，武汉大学出版社2013年，第51—65页。
7 徐元诰撰，王树民、沈长云点校：《国语集解》“吴语第十九”，第545—546页。

《吴越春秋》将此事记载为："败太子友于始熊夷，通江淮转袭吴，遂入吴国，烧姑胥台，徙其大舟。"[1]《吴越春秋》"通江淮转袭吴"中的"江淮"实际指中江下游的吴淞江。长江南岸的水系有"淮"之称，与江、淮相通的水文形势有关。

厘清《孟子》"排淮注江"和邗沟的关系，还要将先秦水环境和"排"的义理结合起来。汉代赵岐以"壅"释"排"，清代焦循在此基础上将"排"解释为在泗口以下筑堤，遏制淮水南溢，使之全流归海。焦循以清代的水文形势阐释先秦时期的江淮关系，虽不可取，但为理解《孟子》"排淮注江"提供了线索。自然地理学研究显示，江苏沿海建湖庆丰地区海面在距今 1 万年来出现多次波动，波峰有 7 次，分别是 9 800—9 200 aBP，8 500—7 750 aBP，7 500—6 000 aBP，6 000—5 000 aBP，4 500—4 000 aBP，2 500—2 250 aBP，1 250—1 000 aBP，其中后 5 次波峰均高于现今的高海面。[2] 海平面升高，江、淮入海受阻，呈现壅水状态。要想排泄洪水，不只需要疏通河道，还要抬高水位、束水归海，因此《孟子》用"排"而不是疏或通来论述淮、泗治理。《孟子》"排淮注江"将先秦时期的治水实践凝缩在大禹治水的神话传说中，承载了淮河下游先民们的治水愿景。他们在与水争斗的过程中，将"江"视作泄水归宿。在这一方面，清代钱大昕的考据值得品味："世徒知毗陵为江入海之口，不知朐山以南、余姚以北之海，皆江之委也。"[3] 虽然这一地理考证存在问题，但钱大昕点明了先秦时期江水漫流的状态，这在清儒考据中实属难得。在先秦时期的高海面阶段，先民们寄希望于"排"，以此来缓解"壅水"环境下的水患，将广阔浩渺的水面作为泄水去路。在江、淮通流的水文形势下，这片广阔的水域称为"江"，也就不足为奇了。

综上所述，《孟子》"排淮注江"是先秦时期江淮关系的缩影。先秦时期，江、淮河口开阔，河道多汊，水流散漫，港汊彼此沟通。江、淮之间的水流方向是江水向北、淮水向南，共汇中间洼地。《孟子》"排淮注江"所述与此有一定偏差，但并非记载有误，而是反映了古人在特定水文环境中对"江""淮"认知的模糊。《孟子》"排淮注江"体现了先民通过"排"来应对水患的治水愿景和实践，暗合了江、淮、海交互影响的水文环境。春秋时期吴国开凿的邗

---

1 (汉)赵晔撰，(元)徐天祜音注：《吴越春秋》卷 5，江苏古籍出版社 1999 年，第 80 页。

2 沈明洁、谢志仁、朱诚：《中国东部全新世以来海面波动特征探讨》，《地球科学进展》2002 年第 6 期。

3 (清)钱大昕：《潜研堂文集》卷 9《答问六》，《嘉定钱大昕全集》，第 9 册，第 141 页。

沟,是在江、淮相通的旧迹之上疏浚形成的。因此,淮扬运河最初的运道——邗沟带有鲜明的天然河道属性。

第二节 湖泊、潮水和汉唐邗沟的联动

早期邗沟处于江、淮、海交互影响之中。邗沟中段途经的射阳湖广阔浩渺,是江、淮水流倾注和高海面顶托的结果;邗沟南、北运口处于强烈的感潮环境,由长江、淮河喇叭状的河口形态决定。汉唐时期,随着江、淮河口东迁,河道束狭,淮扬运河所处的丰水环境和感潮环境稍有改变,但是运河仍能借助湖水、潮水济运,水源较为充沛。在人工稍加疏浚下,运河水流贯通,江、淮水系沟通。

一、河口东迁、湖群演变和邗沟改道

汉代淮扬地区的海岸线较春秋时期稍有东移,但长江河口顶点徘徊在扬州一带,淮河河口顶点在淮安附近,河口开阔,水流散漫,淮扬广大区域仍保留着丰水状态,邗沟运道也大体沿袭春秋时期的路径,由长江北岸引水,经樊梁湖转向东北,途经博芝湖、射阳湖,再向西经白马湖入淮,"旧道东北出,至博芝、射阳二湖,西北出夹邪,乃至山阳矣"。[1] "夹邪"指白马湖和射阳湖之间的运道。[2] 古河道沉积证据表明,樊梁湖和博芝湖、射阳湖和白马湖之间的运道是在天然河道的基础上形成的。樊梁湖和射阳湖之间的运道是古石梁溪[3],夹邪则是古淮河南汊河道的一段[4],汉代称为射水[5]。射水北岸有射阳城(今宝应县射阳湖镇),东汉应劭称:"(射阳)在射水之阳。"[6] 王莽时期,射阳改名监淮亭。[7] 关于汉代射阳城的位置,另有观点认为在山阳县西(今宝应县西),以郦道元为代表。[8] 还有观点以"射阳"又名"监淮亭"为

---

1 (北魏)郦道元注,杨守敬、熊会贞疏,段熙仲点校:《水经注疏》卷30《淮水》,江苏古籍出版社1989年,第2557—2558页。

2 (清)刘宝楠:《宝应县图经》卷3《河渠》,第282页。

3 廖高明:《高邮湖的形成和发展》,《地理学报》1992年第2期。

4 万延森、盛显纯:《淮河口的演变》,《黄渤海海洋》1989年第1期。

5 《洪泽湖志》编委会编:《洪泽湖志》,方志出版社2003年,第691—696页。

6 (汉)班固:《汉书》卷28上《地理志上》,第1590页。

7 (汉)班固:《汉书》卷28上《地理志上》,第1589页。

8 (北魏)郦道元注,杨守敬、熊会贞疏,段熙仲点校:《水经注疏》卷30《淮水》,第2559页。

依据，认为射阳城当濒临淮水，而射阳湖镇距淮水较远，不是射阳故城。[1] 这种说法显然是将汉代淮河下游看作后期那样的单一型河道。汉代淮河下游存在多个河汊，射水是淮河南支分汊故道的一部分。王莽时改射阳县为监淮亭，正说明了射水与淮河的联系。射阳湖以北运道引淮水济运，射阳湖以南运段引江水济运，“渠水首受江，北至射阳入湖”。[2] 由此可见，邗沟中段是天然河湖交错的水路，南、北段分别承接江水、淮水，这种水文环境下的运河更多地带有天然河道的性质，水流贯通，有机联动。因此，丰水环境下的邗沟与其说是沟通江、淮的水路，不如说是江、淮水系一体化的反映。

东汉以后，气候转入干冷，海平面相对较低。[3] 海岸线稳定在岸外沙坝东部，射阳湖水沿岸外沙坝缺口外泄入海更加顺畅，湖泊分化进程加快。[4] 泥沙外泄减缓，射阳湖淤积加速。[5] 江、淮河口东迁也促进了射阳湖淤浅分化。三国桑钦《水经》记载：“（淮水）又东至广陵淮浦县入于海。”[6] 和《汉书·地理志》相比，淮水入海地点由“淮陵”变成“淮浦”（今涟水）。文献记载的差异，反映了淮河河口的东迁进程。由于海平面下降，淮河北支河道逐渐刷深，淮河南支河道射水逐渐与主河道分离，成为一条季节性的河流，汇聚丘陵来水，东注射阳湖。淮浦以下的淮河河口仍是喇叭形河口湾，而涟水以上至盱眙的淮河由多汊型河道转为单一型河道，淮河沿岸天然堤发育，堤后洼地潴积了众多小湖泊，如富陵湖、泥墩湖等。[7] 与此同时，长江河口形势发生改变。1986年扬州施桥出土一批东汉时期的陶井圈和灰陶罐，表明江心沙洲规模壮大，洲上有居民居住。[8] 东汉以后，施桥沙逐渐靠向北岸，长江主泓南移。江、淮河口东迁，河口束狭，原本散漫的水流受到约束，分流入射阳湖的江、淮之水减少，射阳湖日渐淤浅，不似春秋邗沟初开时那般广阔。

随着射阳湖水面分化，运道移至射阳湖以西的樊梁湖、津湖、白马湖一线，形成新的湖道，即邗沟西道（相对原途经射阳湖的邗沟东道而言）。邗沟

---

1 于利娟：《古射阳考》，《内蒙古农业大学学报（社会科学版）》2010年第2期。
2 （汉）班固：《汉书》卷28下《地理志下》，第1638页。
3 杨怀仁、谢志仁：《中国近20000年来的气候波动与海面升降运动》，杨怀仁主编：《第四纪冰川与第四纪地质论文集》第2集，地质出版社1985年，第9页。
4 吴必虎：《历史时期苏北平原地理系统研究》，第11页。
5 凌申：《盐城市境全新世以来的海陆变迁》，《江苏水利史志资料选辑》1988年第17期。
6 （北魏）郦道元注，杨守敬、熊会贞疏，段熙仲点校：《水经注疏》卷30《淮水》，第2562页。
7 朱松泉、窦鸿身等著：《洪泽湖——水资源和水生生物资源》，第18—19页。
8 印志华：《从出土文物看长江镇扬河段的历史变迁》，《东南文化》1997年第4期。

西道由东汉末年广陵太守陈登主持开凿，三国蒋济《三州论》将此事记载为，“淮湖纡远，水陆异路，山阳不通，陈登穿沟，更凿马濑，百里渡湖”。[1] 由于淮扬地势西高东低，境内河流方向多是自西向东，而白马湖、津湖、樊梁湖是南北方向上的湖泊，湖与湖之间没有天然河道相通，只能以人工穿渠的方式相连。“山阳”即“山阳池”，在樊梁湖和津湖之间。[2] 两湖之间原先没有河道，所以说“山阳不通”，邗沟西道形成后，连接湖与湖的通路才形成。

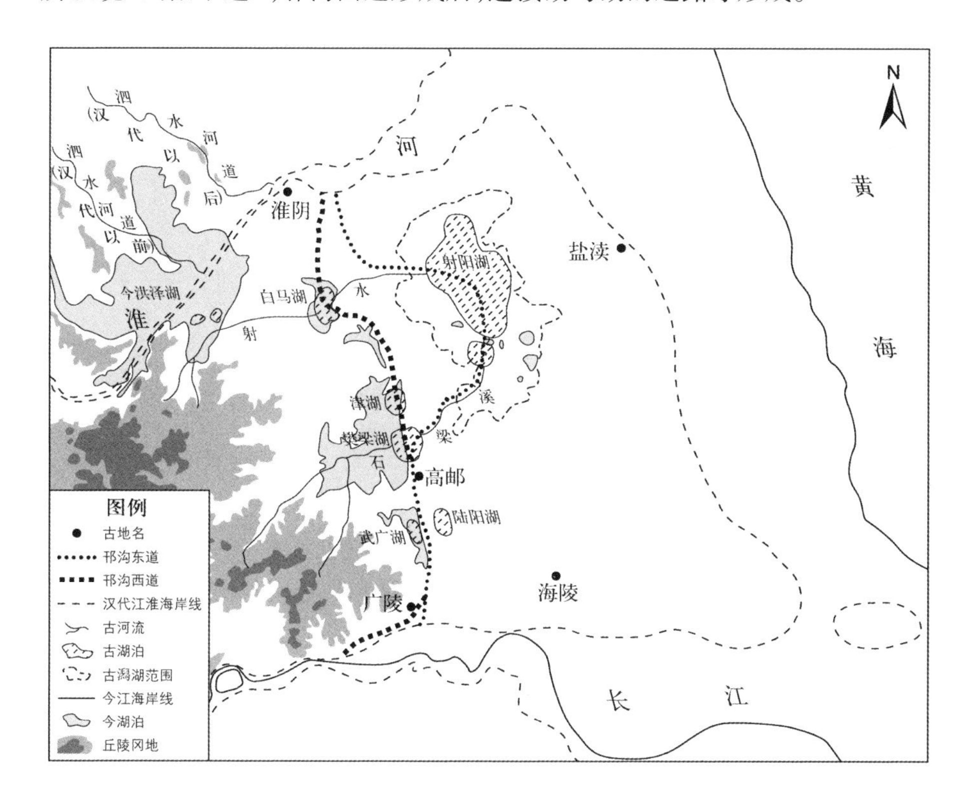

图 1－2－1　唐代以前淮扬地区的运河、湖泊示意图

资料来源：底图为江苏省基础地理信息中心编制《江苏省地图集》“地势”图，第 8—9 页。参照潘凤英：《历史时期射阳湖的变迁及其成因探讨》，“邗沟线路变迁图”，《湖泊科学》1989 年第 1 期。

邗沟改道后，江、淮水系整体上保持贯通一体，但是丰水环境减弱，人为干预相应加强。其一体现在运河北段。早期淮水漫流，运河北段水源充足。东汉以来，河口东迁，淮水漫流状态改变，北部运河水源逐渐以湖水为主。

1　(北魏)郦道元注，杨守敬、熊会贞疏，段熙仲点校：《水经注疏》卷 30《淮水》，第 2558—2559 页。

2　(清)刘文淇著，赵昌智、赵阳点校：《扬州水道记》，第 10—11 页。

三国桑钦《水经》："（淮水）又东过淮阴县北，中渎水出白马湖，东北注之。"[1] 连接白马湖与淮河的中渎水是人工开凿的运道，白马湖是济运水源。据《水经》记载，白马湖和淮水之间的流向是自南向北，与春秋邗沟自北向南的流向相反。淮河南岸地貌在古沙嘴基础上发育形成，地势较中部稍高，基于天然地形、稍加疏浚形成的春秋邗沟北段，其水流方向自北向南，而东汉末年以来的运河北段由人工开凿，引湖入淮，水流方向是自南向北。由此可见，运河北段水源和流向变化是河口东迁、丰水环境减弱背景下人为干预加强的结果。其二体现在湖区运段。射阳湖、博芝湖是东湖群，樊梁湖、津湖、白马湖是西湖群，东湖群之间的水路借助天然河道形成，西湖群之间的水道由人工开凿。邗沟由东湖群转至西湖群后，意味着运河所受的人为干预加强。河口东迁，水环境不比早期丰盈，运河水源的季节性特征凸显。三国时魏文帝曹丕率军伐吴北返，行至津湖时遇到运道浅涩现象："还到精湖，水稍尽，尽留船付（蒋）济。船本历适数百里中，济更凿地作四五道，蹴船令聚。豫作土豚遏断湖水，皆引后船，一时开遏入淮中。"[2] 精湖即津湖，土豚即土堤，用来拦截、存蓄湖水；"凿地作四五道"是临时开挖河道、聚拢船只的措施，等蓄足水后，船只北上入淮。由此可见，运道遇到季节性浅涩时，筑堤凿渠的人为干预相应出现。

六朝时期，邗沟西道一直是江、淮之间的水路通道。谢灵运《撰征赋》："发津潭而迥迈，逗白马以憩龄。贯射阳而望邗沟，济通淮而薄甬城。城坡陁兮淮惊波，平原远兮路交过。"[3] 前人研究多将文中的"射阳"当作射阳湖，如清代刘宝楠《宝应县图经》："谢灵运由白马湖贯射阳湖，是白马湖北与中渎淤隔，射阳湖、山阳浦之间当有支河，故得由射阳湖达末口入淮。"[4] 另有观点指出这里的"射阳"是射阳故城而非射阳湖。[5] 两者相较，后一种观点更合理。历史上有两个射阳故城，一是东射阳故城（今射阳湖镇），在邗沟东道与射水交汇处，即汉代射阳县治；一是西射阳故城（今宝应县西），在邗沟西道与射水交汇处，即《水经注》中的射阳故城。汉代，邗沟行经射阳湖，射阳县治位于射水、运河等水路交汇要道。随着邗沟西移，东射阳故城衰落，西射

1 （北魏）郦道元注，杨守敬、熊会贞疏，段熙仲点校：《水经注疏》卷30《淮水》，第2553页。
2 （晋）陈寿撰，（南朝宋）裴松之注：《三国志》卷14《蒋济传》，中华书局1959年，第451页。
3 （南北朝）谢灵运著，李运富编注：《谢灵运集》，岳麓书社1999年，第198页。
4 （清）刘宝楠：《宝应县图经》卷3《河渠》，第287页。
5 《洪泽湖志》编纂委员会编：《洪泽湖志》，第691—696页。

阳故城取而代之。

长江河口东迁,也使邗沟南段水文形势发生改变,人为干预有所增强,最突出的表现是东晋永和年间长江运口的上移和埭坝的兴起。《水经注》:“自永和中,江都水断,其水上乘欧阳,引江入埭,六十里至广陵城。”[1]“江都水断”的原因,一说是由于江都以南长江沙洲发育壮大,江水分成南、北两股,长江主流忽北忽南、趋向多变,使运口引水困难[2];一说是因江都城南江口沙洲淤涨,造成运口淤塞[3]。实际上,“江都水断”是长江、运河水系分化的表现。由于长江北岸沙嘴地貌是在海浪堆积作用下形成的,地势较为高亢。随着河口东迁、江岸南徙,江水主泓南移,江都运口水位下降、水源减少,江水无法自流供给运河,造成“江都水断”,人为引水、筑坝蓄水的措施相应兴起。欧阳埭位于江都以西今仪征境内,由于江都运口以南的江面宽阔、水流散漫,而仪征江面束狭,于后者设运口、筑埭坝,更便于控制水流、引水入运。自扬州到高邮的运河南段,沿线仅有武广湖、陆阳湖等少数湖泊。[4] 河口东迁、丰水环境消退后,该段运河水源较其他运段更为短缺,主要依靠江水济运。东晋末年,广陵至樊梁湖一线建有4座埭坝蓄水通航。《述征记》:“秦梁埭到召伯埭二十里,召伯埭到三枚埭十五里,三枚埭到镜梁埭十五里。”[5]坝的作用是双面的:一方面,它能存蓄水源,防止水流外泄,维持运道水位;另一方面,它打破了水流自然循环的状态,将运河和长江的互动限定在人为干预之下。

综上所述,汉代以来,江、淮河口东迁是邗沟演变的环境驱动因素。河口东迁约束了散漫的水流,早期丰水环境减弱,射阳湖水面分化,邗沟运道西移,运河所受的人为干预相应增强。在运河北段,深挖沟渠,引白马湖水济运;在运河南段,运口由江都上移至仪征,筑埭蓄水。运河改道、人为干预加强,侧面反映了河口东迁背景下江、淮水系的分化,早期运河所带有的天然河道属性逐渐过渡到半自然、半人工状态。

---

1 (北魏)郦道元注,杨守敬、熊会贞疏,段熙仲点校:《水经注疏》卷30《淮水》,第2556页。

2 嵇果煌:《中国三千年运河史》,第336页。

3 徐从法:《京杭大运河史略》,第5页。

4 (北魏)郦道元注,杨守敬、熊会贞疏,段熙仲点校:《水经注疏》卷30《淮水》,第2557页。

5 (宋)李昉等撰:《太平御览》卷73,上海古籍出版社2008年,第716页。

二、感潮环境与运河的贯通一体

历史时期长江、淮河河口都是喇叭状的强潮型河口，介于两大河口之间的邗沟处在强烈的感潮环境。潮水是邗沟的重要水源，也是运河水流联动、贯通一体的重要保障，对江、淮之间的航运起重要作用，这是前人研究较少关注的。现代研究表明，长江是一个中等强度的感潮河口，每天有两次涨潮和落潮过程，河口全年的潮流数值比江流大出2—3倍。[1] 由此推之，早期喇叭状的河口时期，潮水对长江主流和沿线支流的济运作用更为明显。

在春秋邗沟开凿之初，长江河口顶点徘徊在扬州一带，淮河河口顶点在淮阴附近。[2] 江、淮河口都是开阔的喇叭状，感潮环境强烈，潮水通过运口为运道提供水源。今长江以北沿通扬运河一带有高爽岗地，高度在7—8米左右。岗地的泥沙沉积不是河漫滩性质，而是呈现出滨海波浪堆积的特点，反映了古代长江河口强烈的感潮现象和较高的潮水水位。[3] 汉代长江北岸岸线大致在羊尾巴、施桥、扬子津一线，相对春秋时期稍有南移，但喇叭状的河口形态仍然存在，感潮环境依旧强烈，潮流界上溯至长江中游的九江一带，在扬州以南有类似于今钱塘江涌潮的“广陵涛”。[4] 1971年扬州市黄巾坝萧家山发现一座西汉时期的遗址，位于蜀冈现地表以下1.27米，其上覆有一层厚度约1厘米的河沙，可见西汉时波涛之大尚能波及蜀冈半坡上的建筑。[5] 汉代淮河潮流界可上溯至淮河中游的寿春一带。寿春借助南北通潮的优势，成为一大都会。《史记》：“郢之后徙寿春，亦一都会也。而合肥受南北潮，皮革、鲍、木输会也。”[6] 在江、淮下游，感潮强化了丰水环境，促进了江、淮水系贯通一体，船只能够借助较高的水位进出运口。

东汉以后，河口东迁，河道束狭，江、淮下游多汊河道逐渐走向单一型河道，丰水环境减弱。到南齐时，扬州以南已淤长出广阔的长江冲积平原。《南齐书》记载，永初三年（422年），“檀道济始为南兖州，广陵因此为州镇。土甚平旷，刺史每以秋月多出海陵观涛，与京口对岸，江之壮阔处也”。[7] 沙

1　陈吉余、恽才兴执笔：《南京吴淞间长江河漕的演变过程》，《地理学报》1959年第3期。

2　凌申：《古淮口岸线冲淤演变》，《海洋通报》2001年第5期。

3　陈吉余、虞志英、恽才兴：《长江三角洲的地貌发育》，《地理学报》1959年第3期。

4　陈吉余、恽才兴执笔：《南京吴淞间长江河漕的演变过程》，《地理学报》1959年第3期。

5　朱江：《从文物发现情况来看扬州古代的地理变迁》，《扬州师院学报》1977年第9期。

6　（汉）司马迁撰：《史记》卷129《货殖列传》，中华书局1959年，第3268页。

7　（南朝梁）萧子显：《南齐书》卷14《州郡志上》，中华书局1972年，第255页。

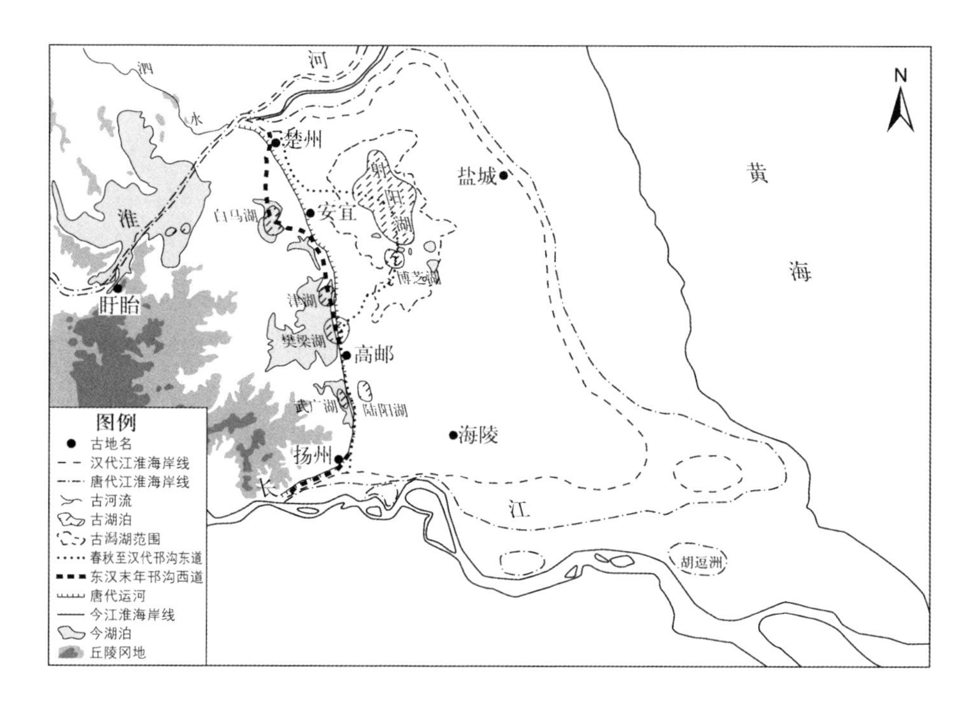

图 1－2－2　汉唐河口变迁和淮扬运河示意图

资料来源：底图为江苏省基础地理信息中心编制《江苏省地图集》“地势”图，第 8—9 页。参照吴必虎：《历史时期苏北平原地理系统研究》，第 24—30 页；凌申：《古淮口岸线冲淤演变》，《海洋通报》2001 年第 5 期。

洲并岸，长江河口东移，潮水水位下降，江岸和江水之间的高差增大，江水无法像汉代渠水那样顺流北下，这是运河南段水源日渐短缺的重要原因。尽管河口东迁、潮水下降给邗沟水情和航运带来一定影响，但直至唐代以前，江、淮河口仍是喇叭状的强潮型河口，潮水在沟通江、淮水系中发挥了重要作用。就长江之潮而言，南朝宋时期，长江感潮河段至安徽望江，当时诗人鲍照写有《登大雷岸与妹书》一诗：“西南望庐山，又特惊异。基压江潮，峰与辰汉连接。”[1] 就淮河之潮而言，太元四年（379 年），在前秦、东晋三阿之战中，“（谢）玄遣将军何谦之、督护诸葛侃率舟师乘潮而上，焚淮桥”。[2] 南朝梁承圣元年（552 年），“王僧辩督诸军乘潮入淮”。[3] 隋炀帝时期，“又发淮南民十余万开邗沟，自山阳至扬子入江。渠广四十步，渠旁皆筑御道，树以

1 （南北朝）鲍照：《鲍明远集》卷 9，《景印文渊阁四库全书》，第 1063 册，第 604 页。
2 （唐）房玄龄等撰：《晋书》卷 113《载记第十三》，中华书局 1974 年，第 2901—2902 页。
3 （北周）庾信撰，（清）倪璠注，许逸民校点：《庾子山集注》卷 2，中华书局 1980 年，第 144 页。

柳"。[1] 邗沟凿深加宽后，潮水上溯进入运道更为便捷。

唐代中期，长江河口北岸大致沿泰兴以北、如皋以南至如皋白蒲一线，东至如东掘港以东。[2] 感潮范围发生变化，长江九江段的感潮环境已不稳定，潮水常常不至九江。顾况《题叶道士山房》："近得麻姑音信否，浔阳江上不通潮。"[3] 九江河段感潮环境不稳定是河口东迁、感潮河段下移所致。不过扬州、镇江一带的感潮环境仍较为强烈，当时人们将润州焦山一带称为"海门"。王昌龄有"霜天起长望，残月生海门"诗句。[4] 唐代在扬州以南的江面仍能见到广陵涛，李白《送当涂赵少府赴长芦》写道："我来扬都市，送客回轻舠。因夸楚太子，便睹广陵涛。"[5] 涨潮时，镇扬江面更为开阔。潮水对唐代扬州航运意义重大，虽然扬州城下积有疏散的黄沙淤土，不利于建立海船停泊的港口，但是由于河口感潮，在涨潮时刻，扬州城下连通长江的河道能够达到船舶驶入驶出的水深要求。在唐代许多送别诗中，乘船出行往往与潮水联系在一起。王湾《次北固山下》："潮平两岸阔，风正一帆斜。"[6] 涨潮时长江水面开阔，港口水位上升。《次北固山下》描述的是镇江港口涨潮与航运的关系，这一情形同样适用于一江之隔的扬州。涨潮时水位抬升，船只乘潮进出运河。潮水也会沿邗沟上溯，为运道提供水源。唐代开元（713—741年）以前，潮水能够沿运河上溯至扬州城，甚至可波及扬州以北的邵伯堰："当开元以前，京江岸于扬子，海潮内于邗沟，过茱萸湾，北至邵伯堰，汤汤涣涣，无隘滞之患。"[7] 不仅运河感潮，扬州城中的河道水位亦受江潮调控，城内河道密布，水源丰富。[8] 唐代诗人李颀有诗："鸬鹚山头微雨晴，扬州郭里暮潮生。"[9] 由此可见，尽管唐代扬州城以南已形成大片沙洲，但船舶在涨潮时仍能乘潮水到达扬州城，这是扬州成为海港和交通枢纽的重要背景。

唐代淮河河口向东延伸至阜宁北沙一带[10]，感潮河段下移，潮水已不至寿春，但由于淮河河口呈喇叭状，淮河下游河道感潮环境依旧较强。潮水对

---

1 （宋）司马光：《资治通鉴》卷180，中华书局1956年，第5618页。

2 陈金渊著，陈炅校补：《南通成陆》，第36页。

3 （唐）顾况：《题叶道士山房》，《全唐诗》卷267，中华书局1960年，第2964页。

4 （唐）王昌龄：《宿京江口期刘昚虚不至》，《全唐诗》卷142，第1440页。

5 （唐）李白：《送当涂赵少府赴长芦》，《全唐诗》卷175，第1789—1790页。

6 （唐）王湾：《次北固山下》，《全唐诗》卷115，第1170页。

7 （唐）梁肃：《通爱敬陂水门记》，《全唐文新编》卷519，吉林文史出版社2000年，第6061页。

8 秦浩：《试述扬州水道的变迁和唐城》，《南京大学史学论丛》第3辑。

9 （唐）李颀：《送刘昱》，《全唐诗》卷133，第1356页。

10 凌申：《古淮口岸线冲淤演变》，《海洋通报》2001年第5期。

淮河航运也有重要意义，涨潮时淮河沿岸港口水面开阔，便于船舶驶入驶出。顾况《寄淮上柳十三》："苇萧中辟户，相映绿淮流。莫讶春潮阔，鸥边可泊舟。"[1]潮水对于与淮河相连的运道，同样有重要的济运作用。皇甫冉《渔子沟寄赵员外裴补阙》："欲逐淮潮上，暂停渔子沟。相望知不见，终是屡回头。"[2]渔子沟即今淮阴渔沟镇，唐时位于淮河以北，当时可乘潮水入淮北运口至渔子沟。淮河南岸的运道也需潮水济运。唐代刘长卿从宝应白田走水路赴淮安，途中水道浅涸，问张南史道："楚城今近远，积霭寒塘暮。水浅舟且迟，淮潮至何处？"[3]白田在宝应县南十余里，北去楚州城约百里，唐时为扬、楚要冲，是商旅往来必经之路。白田段运河淤浅时需潮水济运，可知当时淮潮沿邗沟运道可上溯百里。

运河近江、近淮处引潮济运，长江运口有斗门调控潮水。唐《水部式》载："扬州，扬子津斗门二所。"[4]斗门相当于可堵可拆的临时水闸，是一种操作灵活、调控精细的水利工程。用斗门调控水位，运河水流与外界水系可保持贯通。元和三年（808年），李翱乘船南下，"庚申，下汴渠入淮。风帆及盱眙，风逆，天黑色，波水激，顺潮入新浦。壬戌，至楚州。丁卯，至扬州。……自洛川下黄河、汴梁，过淮，至淮阴一千八百有三十里，顺流。自淮阴至邵伯三百有五十里，逆流。自邵伯至江九十里，自润州至杭州八百里，渠有高下，水皆不流"。[5] 斗门启闭有时，运河可得到水源补给，呈现近似流水的状态。南宋朱熹对此进行解读："盖古今往来淮南，只行邗沟、运河，皆筑埭置闸，储闭潮汐，以通漕运，非流水也。……故自淮至高邮不得为沿，自高邮以入江不得为溯，而习之又有'自淮顺潮入新浦'之言，则是入运河时，偶随淮潮而入，有似于沿，意其过高邮后，又迎江潮而出，故复有似于溯。"[6]以上内容不仅说明感潮环境下运河与外界水系的循环通畅，也表明了潮水对运河流向的扰动。白居易"汴水流，泗水流。流到瓜洲古渡头，吴山点点愁"[7]所描述的淮扬运河流向是自北向南，和李翱所述水流方向相反，这是潮水来去、运河流向时常变动的体现。

---

1 （唐）顾况：《寄淮上柳十三》，《全唐诗》卷267，第2962页。

2 （唐）皇甫冉：《渔子沟寄赵员外裴补阙》，《全唐诗》卷250，第2822页。

3 （唐）刘长卿：《赴楚州次白田途中阻浅问张南史》，《全唐诗》卷147，第1482页。

4 周绍良主编：《全唐文新编》卷902，第11806页。

5 （唐）李翱撰：《李文公集》卷18《来南录》，第89页。

6 （宋）朱熹：《晦庵先生朱文公文集》卷71，第3418—3419页。

7 （唐）白居易：《长相思》，《全唐诗》卷890，第10057页。

汉唐时期，随着河口东迁，江、淮水系较春秋时期有所分化，主要表现在南、北段运河所受的人为干预有所加强。运河中段以湖泊为运道、以湖水济运，运河南、北两段靠潮水济运，整体上仍维持运河贯通一体。感潮环境下淮扬运河的贯通是唐代扬州港口兴盛的重要保障，唐代前中期感潮环境较为强烈，潮水可上溯至扬州城以北，扬州城内河道也受江潮调控节制，船只往来无阻。

第三节　唐宋之交江、淮分化和运河的引水问题

江、淮水系分化的端倪在汉唐河口东迁过程中已有体现，但是由于淮扬中部湖泊连缀，长江、淮河河口感潮强烈，淮扬运河水源相对充足，整体上保持联动贯通。唐宋之交，由于江、淮河口进一步东迁，感潮环境进入一个临界点，江、淮水位下降，淮扬运河近江、近淮段浅涩，这是江、淮水系分化最主要的表现。

一、河口东迁和江、淮水系的分化

对于唐宋之交江、淮分化的水文现象，古代学者是有所关注的。清儒萧穆对此有详细的论述：

> 然自吴沟通之后，历汉晋至唐，江淮均尚相通，直至唐末五代之时，则禹之故道乃湮，一如北宋至今日之形势矣。何以言之？郭璞《江赋》曰："总括汉泗，兼包淮湘。"李善即援《孟子》"禹决汝、汉，排淮、泗，而注之江"为之注。此汉、晋、唐初，江淮尚通之确证也。又李文公《来南录》有云："丙辰次泗州，见刺史，假舟转淮上河，如扬州。庚申下汴渠入淮，风帆及盱眙，风逆，天黑色，波水激，顺潮入新浦。壬戌，至楚州。丁卯，至扬州。戊辰，上栖灵浮图。辛未，济大江至润州。"此中唐江淮相通之实证也。又沈括《梦溪笔谈》有云："唐李翱《来南录》云自淮沿流至于高邮，乃溯至于江。《孟子》所谓'决汝、汉，排淮、泗，而注之江'，则淮、泗固尝入江矣。此乃禹之旧迹也。熙宁中，曾遣使按图求之，故道宛然，但江淮已深，其流无复能至高邮耳。"沈括之书如此。以此益见李

文公来南之时，江淮尚通。至宋熙宁中遣使验之，故道宛然，则江淮至湮塞不通者，确在唐宋五代之时矣。[1]

江、淮分化于唐宋之交的观点，古人早已通过梳理文献的方式提出，结合现代自然地理研究，可作进一步解读。唐宋之交，江、淮水系分化和河口东迁、感潮环境减弱有千丝万缕的联系。唐代前中期，长江潮水可沿运河上溯至扬州城北，供给运河充足的水源，维持运道水位。大历年间以后，感潮环境发生转变，运河随之出现淤浅难行的情况。唐代诗人李绅《入扬州郭》诗前小引："潮水旧通扬州郭内，大历已后，潮信不通。"[2]"大历已后"，扬州城内不通潮水，河道淤塞，考古也证明了这一点。1978 年，在扬州市区发现两条古河道，出土文物显示河道在唐代中期仍旧存在，晚唐、唐末时淤塞。[3]《通爱敬陂水门记》："当开元以前，京江岸于扬子，海潮内于邗沟，过茱萸湾，北至邵伯堰，汤汤涣涣，无隘滞之患。其后江派南徙，波不及远，河流浸恶，日淤月填。若岁不雨，则鞠为泥涂，舟楫陆沉，困于牛车。"[4]由此可见，感潮环境衰退和运河淤浅之间存在密切联系。

以往研究将扬州感潮环境减弱的原因归结为瓜洲并岸[5]，也有研究指出瓜洲并岸在唐代中期而不是后期，约在开元二十五年（737 年）伊娄河开凿前后。[6] 韦应物在永泰年间游广陵，写有《酬柳郎中春日归扬州南郭见别之作》："广陵三月花正开，花里逢君醉一回。南北相过殊不远，暮潮从去早潮来。"[7]由此可见，当时潮水尚能波及扬州城南。正是感潮环境的存在，船舶在瓜洲并岸后仍能随潮水深入扬州城下，扬州港口也没有在瓜洲并岸后随即衰落。唐中后期扬州港口贸易依然繁盛。[8] 因此，瓜洲并岸并不是扬州感潮减弱的主要原因。

现代地理学研究证明，长江河口东迁和河道束狭是通过江中沙洲并向北岸实现的（见图 1－3－1）。公元 8 世纪左右胡逗洲并岸是三角洲河口形

---

1 （清）萧穆撰，项纯文点校：《敬孚类稿》卷 1，"淮泗入江说"，第 17—18 页。
2 （唐）李绅：《入扬州郭》，《全唐诗》卷 482，第 5487 页。
3 罗宗真：《扬州唐代古河道等的发现和有关问题的探讨》，《文物》1980 年第 3 期。
4 （唐）梁肃：《通爱敬陂水门记》，《全唐文新编》卷 519，第 6061 页。
5 陈吉余主编：《中国海岸带和海涂资源综合调查专业报告集 · 中国海岸带地貌》，海洋出版社 1996 年，第 134 页。
6 韩茂莉：《唐宋之际扬州经济兴衰的地理背景》，《中国历史地理论丛》1987 年第 1 辑。
7 （唐）韦应物：《酬柳郎中春日归扬州南郭见别之作》，《全唐诗》卷 190，第 1943 页。
8 韩茂莉：《唐宋之际扬州经济兴衰的地理背景》，《中国历史地理论丛》1987 年第 1 辑。

态和感潮环境发生改变的临界点。胡逗洲并岸后，长江河口由喇叭状过渡到三角洲形态，河口束狭，长江河口也由强潮型转变为中等强度的潮汐河口。[1] 在江洲并岸、河口东迁的背景下，长江镇扬段由河口段变为近口段，潮位下降。扬州城内河道水位很大程度上受江潮调控，潮汛不通扬州城郭后，城内河道日益淤浅。日本学者西冈弘晃肯定潮水对扬州运河及相关水利的调节作用，也指出感潮减弱后对运河航运的负面影响。[2]

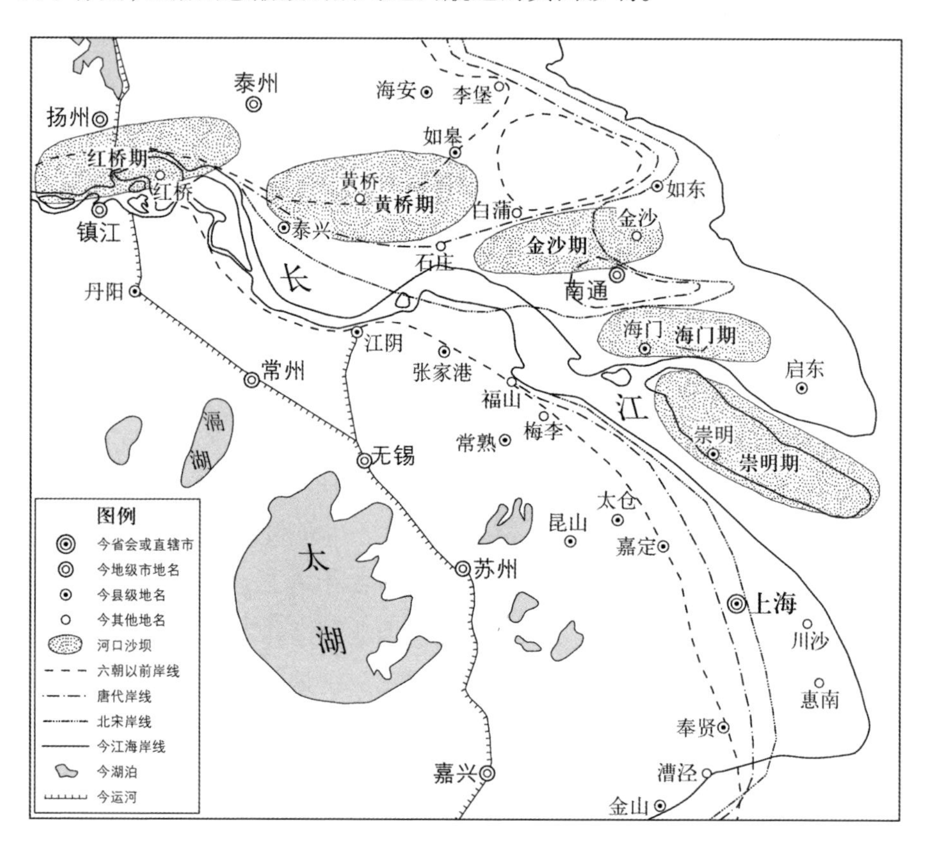

图 1-3-1　长江河口东迁和北岸沙嘴发育示意图

资料来源：中国科学院《中国自然地理》编辑委员会：《中国自然地理·地貌》，“历史时期长江三角洲演变示意图”，科学出版社1980年，第94页；王靖泰、郭蓄民、许世远等：《全新世长江三角洲的发育》，《地质学报》1981年第1期。

唐代后期淮河河口东迁不似长江河口明显，感潮环境减弱程度也较小，淮扬运河北段的淤浅问题不似扬州运河严重。但是由于运河北段水流方向

1　李保华：《冰后期长江下切河谷体系与河口湾演变》，同济大学博士学位论文，2005年，第51—52页。

2　［日］西冈弘晃：《唐宋期扬州の盛衰と水利问题》，“中村学园研究纪要”，2002年第34号，第205—209页。

是自南向北、由湖入淮，当河口东迁、淮河水位下降后，运河和淮河的水位差增加，水源易下泄入淮。夏秋汛期，运河入淮水流湍急，阻碍船只航行。为此，唐代李吉甫在淮河运口筑堰平水："河益庳，水下走淮，夏则舟不得前。节度使李吉甫筑平津堰，以泄有余，防不足，漕流遂通。"[1]淮扬运河近淮段的水环境变化暗示着淮河和运河的分化。在水系分化的背景下，筑堰等人工干预措施相应加强。

二、淮扬运河的引水问题

唐宋之交，淮扬水环境有一个大转变。在河口东迁、潮位下降的背景下，江、淮水系正式分化，原本利用潮水尚能沟通江、淮的邗沟因水源短缺日渐淤浅。扬州运河浅涩情形尤为严重，引水问题突出。潮水济运衰退后，陂塘济运功能受到重视。唐代杜亚考察扬州蜀冈，修陈公塘，引西部丘陵来水济运。《新唐书》记载："初，扬州疏太子港、陈登塘，凡三十四陂，以益漕河，辄复堙塞。淮南节度使杜亚乃浚渠蜀冈，疏句城湖、爱敬陂，起堤贯城，以通大舟。"[2]陈公塘又称爱敬陂，陂塘有水门调节蓄泄，既可济运，也资灌溉。《通爱敬陂水门记》："乃召工徒，修利旧防，节以水门，酾为长源，直截城隅，以灌河渠，水无羡溢，道不回远。于是变浊为清，激浅为深，洁清澹澄，可灌可鉴。然后漕挽以兴，商旅以通，自北自南，泰然欢康。其夹堤之田，旱暵得其溉，霖潦得其归。化硗薄为膏腴者，不知几千万亩。"[3]丘陵地带的陂塘自汉代起就得到发展，如汉代陈公塘、三国白水塘、晋代羡塘。《扬州水利图说》："惟古人建塘之始，原仅为灌溉，并未谋利运，唐贞元后因可以利运，特因所利而利之也。"[4]陂塘的兴起本为灌溉，不为济运，直到唐代前中期都是如此。唐代后期至唐宋之交，河口东迁、感潮环境衰弱，运河的引水条件发生改变，陂塘济运兴起。

唐末，为应对水源短缺，运河上兴起废闸置堰，运道也变得封闭。长江运口有斗门，邵伯埭也置斗门。[5] 这些斗门是一种控制灵活的水利工程，水少堵筑拦蓄，水多启放排泄，长江运口的闸还有引潮济运的作用。在精细的

---

1 （宋）欧阳修、宋祁撰：《新唐书》卷53《食货志三》，中华书局1975年，第1370页。
2 （宋）欧阳修、宋祁撰：《新唐书》卷53《食货志三》，第1370页。
3 （唐）梁肃：《通爱敬陂水门记》，《全唐文新编》卷519，第6061页。
4 （清）胡澍：《扬州水利图说》，《扬州文库》，第43册，第337页。
5 （宋）乐史撰，王文楚等点校：《太平寰宇记》卷123《淮南道一》，中华书局2007年，第2447页。

人为调控下，运河与外部水流贯通，潮来潮去，运河和江、淮之间的水系循环保持相对畅通。但到唐末，运河上已设有数处堰埭。由于船只过堰需要牵挽，耗费人力、物力较多。元和三年（808 年）六月，撤废江、淮公私堰埭 22 所，其中包含淮扬运河的一些堰埭。废堰后，运河北段到夏季水大时，水流北泄入淮，逆水行舟不易，李吉甫筑平津堰节制水流。淮南运口筑堰后，运河和淮河的水系互动受到阻碍。即使有陂塘济运、筑埭蓄水，唐代扬州运河仍然只患水少，不患水多。[1] 由此可见，受河口东迁、感潮环境衰弱影响，即使是局部的人为干预，也扭转不了运河缺水的局面。

本章小结

宋代以前，江淮关系和淮扬运河水文动态的演变受河口东迁这一自然因素主导，人为干预较少。早期，江、淮河口开阔，水流散漫，长江和淮河之间河湖密布、港汊相通。《孟子》“排淮注江”即是对这种江、淮相通和水系一体关系的写照。春秋末年吴国开凿的邗沟，即淮扬运河的发端，也是在这一江淮关系基础上，稍加疏浚形成的。汉唐时期，河口东迁，江、淮间彼此沟通的天然港汊湮塞，丰水环境减弱，江、淮分化初现端倪。射阳湖广阔的水域分化，邗沟运道西移。但由于河口感潮环境存在，在潮水济运的情况下，运河水源较为充足，江、淮水系仍维持一体。唐宋之交，随着江、淮河口东迁，感潮环境减弱，淮扬运河近江、近淮段浅涩，江、淮水系正式分化。为维持运道水位，陂塘济运和筑埭蓄水等人为干预相应增多，预示着运河由一条半天然、半人工河道向人工河道转变，也暗示着江淮关系由天然状态下的贯通一体转向人为干预下的勉强沟通。宋代以前江淮关系和淮扬运河的水文动态是前人研究尚未关注的问题，对江淮关系从一体到分化的研究，不仅关乎宋代以前江、淮、运互动过程的厘清，还为探讨宋代以来自然、人为因素综合作用下淮扬运河水文形势的动态演变提供参照。

1 张芳：《扬州五塘》，《中国农史》1987 年第 1 期。

第二章

宋代淮扬运河堤岸闸坝体系和区域河湖地貌

唐宋之交,淮扬运河近江、近淮段水源匮乏、运道浅涩,运河整体贯通受到影响,这是江、淮分化的表现。宋代,淮扬运河所受的人力干预明显增强,堤岸闸坝体系逐渐形成。本章将淮扬运河分为近江段、近淮段及中部湖泊段进行研究,厘清江、淮分化背景下人为干预对运河水文动态的影响,复原运河和湖泊互动的过程,揭示宋代大运河对河湖地貌和区域水利的意义。

第一节　运河浅涩情形和人为干预加强

宋代,淮扬运河近江、近淮段的浅涩问题更加突出。为维持运道通航功能,置闸筑坝等人为干预相应加强。这种举措加剧了运河的封闭性,促使运道泥沙沉积,近江、近淮处地势抬升,影响了淮扬运河的水流动向。

一、淮扬运河南、北段的浅涩和封闭

自唐代后期起,陂塘是淮扬运河南、北段的重要水源。宋代陂塘的济运作用仍很重要。祥符年间,江淮制置发运司每年以陈公塘“灌注长河,流通漕运”。[1] 宣和二年(1120 年),江淮等路发运使陈亨伯指出:“奉诏措置楚州至高邮亭一带河浅涩。相度运河别无上源,惟赖陂湖灌注行运。”[2] 宋代江、淮河口感潮环境减弱很多,但是潮水仍能波及运口,为运河提供水源。淮扬运河南端的真州运口和瓜洲运口接引潮水。真州运河南岸距江不到一里,有八座泄水斗门,宣和三年(1121 年),高邮州防御使李琮提议浚深运道,兴筑软坝,引潮济运:“相度乞将斗门河身开掘面阔一丈五尺,门深五尺,于江口近里约十丈以来,打筑软坝,赚引潮水,入河捺定。即蓄一潮之水,量度功力,可消水车数倍。”[3] 同时在运河南岸设堰,用水车汲引江水济运。[4] 扬州至瓜洲段的五十里运河宽度仅能容纳一船,建炎三年(1129 年)金兵南下,扬州城中众人乘船南逃,遇到潮水不至、运河浅涩的情况。据载,“潮不应闸,尽胶泥淖中。金取之如拾芥,乘舆服御、官府案牍,无一留者”。[5] 由上可见,在

1 (元)脱脱等撰:《宋史》卷 97《河渠志七》,第 2394 页。
2 (清)徐松辑,刘琳、刁忠民、舒大刚等校点:《宋会要辑稿》方域一七,上海古籍出版社 2014 年,第 9618 页。
3 (清)徐松辑,刘琳、刁忠民、舒大刚等校点:《宋会要辑稿》方域一七,第 9618 页。
4 (清)徐松辑,刘琳、刁忠民、舒大刚等校点:《宋会要辑稿》方域一七,第 9618 页。
5 (宋)李心传撰,辛更儒点校:《建炎以来系年要录》卷 20,上海古籍出版社 2018 年,第 403 页。

江、淮分化的大背景下，即使有陂塘和潮水济运，近江、近淮运段也不免浅涩。

宋代为拦蓄水源、维持航运，淮扬运河近江、近淮段所置闸坝相应增多。宋初，淮扬运道上建有五堰。《宋史》载，“又建安北至淮澨，总五堰，运舟所至，十经上下，其重载者皆卸粮而过，舟时坏失粮，纲卒缘此为奸，潜有侵盗”。[1] 五堰分别是龙舟堰、新兴堰、茱萸堰、北神堰、召伯堰。[2] 堰的作用是双面的：一方面，它能阻止水流外泄，存蓄水源济运；另一方面，它打破了水流自然循环的状态，阻碍了水文互动，水流挟沙能力大大下降，尚未被带出的泥沙沉积在运道。五堰之中北神堰近淮河，其他四堰在邵伯至长江段，说明近江段缺水情形严峻，需要更多的人力干预。泥沙淤积抬升了运河河床，运道蓄水能力减弱，加剧了水源短缺。

船只过堰时需要牵挽，耗费人力、物力，北宋时期实行废堰置闸改革。北神堰在楚州城北五里的淮南运口。“吴王夫差沟通江、淮，后人于此立堰者，以淮水低，沟水高，防其泄也。舟行渡堰入淮，今号为平水堰。”[3] 运口设堰后，运道封闭，向北入淮的清流不足，水流挟沙能力下降，加剧泥沙沉积、运道淤高。宋初，为使船只避开淮安西北的淮河山阳湾险段，淮南转运使乔维岳主持开凿沙河，沙河从淮安末口到磨盘口，河上设复闸。《宋史》：“维岳始命创二斗门于西河第三堰，二门相距逾五十步，覆以厦屋，设县门积水，俟潮平乃泄之。”[4] 同一件事，《续资治通鉴长编》也有记载：“维岳乃命创二斗门于西河第三堰，二门相逾五十步，覆以夏屋，设悬门蓄水，俟故沙湖平，乃泄之。”[5] 复闸调控潮水济运，船由淮河驶入运河后关闭斗门，引潮水注入斗门之间，待水位与沙河相平后开斗门，船只驶入沙河。天禧三年（1019年），龙舟、新兴、茱萸三堰被废。[6] 天圣四年（1026年），真州江口堰和楚州北神堰旁建闸通航。[7] 天圣七年（1029年），邵伯埭旁置闸。[8] 绍圣年间（1094—1098年），瓜洲堰改为闸。[9] 废堰置闸后，淮扬运河的水流控制以闸为主。

1 （元）脱脱等撰：《宋史》卷307《乔维岳传》，第10118页。
2 （清）刘文淇著，赵昌智、赵阳点校：《扬州水道记》，第25—26页。
3 （宋）司马光：《资治通鉴》卷294，第9577页。
4 （元）脱脱等撰：《宋史》卷307《乔维岳传》，第10118页。
5 （宋）李焘著：《续资治通鉴长编》卷25，上海古籍出版社1986年，第218页。
6 （宋）李焘著：《续资治通鉴长编》卷93，第827页。
7 （宋）李焘著：《续资治通鉴长编》卷104，第932页。
8 （宋）李焘著：《续资治通鉴长编》卷107，第960页。
9 （宋）卢宪：嘉定《镇江志》卷6《地理》，成文出版社1983年，第2862页。

闸是一种精细、灵活的水利工程，不仅便于船只过往，也利于运河和外部水系贯通，但宋代运河水源短缺，官方开闸有三日一启的严格规定。[1] 水运频繁，闸启闭无时，致使运河水源走泄："比年行直达之法，走茶盐之利，且应奉权幸，朝夕经由，或启或闭，不暇归水。又顷毁朝宗闸，自洪泽至召伯数百里，不为之节，故山阳上下不通"。[2]

闸不能有效节制水源，堰坝的蓄水作用又凸显出来。崇宁三年（1104年），户部尚书曾孝广指出："往年，南自真州江岸，北至楚州淮堤，以堰潴水，不通重船，船剥劳费。"[3] 至宣和三年（1121年），扬州运河的真州运口至扬子桥每十里置一坝。[4] 先前一些被废弃的堰坝也被提议重筑："欲救其弊，宜于真州太子港作一坝，以复怀子河故道；于瓜洲河口作一坝，以复龙舟堰；于海陵河口作一坝，以复茱萸、待贤堰，使诸塘水不为瓜洲、真、泰三河所分；于北神相近作一坝，权闭满浦闸，复朝宗闸，则上、下无壅矣。"[5] 由上所述，宋代淮扬运河的水利工程是一个闸、坝兼备的控制系统，虽然北宋前中期经历了一段废堰置闸的改革，但自北宋后期起，坝的控制逐渐占据主体地位。

二、江、淮分化的加剧和运河流向的改变

宋代闸坝增多加剧了淮扬运道的封闭性，水流减缓，泥沙沉积，近江、近淮段运道地势抬升，又反作用于淮扬运河。第一章已经提到，唐末李翱在《来南录》中暗示了当时淮扬运河的流向大体是自南向北，水流路径是由湖入淮。在这种情况下，沿淮地势抬升对淮扬运河流向影响很大。

宋初乔维岳主持开凿沙河后，江淮发运使许元又将运道延伸至洪泽。其后运道浅涩，熙宁四年（1071年）发运副使皮公弼重新开浚。元丰六年（1083年），江淮等路发运副使蒋之奇主持开龟山运河，将运渠由洪泽西延至蛇浦，运口正对淮河北岸的汴渠。运河取淮水为源，"今既不用闸蓄水，惟随淮面高下，开深河底，引淮通流"。[6] 淮水较湖水含沙量大，易淤塞运道。宋代淮扬运河北段引淮为源，久而久之，泥沙淤积，运道地势逐渐抬升。

1　（元）脱脱等撰：《宋史》卷96《河渠志六》，第2389页。
2　（元）脱脱等撰：《宋史》卷96《河渠志六》，第2389页。
3　（元）脱脱等撰：《宋史》卷175《食货志上三》，第4258页。
4　（清）徐松辑，刘琳、刁忠民、舒大刚等校点：《宋会要辑稿》方域一七，第9618页。
5　（元）脱脱等撰：《宋史》卷96《河渠志六》，第2389页。
6　（元）脱脱等撰：《宋史》卷96《河渠志六》，第2381—2382页。

关于宋代淮扬运河北段的水流方向,文献记载显示是自南向北入淮。《太平寰宇记》"山阳县"条下记载:"邗沟水,南自安宜县界流入。"[1]《舆地纪胜》"楚州"条下:"邗沟水,南自安宜县界流入(淮)。"[2]但是,宋代沈括《梦溪笔谈》"江淮河道"条下的记载与之稍有不同:"唐李翱为《来南录》云:'自淮沿流至于高邮,乃溯至于江。'《孟子》所谓'决汝、汉,排淮、泗,而注之江',则淮、泗固尝入江矣。此乃禹之旧迹也。熙宁中,曾遣使按图求之,故道宛然,但江、淮已深,其流无复能至高邮耳。"[3]沈括将李翱《来南录》转述为"自淮沿流至于高邮,乃溯至于江",表面看是错误引用,实际上表明宋代淮扬运河北段流向出现自北向南的转变。《梦溪笔谈》中"江、淮已深",是因为河口东迁,水位下降,运口淤积,运道抬升又增大了运河与江、淮之间的水位差,使运河引水更加困难。在这种情况下,江、淮之水无法流至高邮,高邮的河湖也无法畅泄入淮。

对于历史时期运河水位高于淮河的现象,古人早有关注。清人刘宝楠《宝应县图经》:"是故唐以前渠水高而淮水低,渠水辄泄入淮,梗运道。宋时渠水犹高于淮。"[4]但需要指出的是,运河水位高于淮水的情形出现于唐宋之交,唐代以前丰水环境下的淮扬运河水流贯通,运道高程尚未明显高于淮河水位。北宋重和二年(1119 年),向子諲实地考察淮扬运河,看到运道淤高:"运河高江、淮数丈,自江至淮凡数百里,人力难浚。"[5]宣和二年(1120 年),江淮等路发运使陈亨伯指出"山阳河道比南地稍高"[6],表明近淮段运道已淤高。由于沿淮地势抬升,淮扬运河北段流向开始发生自北向南的转变,运河引淮济运困难,水流入淮也受阻不畅。

第二节 运湖关系:湖泊发育和单堤形成的互动过程

宋代以来,淮扬运河中段湖泊区(主要指高邮、宝应)的水文形势发生重

1 (宋)乐史撰,王文楚等点校:《太平寰宇记》卷 124《淮南道二》,第 2461 页。
2 (宋)王象之撰,李勇先校点:《舆地纪胜》卷 39《楚州》,四川大学出版社 2005 年,第 1724 页。
3 (宋)沈括著,侯真平校点:《梦溪笔谈》,第 198 页。
4 (清)刘宝楠:《宝应县图经》卷 3《河渠》,第 293 页。
5 (元)脱脱等撰:《宋史》卷 96《河渠志六》,第 2389 页。
6 (清)徐松辑,刘琳、刁忠民、舒大刚等校点:《宋会要辑稿》方域一七,第 9618 页。

大变化。这些湖泊的泄水通道原有两条,一条沿东西向天然河道入海,一条沿运河北流入淮。早在隋朝时期,淮扬运河非湖区运段已有御道构成沿线堤防[1],唐代称之为“隋堤”,温庭筠有“隋堤杨柳烟,孤棹正悠然。萧寺通淮戍,芜城枕楚壖”诗句。[2] “隋堤”对淮扬地区东西向水流产生一定拦截作用。宋代,运河南、北段水源匮乏,置闸筑坝等人为干预增多,近江、近淮段运道淤积,地势抬升,阻碍了中部水流北泄入淮,而东西向入海河道又受隋堤阻拦,一些水流顺势进入地势较低的中部湖泊区,促使湖泊发育、湖群扩展。水环境变迁驱动湖区运堤兴筑,运堤反过来又作用于湖泊。在运堤与湖泊的互动中,宋代的运湖关系发生改变。

一、宋代单堤和湖泊

宋代是淮扬运河湖泊堤防大规模形成的时期。其一,运河沿线湖泊扩展是堤防形成的客观背景。淮扬运河自春秋以来一直是河、湖串联的状态,北宋初期高邮北部的樊梁湖已潴水形成新开湖。在运、湖一体的情况下,船行湖中往往有风涛险患。其二,宋代发运使为运堤兴筑提供制度保障。宋代路一级机构中设转运使司,负责“催科征赋、出纳金谷、应办上供、漕辇纲运”。[3] 转运使的设置是漕运管理加强的产物。淳化年间,官方明确规定漕运路线,“江、浙所运,止于淮、泗,由淮、泗输京师”[4],确立了淮扬运河在漕运体系中的中转地位。转运使虽是“一路之事,无所不总”[5],但是北宋实际管理江南六路漕运业务的机构是发运司[6],“发运使、副、判官掌经度山泽财货之源,漕淮、浙、江、湖六路储廪以输中都”[7]。发运司不仅要协调各路漕运,还要保证运道顺畅。

淮扬运河多取道湖泊,湖水散漫、风涛频现,舟船常有覆溺隐患。景德年间,江淮等路发运使李溥下令于湖中筑石堤:“高邮军新开湖水散漫多风涛,溥令漕舟东下者还过泗州,因载石输湖中,积为长堤,自是舟行无患。”[8]

---

1 (宋)司马光:《资治通鉴》卷180,第5618页。
2 (唐)温庭筠:《送淮阴孙令之官》,《全唐诗》卷582,第6745页。
3 (元)马端临:《文献通考》卷61《职官考十五》,中华书局2011年,第1849页。
4 (元)脱脱等撰:《宋史》卷309《杨允恭传》,第10161页。
5 (元)马端临:《文献通考》卷61《职官考十五》,第1848页。
6 陈峰:《宋代漕运管理机构述论》,《西北大学学报(哲学社会科学版)》1992年第4期。
7 (元)脱脱等撰:《宋史》卷167《职官志七》,第3963页。
8 (元)脱脱等撰:《宋史》卷299《李溥传》,第9939页。

这种石堤是置于新开湖东岸的单堤，曾巩《隆平集》记载："高邮军新开湖风涛多覆舟，溥课官舟还及泗州者，载石积湖中，成两狭岸，其患遂绝。"[1]长堤在新开湖广阔的水面上分割出一条线型运道，船只可沿堤航行。郭祥正《新开湖》"舟行依累石，凫起散圆波"[2]描述的正是这一情形。天禧年间，江淮制置发运副使张纶主持兴筑高邮以北的堤防："又筑漕河堤二百里于高邮北，旁锢巨石为十础，以泄横流。"[3]范仲淹在《泰州张侯祠堂颂》中赞颂张纶的功绩，也说明了筑堤原因："又高邮之北，漕河屡决，阻我粮道，破我农亩。公于是作堤二百里，旁置石限，平其增损，以均灌漕焉。"[4]彼时在高邮以北许多地方，运河和湖泊是一体的，散漫的湖水不仅会增大行船难度，还会在水大之年威胁漕运，侵及农田，堤岸便成为约束湖水的一道屏障。《读史方舆纪要》认为张纶主持修筑的堤是"因隋堤之旧而增筑之"。[5] 实际上，这里只讲对了一半，非湖区的堤防可能是沿隋堤旧迹修建，湖区则不是。由于湖泊水环境不断变化，新的湖泊形成后，原有的堤防体系不再适用，新的运堤体系随之形成。经过李溥和张纶的治理，高邮以北湖泊沿线形成湖堤、运堤一体的单堤。

单堤拦截了东西向水流，促使运西洼地潴水、湖群发育，形成巨湖连缀、水面一片的壮阔景象。北宋高邮人士秦观对这一湖群景观有清晰的刻画："高邮西北多巨湖，累累相连如贯珠。"[6]湖群发育不只发生在高邮，高邮以北的很多地方都是如此。张知甫在《张氏可书》中记录着这样一个事件："楚州宝应县清湖乃古清州，陷而为湖，至今阡陌映水可见。"[7]城陷为湖是湖泊潴水发育的结果。运河沿线湖群发育从唐宋诗文对比中也能找到一些端倪。宋代淮扬运河沿线的景观和唐代不同。唐代宝应运河沿线有"行人倦游宦，秋草宿湖边。露湿芙蓉渡，月明渔网船"[8]的湖泊景观，但是"黄鹂啄紫椹，五月鸣桑枝"[9]和"川光净麦陇，日色明桑枝"[10]的旱地景象也很常见。到了宋

1 （宋）曾巩：《隆平集》卷19，《景印文渊阁四库全书》，第371册，第184页。
2 （宋）郭祥正：《青山续集》卷7，《景印文渊阁四库全书》，第1116册，第843页。
3 （元）脱脱等撰：《宋史》卷426《张纶传》，第12695页。
4 （宋）范仲淹撰：《范文正公文集》，（清）范能濬编集：《范仲淹全集》卷8，凤凰出版社2004年，第148页。
5 （清）顾祖禹撰，贺次君、施和金点校：《读史方舆纪要》卷23《直隶五》，中华书局1955年，第1118页。
6 （宋）秦观：《咏三十六湖》，（宋）佚名：《锦绣万花谷续集》卷9，《景印文渊阁四库全书》，第924册，第870页。
7 （宋）张知甫：《张氏可书》，清十万卷楼丛书本。
8 （唐）储嗣宗：《宿范水》，《全唐诗》卷594，第6888页。
9 （唐）李白：《白田马上闻莺》，《全唐诗》卷184，第1877—1878页。
10 （唐）李白：《赠徐安宜》，《全唐诗》卷168，第1731—1732页。

代，运河沿线的湖泊景观逐渐丰富起来，这不仅体现在“青青老镜叶，下有繁实尖”[1]的水生植物随处可见，也体现在湖泊水面的扩展上。《过宝应县新开湖》有“沧波万顷平如镜，一只鸬鹚贴水飞”[2]，可见潴水发育后的新开湖浩渺宽广。

宋代湖区运堤形成后，早期东、西一体的浅水湖泊被运堤分隔。但这种分隔是人为干预的结果，一旦没有了运堤拦截，两侧水环境又会归于一体，淮扬很多地区会处于水灾泛滥的局面。南宋初年因金兵南下侵扰，淮扬运河堤岸失修。淳熙五年（1178 年），淮东总领看到“高邮、宝应田岁被水涝”的情景，提议修复北宋张纶所筑长堤，以约束湖水：“择湖水冲要去处，建石础、斗门、函管，察堤岸之损阙，修筑填补，庶几公私利便。”[3]运堤修筑后，又对湖泊形成一道直线型的拦截和分割，湖水被拦蓄在运西，运东农田从浅层积水中涸出。随着运堤巩固，运西湖泊不断扩大，南宋时高邮西部的湖泊险情已相当突出，“郡西界天长，凡濠滁上流诸水，至天长合聚演迤，浸为巨泺，所谓三十六湖者，往往皆由郡左右入漕河”。[4] 一旦运堤失修，西部湖水就会向东漫流，整个区域又处于一片积水之中。绍熙五年（1194 年），陈损之主持修筑运堤。

> 绍熙五年，淮东提举陈损之言：“高邮、楚州之间，陂湖渺漫，茭葑弥满，宜创立堤堰，以为潴泄，庶几水不至于泛溢，旱不至于干涸。乞兴筑自扬州江都县至楚州淮阴县三百六十里，又自高邮、兴化至盐城县二百四十里，其堤岸傍开一新河，以通舟船。”[5]

高邮、楚州之间“陂湖渺漫，茭葑弥满”，是运堤失修后湖水散漫、东西一片的积水景象。在这种情况下，陈损之重建堤防，于北宋张纶所建堤岸之上扩展，连接湖区和非湖区的堤岸，使淮扬运河由局部堤防发展为全线筑堤。这样，原来堤防失修后弥漫的浅水又一次处于分隔状态。堤岸对湖泊形成

1　（宋）梅尧臣：《宛陵集》卷 32《杂诗绝句》，《景印文渊阁四库全书》，第 1099 册，第 244 页。
2　（宋）杨万里：《诚斋集》卷 30，《景印文渊阁四库全书》，第 1160 册，第 323 页。
3　（清）徐松辑，刘琳、刁忠民、舒大刚等校点：《宋会要辑稿》食货六一，第 7535 页。
4　（宋）曹叔远：《五龙王庙记》，嘉庆《高邮州志》卷 11《艺文志》，《中国地方志集成 · 江苏府县志辑》，江苏古籍出版社 1991 年，第 46 册，第 495 页。
5　（元）脱脱等撰：《宋史》卷 97《河渠志七》，第 2395 页。

一道南北向的直线型切割，它拦截东西向河道，将大量水流约束在堤西，促成新湖群潴积发育。宋代运堤就在这种运、湖互动的关系中发展，形成一道纵贯南北的单堤，构成了此后大运河西堤的主体。

二、蓄泄之间：运堤闸坝和湖泊水流调控

淮扬运河沿线的湖泊原本无堤，东西水流贯通，水位相平。堤防修建后，东西水流自然贯通的状态被打破，加剧运西湖泊发育的同时，也抬高了湖泊水位。汛期，西部湖水盛涨，单堤难以抵御洪水，多余的湖水便由运堤上的闸坝排入运东。这些闸坝调节运西湖水蓄泄，向运东输送清流，维持运堤两侧水源供给平衡。天旱时，它们还能拦蓄湖水，维持运道水深，供船只通行。

宋代张纶建运堤时，“旁锢巨石为十䃭，以泄横流”。[1] 北宋元祐年间，毛渐在运堤上“置石䃭函管以疏运河水势”。[2] 石䃭相当于运堤上的溢流堰。[3] 宋代高邮、宝应湖泊地带的运堤多设石䃭以调节运、湖水位。据《宋史》，“自宝应至高邮，按其旧作石䃭十二所，自是运河通泄，无冲突患”。[4] 湖水盛涨时，多余的水流越过石䃭顶端泄入运东，减轻湖水对堤岸的冲击；湖水落低时，石䃭又将水源拦蓄起来，维持船只通航水位。宋代湖区运堤是单堤，运、湖一体，石䃭控制的不仅是湖水，还有运河水源，这样对石䃭顶端的高程就有规定。北宋毛渐置石䃭时，将高程限定在“三四尺”。“古法：三四尺通漕运之外，容民汲以溉田，则兼公与私利之，此元祐间朝散毛公法也。毛公遗爱，邑民至今言及之，无不稽首。堤下之民取水于通漕之外，法也。”[5] 在石䃭调控下，水涨听其自泄，水落任其停蓄，不需要过多的人力介入，即能维持运河水位。

除了石䃭外，运堤上也有人为控制的减水闸。前面提到的北宋张纶筑堤一事，在《宋会要辑稿》中记述为：“高邮宝应田岁被水涝，昔元祐间发运张纶兴筑长堤，环绕二百余里，为函管一百八所，石挞、斗门三十六座，以时疏泄，

---

1 （元）脱脱等撰：《宋史》卷426《张纶传》，第12695页。

2 （元）脱脱等撰：《宋史》卷408《汪纲传》，第12306页。

3 周魁一：《水利的历史阅读》，中国水利水电出版社2008年，第359—374页；徐炳顺：《扬州运河》，第53页。

4 （元）脱脱等撰：《宋史》卷402《陈敏传》，第12182页。

5 （宋）陈造：《江湖长翁集》卷25《书十首》，“与王提举论水利书”，《景印文渊阁四库全书》，第1166册，第315页。

下注射阳湖，流入于海，故年谷屡登。”[1]这里的“石挞”指石础，即溢流堰。堰上开洞、形状如桥，则称“斗门”：“平水、减水制不同而名异，金门启闭曰减水闸。闸，牐也。甃石实砌立水摯，曰平水础。础，达也。础加圈如桥，曰斗门。斗，小也。”[2]重和元年（1118年）以前，“真扬楚泗、高邮运河堤岸，旧有斗门、水闸等七十九座，限则水势，常得其平”。[3] 减水闸启闭参照特定标准，超过一定水位就开闸泄水，低于某一水位则闭闸蓄水。水闸与石础相比，需要人为启闭闸门，管理上更加精细，耗费的人力、物力自然也更多。重和元年（1118年），运堤旧有水闸多已损坏，前发运副使柳庭俊提议重修。[4] 由上可见，石础和减水闸是宋代淮扬运堤上两种不同的减水工程，前者是堰坝，口门不设活动板，无须过多人为调节；后者是闸，设有活动闸板，需要人为调节，湖水多时开闸泄水，湖水少时则落下闸门，积蓄水源。

运堤建成后，堤岸闸坝的维护在中央督促下由地方官完成。天圣五年（1027年）六月，张纶提出地方官要加强运堤管理：“淮南制置发运副使张纶言：‘楚州、高邮军界运河堤岸修筑，其知楚州宝应县张九能、知高邮县李居方管勾河堤，种植榆柳，委实用心，欲令逐官添管勾运河堤岸，令终三年。’从之。仍自今所差宝应、高邮知县并带‘管勾运河堤岸事。’九能后坐开运河不切防护，水冲堤岸，浸民田，罚金，降监当差使。”[5]楚州、高邮等地方官不仅需要管理运河堤岸，还要种植榆树、柳树。如果运堤失修、被水冲决，官员就会受到罚款甚至降职的处罚。堤岸闸坝是维持运河东、西水流动态平衡的关键，也是工程管理的重中之重。纵观宋代淮扬运河堤岸闸坝工程的兴修者（见表2-2-1），张纶、吴遵路、柳庭俊等中央官员主张设置减水闸坝，以降低运堤冲决的风险，保障漕运通畅，其间也寄托了调剂湖水蓄泄、灌溉农田的水利愿景。毛渐等地方官员也参与了兴修淮扬运堤闸坝。高邮依傍湖陂沼泽，宋初盗贼集聚此处：“高邮介于扬、楚之间，号为东南咽领。连带陂湖，转入于江、淮，或入于海。鱼蒲之利，厚于种莳，盗贼逋逃，往往依以为渊薮，狱讼输纳，赴诉远甚。”[6]运河堤防修筑后，湖水得到

1 （清）徐松辑，刘琳、刁忠民、舒大刚等校点：《宋会要辑稿》食货六一，第7535页。
2 （明）章潢：《图书编》卷53，广陵书社2011年，第1964页。
3 （元）脱脱等撰：《宋史》卷96《河渠志六》，第2387页。
4 （元）脱脱等撰：《宋史》卷96《河渠志六》，第2387页。
5 （清）徐松辑，刘琳、刁忠民、舒大刚等校点：《宋会要辑稿》方域一七，第9613页。
6 《元祐太守题名记》，曾枣庄、刘琳主编：《全宋文》，巴蜀书社1994年，第38册，第520页。

约束，农业得到发展，区域局势得到稳定。元祐年间毛渐出任高邮地方官，募民修筑运河堤防："元祐元年，诏复军额，朝廷以朝散郎毛君渐治之，救弊起废，政之所难也。君尝为司农，又持节使诸路，法度之废置者，君盖口议而心得之矣。此朝廷之所以任君与。君至之始，适丁荐饥。凡官府之当建者，无一不复，河渠堤防之可兴利者，悉募饥人，发廪以营之。"[1]地方官兴修置闸坝，除了坚守运堤的职责外，更多的是将运堤作为地方农田水利的一部分。绍熙五年（1194年），陈损之主持修筑淮扬运河堤防，在运堤上设置十三个石䃮和七个斗门[2]，使运西湖水穿过运堤供给运东，平衡运堤两侧水流平衡。

表2-2-1　宋代淮扬运河堤岸闸坝水利兴修

	姓名	职位或任职地方	时期	水利事迹	来源
北宋	李溥	江淮等路发运使	景德年间（1004—1007年）	令漕舟东下者还过泗州，因载石输湖中，积为长堤	《宋史》卷299《李溥传》
	张纶	江淮制置发运副使	天禧年间（1017—1021年）	筑漕河堤二百里于高邮北，旁锢巨石为十䃮，以泄横流	《宋史》卷426《张纶传》
	吴遵路	淮南转运副使兼发运使	大中祥符五年（1012年）以后	于真楚泰州、高邮军置斗门十九，以蓄泄水利	《宋史》卷426《吴遵路传》
	方仲开	转运使	天圣年间（1023—1032年）	提出淮南漕河宜作木闸石窗，分溉民田	嘉庆《高邮州志》卷2《河渠志》
	毛渐	高邮知军	元祐年间（1086—1094年）	置斗门石闸及运盐河泄水涵管	嘉庆《高邮州志》卷2《河渠志》
	柳庭俊	发运副使	重和元年（1118年）	修复运河原有斗门、水闸，以时宣泄	《宋史》卷96《河渠志六》

1　《元祐太守题名记》，曾枣庄、刘琳主编：《全宋文》，第38册，第520页。
2　（元）脱脱等撰：《宋史》卷97《河渠志七》，第2395页。

（续表）

	姓名	职位或任职地方	时期	水利事迹	来源
南宋	陈敏	高邮军	隆兴年间（1163—1164年）	作石础十二所，通泄运河	嘉庆《高邮州志》卷2《河渠志》
	徐立之	淮南转运判官	淳熙三年（1176年）	修筑高邮、兴化、宝应县石础、斗门、函管、堤岸，护民田三千七百余顷	《宝庆四明志》卷8
	陈损之	淮东提举	绍熙五年（1194年）	置石础十一，斗门七，涵管四十五，以利农田	《宋史》卷97《河渠志七》、嘉庆《高邮州志》卷2《河渠志》
	叶秀发	高邮军	绍定元年至三年（1228—1230年）	建石埭，以疏水势，缩泄有恒	嘉庆《高邮州志》卷2《河渠志》

南宋黄河夺淮以来，加上宋金战争的破坏，运河疏于管理，河床淤高，堤身变薄，运堤闸坝的调节作用越来越小。“两河兵革之前，其堤固，其流深者，月有培、岁有浚，而时开阖其泄水处。兵革而来，河之泥淤积已数尺，堤沦于河而日薄，河不浚则堤不固，不浚不固，则斗门、石础等庸足恃乎？”[1]运河淤浅，为维持漕运，运堤闸涵常处于关闭状态，水流、泥沙被拦蓄在运西，运河日渐淤高，东、西水流被分隔，积蓄的湖水对农田造成侵害。但就整个宋代而言，尤其是北宋时期，运堤东、西水位落差并不明显。在堤岸稳固、闸坝有序的情况下，运河东、西水体可以实现良好沟通。

第三节　大运河与河湖地貌的分化和水利格局的构建

宋代淮扬运河的堤岸闸坝体系使原本自然贯通的水流置于人为控制状

1　（宋）陈造：《江湖长翁集》卷24《书四首》，“与奉使袁大著论救荒书”，《景印文渊阁四库全书》，第1166册，第303页。

态。运堤成为一道显著地标，将低洼的平原分成运西、运东两部分。东、西一体的水环境产生分异，运西湖群发育，运东湖泊分化。另一方面，运河堤岸的拦截避免了东、西一片的积水景象，运西水源得以积蓄，运东农田得以涸出。官方对运堤和闸坝实行精细化管理，维持了运河东、西水环境平衡，客观上利于淮扬农业整体发展，促成了淮扬水利格局的构建。

一、运河两侧河湖地貌分异和运东射阳湖分化

单堤形成后，一道南北向的拦截堤在低洼的平原上显现。秦观有"淮海无林丘，旷泽千里平。一渠闲防潴，物色故不清"诗句。[1] 运堤形成的拦截现象不只横向可见，在纵向上也很明显。由于运堤阻水也拦沙，沉积的泥沙抬高运道，形成一道凸起的景观。北宋重和二年（1119年），向子諲考察淮扬运河时就看到了这一景象："运河高江、淮数丈，自江至淮凡数百里，人力难浚。"[2] 在运河的拦截下，东、西两侧的湖泊水体发生分异，不同的湖泊景观格局初现雏形。运河以西洼地潴水、湖群发育，运东湖泊因水源被拦蓄而多有分化甚至落干的现象。

射阳湖是淮扬运河东部最大的湖泊，从历史文献和考古证据来看，湖泊在宋代已经分化。其一，《太平寰宇记》载："射阳湖，在（盐城）县西北一百二十里。湖阔三十丈，通海三百里，预五湖之数也。"[3] 由此可见，射阳湖形态狭长，不像湖泊而像河流。南宋李曾伯《淮阃奉诏言边事奏》："至若淮东射阳一湖，地跨三州，自上口以至庙湾，上下三百余里。所谓湖者，初无澎湃弥漫之势，秋冬之间，不过一衣带水，投鞭可涉。"[4] 这里清晰地指出宋代射阳湖是一个季节性的浅水湖荡，天干水少时湖泊甚至呈河道形态。《太平寰宇记》"通海三百里"和《淮阃奉诏言边事奏》"自上口以至庙湾，上下三百余里"对应，庙湾（今阜宁庙湾）位于射阳湖尾闾射阳河的入海处，因此宋代文献中记载的"三百里"不仅包括射阳湖腹地，还包括射阳湖的入海通道。射阳湖和射阳河是河、湖一体的状态，统称为"射阳湖"。射阳河被称作射阳湖的情况，明代仍然存在，祝世禄言："议者欲放淮从广阳、射阳二湖入海。广

---

1 （宋）秦观撰，徐培均笺注：《淮海集笺注》卷3，上海古籍出版社1994年，第113页。

2 （元）脱脱等撰：《宋史》卷96《河渠志六》，第2387页。

3 （宋）乐史撰，王文楚等点校：《太平寰宇记》卷124《淮南道二》，第2465页。

4 （宋）李曾伯：《可斋杂稿》卷17《奏申》，"淮阃奉诏言边事奏"，《景印文渊阁四库全书》，第1179册，第352页。

阳阔仅八里，射阳仅二十五丈，名为湖，实河也。”[1] 因此，宋代射阳湖已分化成大大小小的季节性湖荡和河道，天干水少时湖区甚至呈现东西绵长、南北浅狭的河道状态。

其二，今淮扬运河东部的大纵湖、平旺湖、得胜湖等，统称为运东湖群。以往研究认为，这些湖泊是南宋黄河夺淮后古射阳湖接受大量黄河泥沙直接分化、解体而成。[2] 但是考古和文献证据表明，这些湖泊早在宋代以前就已成陆。1929 年大旱，大纵湖底发现锅灶、城墙砖、罗地砖、瓷瓦罐、坛子等，还见到一根断旗杆以及街道、古井、墙基等残迹。湖底挖出来的铜币最早为王莽年间的五铢币，最晚是北宋宣和元年（1119 年）的铜币。[3] 这些考古证据显示，大纵湖湖区在北宋时仍是陆地，北宋以后才潴水成湖，并非是由古射阳湖直接分化而成。平旺湖原来也是陆地，据载，“《古志》：平望湖中有冈阜处，乡人掘之，得古墓，有一剑，屈之则首相就去，子复直出，则铮铮有声，刃利钘。金开喜中，统兵官高大捷以他物易之，曰‘此古绕指柔也’”。[4] 得胜湖名称最早见于宋代《舆地纪胜》，又称“率头湖”。[5] 民间传说得胜湖一带原为陆地，后来“城陷变湖”。[6] 以上证据表明，今运东湖群并非由古射阳湖直接分化而来，而是早在宋代乃至更早就已成陆，并形成聚落，后来才潴水成湖。

其三，南宋时期射阳湖是农垦区，反映湖区水面分化和沼泽化的程度强烈。宋、金战争期间，淮河下游地区受战争破坏，多有萧条，射阳湖却成为民间武装活跃的地方。绍定元年（1228 年），“射阳湖浮居数万家，家有兵仗，侵掠不可制，其豪周安民、谷汝砺、王十五长之，亦蜂结水寨，以观成败”。[7] 大规模的人群聚集少不了农业开发，“两淮自十余年来，生齿荡析，半成荆榛，根本之地，得此湖在。良田沃壤，稻粱所生，民食兵储，岁所取办，中间资货、人畜、聚落实繁”[8]，从中可以看出射阳湖农业繁盛。南宋射阳湖屯垦发

1 （清）张廷玉等撰：《明史》卷 88《河渠志六》，中华书局 1974 年，第 2171 页。
2 中国科学院南京地理研究所湖泊室编著：《江苏湖泊志》，江苏科学技术出版社 1982 年，第 7 页；吴必虎：《黄河夺淮后里下河平原河湖地貌的变迁》，《扬州师院学报》1988 年第 1、2 期。
3 《中国河湖大典》编纂委员会编著：《中国河湖大典·淮河卷》，中国水利水电出版社 2010 年，第 152 页。
4 万历《兴化县新志》卷 10《外纪》，成文出版社 1983 年，第 969 页。
5 （宋）王象之撰，李勇先校点：《舆地纪胜》卷 43，第 1845 页。
6 《神奇垛田》编写组著：《神奇垛田》，东南大学出版社 2012 年，第 15 页。
7 （元）脱脱等撰：《宋史》卷 477《李全传》，第 13840 页。
8 （宋）李曾伯：《可斋杂稿》卷 17《奏申》，“淮阃奉诏言边事奏”，《景印文渊阁四库全书》，第 1179 册，第 352 页。

生在13世纪初，尽管此前1128年已发生黄河南下夺淮事件，但黄河尚未形成全面夺淮局势，射阳湖尚不足以在短期内大淤。射阳湖能成为重要的农业区，表明此前湖泊已经分化。射阳湖分化后形成的沼泽、湿地，为农田围垦提供了条件，也能在一定程度上阻碍北方骑兵南下，成为避难所。但当时人也指出，"（两淮）中间所谓水乡可恃，不过如德胜湖、博支湖一二水面稍阔，敌骑难侵，其余虽名湖泺，非有巨浸，至于海岸，又皆平川，吾之能往，敌亦可到，果何恃而不恐"。[1] "博支湖"即"博芝湖"。由于古射阳湖区残存的水面较小，这一阻碍十分有限。

综上所述，从文献、考古证据来看，宋代的射阳湖已不是大水面，而是季节性湖荡散布、河道纵横，射阳湖主体在天干水少时甚至呈现南北狭促、东西绵长的河道形态。今大纵湖、平旺湖、得胜湖等运东湖群并非是由古射阳湖直接分化形成的，而是在宋代乃至更早已经成陆，之后才潴水成湖。宋代运河东部的射阳湖已出现大面积淤垫，这是江淮河口东迁、丰水环境减弱的结果，也与运堤对水流的拦截有关。随着淮扬运河堤岸巩固，运西湖群密布、运东湖泊分化的景观逐渐形成。

二、大运河和淮扬地区"阶梯式"的水利构建

淮扬地区西傍丘陵，东部滨海。高地水源易失，低地积水难排，海水倒灌致土壤盐碱化，这是限制农业开发的主要因素。汉代开始，丘陵地区修建的陂塘解决了高地水源易失问题。西汉射水有"射陂"。[2] 东汉末年广陵太守陈登在扬州西部丘陵开塘溉田，"巡土田之宜，尽凿溉之利，粳稻丰积"。[3] 三国时期，邓艾在淮河南岸丘陵地带兴筑白水塘，"置屯四十九年，灌田以充军储"。[4] 陂塘蓄水，周边多有水稻生产。南朝沈约主持兴建石鳖塘，"田稻丰饶"。[5] 一旦陂塘不修，农田又会荒废，"淮南旧田，触处极目，陂遏不修，咸成茂草。平原陆地，弥望尤多"。[6] 隋唐以前，淮扬地区长期处于南北对峙的中间地带，农业开发集中在陂塘区域，水利兴修多为屯田之需，维持时间并

---

1 （宋）李曾伯：《可斋杂稿》卷17《奏申》，"淮阃奉诏言边事奏"，《景印文渊阁四库全书》，第1179册，第352页。
2 （汉）班固：《汉书》卷63《武五子传》，第2761—2762页。
3 （晋）陈寿撰，（南朝宋）裴松之注：《三国志》卷7《吕布传》，第230页。
4 （宋）乐史撰，王文楚等点校：《太平寰宇记》卷124《淮南道二》，第2463页。
5 （南朝梁）萧子显：《南齐书》卷14《州郡志上》，第257页。
6 （南朝梁）萧子显：《南齐书》卷44《徐孝嗣传》，第773页。

不长。唐代大历元年(766 年),李承奏请修捍海堰,"于楚州置常丰堰以御海潮,屯田瘠卤,岁收十倍,至今受其利"。[1] 捍海堰阻挡了海潮大规模倒灌,改善了水土环境。由上可见,成于宋代以前的陂塘和捍海堰分别解决了丘陵地带高田灌溉和滨海低地盐碱问题,但是丘陵和范公堤之间的广阔地带缺少水利调控,春夏湖水漫涨,积水一片,冬季湖水浅涸,整体上仍是典型的季节性湖沼平原,大规模的农业发展难以实现。

运堤的形成克服了这一难题。宋代淮扬运堤形成后,促成了运河东、西湖泊分化,避免了东、西一片的积水景象。运西水源得以积蓄,运东土地得以涸出,兼有运堤闸坝调控湖水蓄泄,客观上利于区域整体开发。另一方面,运河加强了淮扬水环境的整体联动。早在唐中期以前,陂塘、运河各自独立,陂塘仅用于灌溉,与运河无涉。唐代后期,扬州运河严重缺水,才从西部丘陵引水济运。[2] 陂塘济运后,两者联系更加紧密。北宋陂塘得到进一步发展,宋初蒋之奇主持修建天长三十六陂。[3] 熙宁九年(1076 年),刘瑾提议兴置陈公塘、白马塘、沛塘、泥港、射马港、渡塘沟、龙兴浦、青州涧等。[4] 宋代陂塘仍发挥着重要的济运作用,对运西湖田开发也有积极意义。顾炎武在《天下郡国利病书》中论述:"汉人开塘,晋、唐引水,所溉者高陇冈田而已。若湖田沟洫,支分派注,未尝浚而通也。"[5]这表明汉唐陂塘功能以灌溉为主,陂塘之下的低洼地区沟洫未开;陂塘济运后,低地沟渠得以开浚。陂塘济运,既利于湖田开发,也加快了运西水网的形成。

宋代捍海堰在唐代常丰堰基础上加固扩建,形成范公堤。史载:"范仲淹为泰州西溪盐官日,风潮泛溢,渰没田产,毁坏亭灶,有请于朝,调四万余夫修筑,三旬毕工。遂使海濒沮洳潟卤之地,化为良田,民得奠居,至今赖之。"[6]范公堤不仅抵御海潮内灌,还阻滞河湖大量外泄。为防止范公堤西部积水成灾,堤上开有减水闸,"闸洞凡六,备泄湖水泛涨,是以湖水散漫平川,减不病旱,溢不病潦,称东南水利之维"。[7] 闸洞调剂水量,旱时堵闭蓄水,涝

1 (后晋)刘昫等撰:《旧唐书》卷 115《李承传》,中华书局 1975 年,第 3379 页。
2 (宋)欧阳修、宋祁撰:《新唐书》卷 53《食货志三》,第 1370 页。
3 (元)脱脱等撰:《宋史》卷 343《蒋之奇传》,第 10916 页。
4 (元)脱脱等撰:《宋史》卷 96《河渠志六》,第 2381 页。
5 (清)顾炎武撰,黄坤等校点:《天下郡国利病书》,第 1062 页。
6 (元)脱脱等撰:《宋史》卷 97《河渠志七》,第 2394 页。
7 (明)李植:《总河尚书晋川刘公祠记》,嘉庆《高邮州志》卷 11《艺文志》,《中国地方志集成·江苏府县志辑》,第 46 册,第 512 页。

时开启泄水。范公堤增加了运东水面的丰富度，海堤挡水挡沙，使一部分河湖分化，又使部分洼地潴水成湖，利于区内稻作发展。范公堤御卤作用和淮扬运堤调蓄作用相互配合，保障了运东水源丰盈、旱涝无虞。

由上可见，北宋时期淮扬地区西有陂塘、中有运河、东有捍海堰的水利格局确立起来。“其在扬也，五塘在上游，漕堤在其中，捍海堰则在其下也，晋隋唐宋均为漕、农之重，故尽心焉。”[1] 陂塘、运堤、范公堤构成了“阶梯式”的水利格局，形成蓄泄有度、上下联动的水环境。运堤分化了东、西湖泊，使运西潴水成湖，配合陂塘系统，推动湖田发展。运东因运堤挡水，原本低洼沮洳的区域水涸成陆，兼有运堤调剂、捍海堰御卤作用，农业得到前所未有的开发。北宋时期淮扬形成良田广布、农业发达的局面，“淮南东、西路平原旷野，皆天下之沃壤”。[2]

北宋末年至南宋初年，两淮地区受战乱破坏，水利失修，农业凋敝。绍兴四年（1134年）金兵南下，宋朝为使河道不通敌船，诏令焚毁扬州湾头港口闸、泰州姜堰、通州白莆堰等，又诏令毁去真州、扬州堰闸和真州陈公塘。[3] 陂塘、运河体系受到破坏，整个农田水利系统崩坏，原本“平原旷野皆沃壤”的地区呈现“居民稀少，旷土弥望数百里”的景象。[4] 南宋时期，政府在两淮推行招抚流民、垦殖荒土的政策。这一时期的水利发展在恢复北宋水利体系的基础上得以实现，兴修运堤是重中之重。淳熙三年（1176年），徐立之为淮南转运判官时，“历扬州、楚州，修筑高邮、兴化、宝应县石础、斗门、函管、堤岸，护民田三千七百余顷”。[5] 运堤闸坝连接的沟渠，既是泄水去路，也是灌溉通道。例如，楚州山阳县大溪村博田冈有空闲官田数百余顷，南有灌沟可通运河，北有旧沟可接小溪，大理正、措置两淮官田徐子寅建言：“今欲由其旧迹，与之开浚，约用五百工。归正人各欲俟垦种毕日，并力开浚。”[6] 除了疏浚旧有沟渠外，运东地区也有新开沟渠，如南宋开凿的菊花沟。[7] 运东腹地的兴化也兴修水利，南宋建炎年间，兴化知县黄万顷筑南北两塘，称“绍兴

1 （清）董醇纂：《甘棠小志》卷2，《中国地方志集成·乡镇志专辑》，江苏古籍出版社1992年，第16册，第35页。
2 （宋）吕颐浩著，徐三见点校，丁式贤复校：《忠穆集》卷2《奏议》，“论经理淮甸”，浙江古籍出版社2012年，第19页。
3 （元）脱脱等撰：《宋史》卷97《河渠志七》，第2393页。
4 （宋）吕颐浩著，徐三见点校，丁式贤复校：《忠穆集》卷2《奏议》，“论经理淮甸”，第19页。
5 （宋）罗濬等撰：《宝庆四明志》卷8，《宋元四明六志》，宁波出版社2011年，第2册，第396页。
6 （清）徐松辑，刘琳、刁忠民、舒大刚等校点：《宋会要辑稿》食货八，第6152页。
7 光绪《淮安府志》卷6《河防志》，《中国地方志集成·江苏府县志辑》，第54册，第72页。

堰”，南塘接高邮，北塘接盐城，绵亘数百里，设两个减水闸和多个石础以备旱涝，兼有蓄清淡卤的作用。[1]

需要指出的是，受政局影响，运河和农业的关系在北宋、南宋时不尽相同。北宋以汴京为中心形成大规模漕运，中央权力对地方运河的干预较强，淮扬运河兼具漕运、灌溉功能，但侧重于漕运。南宋定都临安，漕运格局大变。临安粮食供应主要取自两浙，类似北宋那般以都城为中心的大规模漕运不复存在。相应地，由于对外战争长期存在，南宋设置了淮东、淮西、湖广、四川四个总领所，分别负责本地区粮食物资的征集和调运。[2] 淮扬地处军事要地，军粮供给对区内农田发展提出诉求，淮扬运河功能趋向局域性的农田水利。绍兴初年，淮扬地区农田衰颓，需要江东供给军需。[3] 到南宋中后期，淮扬军需取自本地，说明在农田水利的兴修下，区域农业得到发展。位于运东腹地的兴化更是水稻的重要产地，在宋金战争期间，稻米大量供给军需："泰州全借兴化县在水乡，多收稻谷，以赡兵卒。"[4] 绍熙五年（1194年），淮东提举陈损之设立绍熙堰，本质非为恢复漕运系统，而是重构农田水利格局。绍熙堰是南宋时期淮扬地区最重要的农田水利系统，在东、西水环境分化的情况下，以运河堤岸闸坝为枢纽，西引丘陵来水济运，灌溉运东农田，人为沟通东、西水系，为淮扬农田发展提供了稳定的水环境，使"田多沮洳"的区域实现了"良田数百万顷"的丰饶。[5]

宋代是淮扬农田水利发展的高峰，这一点为明清人士所认同："邮邑水利讲求，莫盛于宋。迨乎元明，踵行成法，至我朝而其利愈溥矣。"[6] 农田发展促使运东地区形成发达的水网体系。由运堤经高邮、兴化、盐城向东入海的运盐河在陈损之设立绍熙堰时开凿，是运东地区重要的东西向河道。还有一条仅次于大运河的南北水道"海陵溪"，据《与王提举论水利书》，"又东，河口其下则海陵大溪，三垛其下有山阳河，溪与河皆所以受湍猛之水，舍此不可为矣"。[7] 海陵溪地位甚高，"其唐宋之间，有重要水道代邗沟而兴，其下

---

1 咸丰《重修兴化县志》卷2《河渠志》，成文出版社1970年，第246页。
2 陈峰：《宋代漕运管理机构述论》，《西北大学学报（哲学社会科学版）》1992年第4期。
3 （元）脱脱等撰：《宋史》卷175《食货志上三》，第4260页。
4 （宋）岳珂：《鄂国金佗稡编续编校注》卷17，中华书局1989年，第943页。
5 （元）脱脱等撰：《宋史》卷97《河渠志七》，第2395页。
6 嘉庆《高邮州志》卷2《河渠志》，《中国地方志集成·江苏府县志辑》，第46册，第130页。
7 （宋）陈造：《江湖长翁集》卷25《书十首》，"与王提举论水利书"，《景印文渊阁四库全书》，第1166册，第315页。

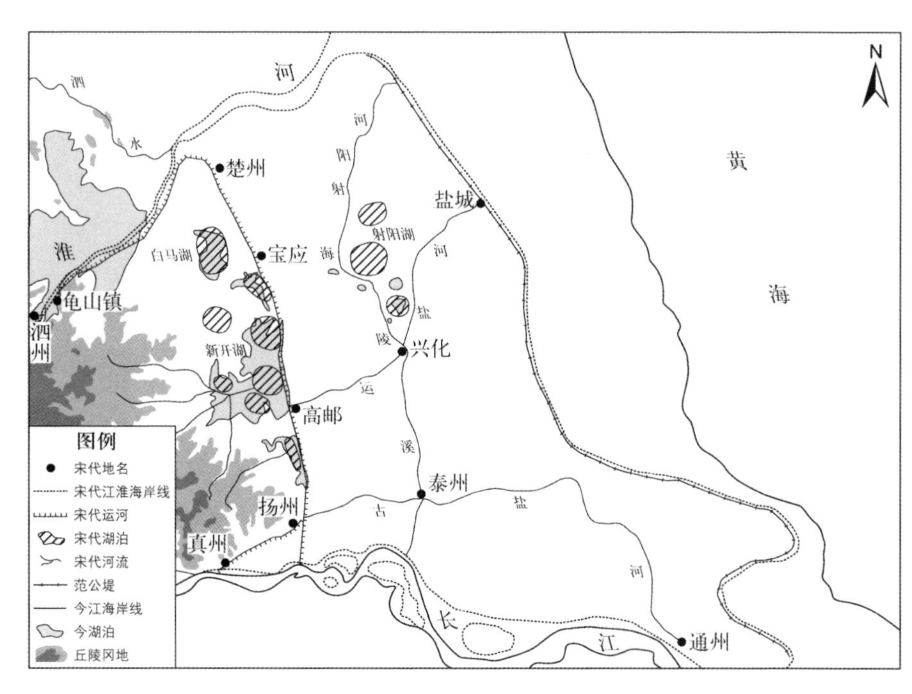

图2-3-1　宋代淮扬地区的运河与湖泊示意图

资料来源：底图为江苏省基础地理信息中心编制《江苏省地图集》"地势"图，第8—9页。参照《中国历史地图集》第6册《宋·辽·金时期》"北宋·淮南东路淮南西路"图，中国地图出版社1982年，第22—23页。

游贯通县境，历元明而未改者，一为自泰州来之海陵溪，一为自高邮来之运盐河"。[1] 由此可见，宋代运东地区已形成运盐河、海陵溪一横一纵的宏观水网格局。另一方面，民国《续修盐城县志稿》指出明代以前范公堤以西、运河以东地区应是水网发达、沟洫纵横的景象："明以前黄、淮未涨，运堤未高，县无水患，平野可以营居，故先民故居遗址，往往见于水田下隰之中。厥后水患棘，而人皆积土以居，村墟闾巷高出平地。……黄垣《盐城县圩岸志》：'……今范堤以东人家犹居平地，田间亦无深沟高埂，西境昔时当亦如是。'"[2] 嘉定《山阳志》："境内凡濒于淮、湖者多沟浦，故晋渡口南北，曰杨家沟、大仓浦、田院浦、宥城浦、邵农浦、东作浦、荆口浦、官渡浦、顾家堡、郭铃沟、蛇风沟、三家浦、左家浦、渔滨浦、琶泔浦、生沟、益冲浦、放网浦、中心浦、南马逻、益林浦、汤家沟、乾东沟，此滨于射阳湖向西者也。"[3] 淮扬地区多泾、

1　民国《续修盐城县志稿》卷2《水利志》，《中国地方志集成·江苏府县志辑》，第59册，第376页。
2　民国《续修盐城县志稿》卷1《舆地志》，《中国地方志集成·江苏府县志辑》，第59册，第371页。
3　嘉定《山阳志》，引自正德《淮安府志》卷3《风土一》，方志出版社2009年，第19页。

浦,“宋河渠志云:‘凡泄水处,直曰泾,横曰浦。’今淮扬间往往有泾浦云”。[1]可见,宋代运东地区河道众多,沟洫发达。

综上所述,宋代是淮扬农田水利发展的鼎盛时期。运河堤岸闸坝体系的形成,使陂塘、运堤、捍海堰的“阶梯式”水利格局得以构建。运河成为一道拦截水流的地貌标志,促使东、西水环境分化。西部潴水成湖,东部湖荡浅涸,客观上利于淮扬区域整体发展。官方对运河堤岸闸坝系统实行精细化的管理和调控,使水流蓄泄有度,形成了稳定平衡、上下联动的水环境。在疏浚河道、垦殖农田的过程中,纵横发达的水网格局也逐渐显现。

本章小结

宋代淮扬运河近江、近淮段运道浅涩,较唐宋之交更为严峻。后世在论述宋代运河情形时,鲜明地指出了运河淤高、江淮水系不通的情形:“宋向子谭言运河高江、淮数丈,则知明以前不独江不能直达淮,淮亦不能直达江也。”[2]江、淮分化,运河淤浅,筑坝置闸等人为干预相应增多,泥沙加速沉积,致使近江、近淮段运道地势抬升。此前淮扬运河流向是自南向北,由江达淮,近淮运道地势抬升使中部水流入淮受阻,部分水流进入湖区潴积,促成运河沿线湖群发育、扩展。为保障行船安全,湖区单堤逐渐形成。堤岸拦截东西向水流,加速运西新湖群扩展,又使湖区运堤几经兴修,宋代运堤就在这种运、湖互动的过程中不断延伸。淮扬运河近江、近淮段在闸坝控制下实现全面渠化,中部湖区运段堤防大规模兴起。在这种情况下,运河逐渐由一条半天然、半人工的河流转变为全线人为干预的河道。淮扬运堤形成后,成为一道纵贯南北的分隔线,东、西水流的平衡被打破。随着大部分水源被拦蓄,运西洼地潴水、湖群扩展,运东湖泊分化、落干,运堤两侧不同的河湖地貌格局初步显现。另一方面,由于运堤拦截,运西水源得以积蓄,运东农田得以涸出。在官方精细管理的前提下,东、西水环境的平衡得以维持,淮扬地区“阶梯式”的水利格局构建起来,为区域农田发展提供了条件,也为宋代

---

1 (清)顾炎武撰,黄坤等校点:《天下郡国利病书》,第1053页。

2 (清)董醇纂:《甘棠小志》卷1,《中国地方志集成·乡镇志专辑》,第16册,第17页。

扬州等城市繁荣提供了基础。宋代“陂塘—运河—捍海堰”是淮扬水利史上最完备、稳定的水利体系，其中运河起主导作用，占据淮扬水利格局的枢纽地位。但是这种以运河为中心的水利调控系统是脆弱的，一旦受外力干扰或脱离官方精细管理，就会处于崩坏状态。南宋以来黄河的扰动、以漕运为纲的治水政策，都在一定程度上加剧了这种水利调控背后的隐患，进而影响淮扬运河水文动态乃至整个区域的水环境。

第三章 明代洪武至正德年间淮扬运河的演变

南宋黄河夺淮以来,淮河流域受到扰动。黄水携带的大量泥沙淤塞河道水系,塑造平原地貌。在最初的三百年内,黄河南北泛滥,主流迁徙不定。黄河南泛入淮通道呈现漫流或多股分流的局面,大量泥沙在淮北平原沉积下来,淮河下游河床淤高并不明显,宋代那种运河高于江、淮的局面持续很长一段时间。这使得运河引水困难,江、淮沟通不畅,只能通过筑坝的方式蓄水行船。元代吴幼清曾就邗沟水源问题提出“拽舟之法”:“江北淮南,地高于水,虽曰沟通江、淮,二水之间,掘一横沟,两端筑堤,壅水在沟中,若欲行舟,须自江中拽舟上沟,行沟既尽,又拽舟下淮。江、淮二水,实未尝通流也。”[1]舟船只能借助拽舟法往来,这是江、淮水系分化的表现,说明两者之间的水文关联仅能在人力干预下勉强维持。另一方面,这种干预的成本是巨大的。元代盛行海运,江南漕船往往走海道而不走运道,官方对淮扬运河的重视程度降低,加剧了运河淤浅,也加剧了江、淮水系隔绝。就淮扬运河各段而言,近江、近淮处运道封闭,水源短缺,而中段运道仍行经湖泊,借湖水济运,元代陈基《高邮湖夜行天明过宝应》诗云:“秦邮城外望安宜,帆饱风轻似马驰。三十六湖春欲暮,一千余里客来时。”[2]从中可以看出,高邮、宝应之间的湖区运道比较通畅。

明初淮扬运河已呈现运道不通、水系隔绝的局面。洪武三年(1370年)开浚淮安菊花沟(又称“涧河”),以通海运。舍弃淮安运道,改行海道,说明运河和淮河之间隔绝已深。永乐年间,海运罢除。平江伯陈瑄主持开浚清江浦、修筑湖堤、疏浚瓜仪河道等工程,使淮扬运河再度通畅,江、淮得以沟通。“查得永乐初年原由海运,淮郡与黄、淮二河隔绝不通,后因平江伯陈瑄疏清江浦之渠,引水以通淮安,东南运艘始得直达京师。”[3]只是这种沟通是投入巨大人力后才勉强维持的结果。陈瑄治运确立了明代淮扬运河的基本体系,也为明代江淮关系的转变埋下了伏笔。

---

1 (清)胡渭著,邹逸麟整理:《禹贡锥指》卷6,第195页。

2 (元)陈基:《夷白斋稿》卷10,《景印文渊阁四库全书》,第1222册,第227页。

3 (明)潘季驯:《河防一览》卷8,“查复旧规疏”,陈雷主编:《中国水利史典·黄河卷》,中国水利水电出版社2015年,第1册,第454—455页。

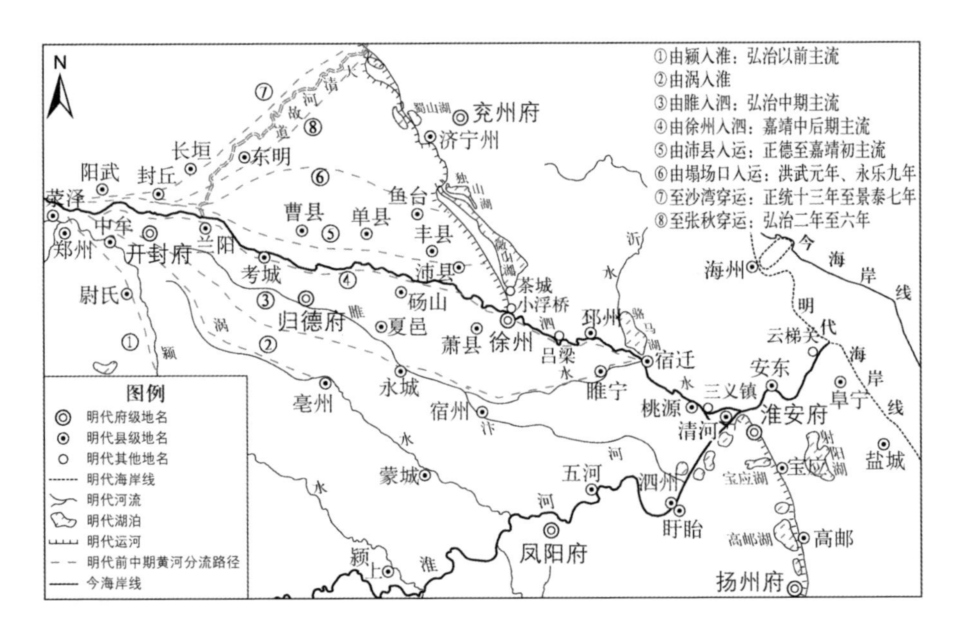

图3-1-1　明代前中期黄河入淮、入运示意图

资料来源：底图为水利部淮河水利委员会、中国科学院南京地理与湖泊研究所编《淮河流域地图集》，“淮河流域主要河道与湖泊变迁图·南宋元明时期”图，科学出版社1999年。参照《中国历史地图集》第7册《元·明时期》，“明·南京（南直隶）”图和“明·河南”图，第47—48、57—58页；姚汉源：《中国水利史纲要》，“明永乐至嘉靖（1403—1566年）黄河泛滥入淮、入运示意图”，水利电力出版社1987年，第348页；邹逸麟：《中国历史地理概述》，“历代黄河下游河道变迁形势图”，上海教育出版社2007年，第39页；王建革：《明代黄淮运交汇区域的水系结构与水环境变化》，“明代早期的黄河决口分流路线”图，《历史地理研究》2019年第1期。

第一节　清江浦的开浚和运、淮地势的高低

明初，江南漕船抵达淮安后转为陆运，盘坝入淮，劳费巨大。永乐十三年（1415年），陈瑄主持开浚清江浦。“凡漕运北京，舟至淮安，过坝渡淮，以达清江口，挽运者不胜劳。平江伯陈瑄时总漕运，故老为瑄言：‘淮安城西有管家湖，自湖至淮河鸭陈口仅二十里，与清和口相直，宜凿河引湖水入淮，以通漕舟。’瑄以闻，遂发军民开河，置四闸，曰移风、曰清江、曰福兴、曰新庄。以时启闭，人甚便之。”[1]清江浦是由淮安入淮的水路通道，属于淮扬运河北

1　《明太宗实录》卷164，“永乐十三年五月乙丑”条，“中央研究院”历史语言研究所校印本，1962年，第1852—1853页。

段,它的开浚实现了运河和淮河水系的勾连,江南漕船至淮安后由此进入淮河。就运、淮地势对比来看,运河地势本高于淮河,而伴随着清江浦的开凿,运道地势经人为疏浚后由南向北递减,汲引淮安以西的管家湖济运。

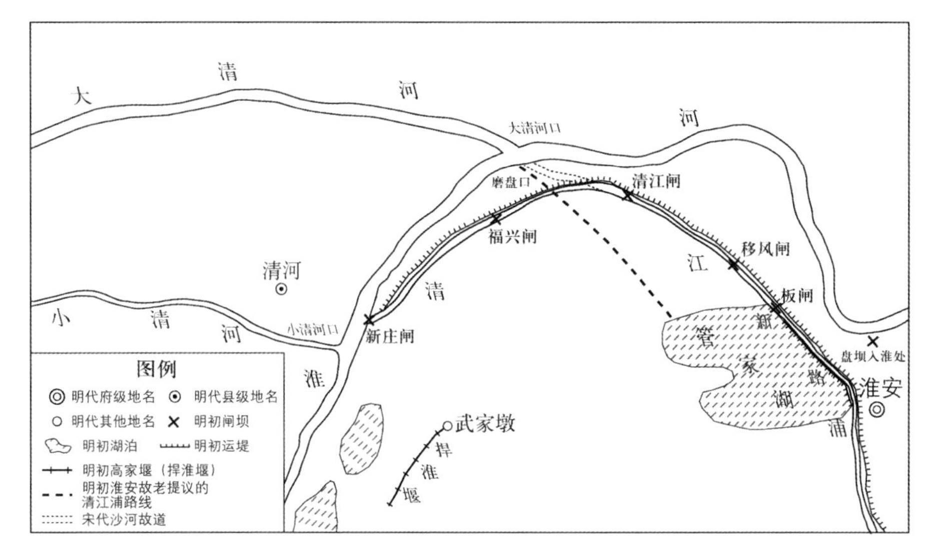

图3-1-2 明初陈瑄主持开凿的清江浦示意图

资料来源:底图为姚汉源《京杭运河史》"明后期清江浦南北运口示意图",第300页。参照武同举:《淮系年表全编》,"淮系历史分图六十一·淮安清河南北运口(明)",陈雷主编:《中国水利史典·淮河卷》,第1册,第305页。

一、清江浦的里程

关于清江浦的长度,有三种说法。一说是"二十里",《明史》:"瑄用故老言,自淮安城西管家湖,凿渠二十里,为清江浦,导湖水入淮,筑四闸以时宣泄。又缘湖十里筑堤引舟,由是漕舟直达于河,省费不訾。"[1]一说是"六十里",《大明会典》:"又自府北凿河,蓄诸湖水,南接清口,凡六十里,曰清江浦,乃运船由江入淮之道。"[2]一说是"五十里",《漕运通志》:"是年,平江伯陈瑄又开清江浦五十里(即宋乔维岳所开沙河,自楚州至淮阴凡六十里),导湖水以达清口。"[3]

《明史》所载"自淮安城西管家湖,凿渠二十里,为清江浦",对应《明太宗实录》中淮安故老提议的"自湖至淮河鸭陈口仅二十里"。鸭陈口位于淮

1 (清)张廷玉等:《明史》卷153《陈瑄传》,第4207页。

2 (明)申时行:《大明会典》卷196,工部16,《续修四库全书》,第792册,第349页。

3 (明)杨宏、谢纯撰,荀德麟、何振华点校:《漕运通志》卷1《漕渠表》,方志出版社2006年,第20页。

河南岸，与淮河北岸的清河口相对。清河口是淮、泗交汇口，泗水下游在桃源（今江苏泗阳南）以下分为东、西两支：一支在淮阴东入淮，称为大清河；一支在淮阴西入淮，称为小清河。大清河入淮处称大清河口，小清河入淮处称小清河口。南宋德祐二年（1276 年）正月，严光大由临安（今杭州）北上到达淮河沿岸，“初九日，过甘罗城，渡清河口。至清河口，守渡众官迎入军治设宴，出城宿舟中。初十日，舟离清河口，过小清河口七里庄，转河至桃源。晚，宿舟中”。[1] 宋元时期，大清河和小清河都是由淮河北上的水路通道，但大清河的作用更重要一些。“（甘罗城）六朝驻兵之地，盍亟修之？有旨令公相视，诸故老皆曰：‘金由青、徐而来，其冲要有二，大、小清河是也，相距十余里。小清河直县之西，冬有浅处，不可以舟。大清河直县之北，与八里庄对，绍兴间，金三至淮，重兵皆由此出。’”[2] 八里庄是淮河南岸运口，与淮河北岸的大清河口相对。《过清江浦》：“八里庄头淮水长，清江浦边杨柳黄。楚女窄靴小锦袖，醉歌竹枝行玉觞。”[3] 从这里可以看出，“清江浦”之名在平江伯陈瑄治运前已存在，河道入淮口在八里庄，明初淮安故老提到的“鸭陈口”当在这一带。管家湖在淮安城西，萦回八十多里。[4] 如此广阔的湖泊，其东西方向是绵长的，从湖的西北角到淮河南岸的鸭陈口距离较短，只有二十里，即淮安故老提及的引湖入淮捷径：“瑄访之故老，言：‘淮城西管家湖西北，距淮河鸭陈口仅二十里，与清江口相值，宜凿为河，引湖水通漕，宋乔维岳所开沙河旧渠也。’”[5] 综上来看，《明史》记载的“二十里”是将陈瑄开凿的河道等同于故老们建议的河道。

明代平江伯陈瑄在清江浦置四闸，由南到北分别是移风闸、清江闸、福兴闸、新庄闸，其中新庄闸是运口闸，新庄闸到淮安城的距离即是清江浦的长度。各闸方位在《漕河图志》《漕运通志》《淮关志》中有记载（见表 3-1-1）。《漕河图志》成书于弘治九年（1496 年）；《漕运通志》成书于嘉靖初年；《续纂淮关统志》所引《淮关旧志》是明代马麟等编纂的《淮关志》，成书于嘉靖中期。三部著述对各闸方位的记载稍有不同，但总体在“五十里”上下。

1　（宋）严光大：《祈请使行程记》，顾宏义、李文整理：《宋代日记丛编》，上海书店出版社 2013 年，第 1289 页。

2　（宋）袁燮：《絜斋集》卷 17，中华书局 1985 年，第 289 页。

3　（明）袁华：《耕学斋诗集》卷 12，《景印文渊阁四库全书》，第 1232 册，第 358 页。

4　（明）王琼：《漕河图志》卷 1，陈雷主编：《中国水利史典 · 运河卷》，中国水利水电出版社 2015 年，第 1 册，第 33 页。

5　（清）张廷玉等：《明史》卷 85《河渠志三》，第 2081 页。

综合来看，清江浦“五十里”之说最为合理。

表 3-1-1 清江浦五闸的位置

著作	《漕河图志》	《漕运通志》	《淮关志》
编纂时间	弘治九年(1496年)	嘉靖初年	嘉靖中期
板闸		在淮安淮阴驿西北十里	距淮安城十里
移风闸	距板闸二里	在淮安新城西，东距板闸二里	距板闸三里
清江闸	距移风闸十四里	在淮安新城西北，东南距移风闸十七里	距移风闸十五里
福兴闸	距清江闸九里	在淮安新城西，东距清江浦(闸)十五里	距清江闸五里
新庄闸	距福兴闸十里	新庄闸距清江浦闸二十余里	距福兴闸二十里
新庄闸到淮安城距离	四十五里	四十九里	五十三里

资料来源：(明)王琼：《漕河图志》卷1，陈雷主编：《中国水利史典·运河卷》，第1册，第33页；(明)杨宏、谢纯撰，荀德麟、何振华点校：《漕运通志》卷2《漕渠表》、卷8《漕例略》，第38—39、124页；(明)马麟修，(清)杜琳等重修，(清)李如枚等续修，荀德麟等点校：《续纂淮关统志》卷4《乡镇》，方志出版社2006年，第68—69页。

二、清江浦运口和引湖入淮的路线

明代陈瑄开浚清江浦，只采用了淮安故老引湖入淮的方案，但由湖入淮的路线和运口的选择与故老们的提议并不一致。管家湖是淮河南岸天然堤背后的一个湖泊，沿淮地势高，湖泊地势低，水性就下，引淮入湖势必要考虑地势高低。管家湖西北至淮河南岸的路径在直线距离上无疑是最便捷的，但引水难度较大。宋代以来，从淮安到运口已有运道，只是在元代至明初已废弃，陈瑄在旧有运道基础上开凿疏浚，比挖新河引水的难度小。《淮南水利考》认为陈瑄所开旧道是宋初乔维岳所开的沙河：“(陈瑄)询山阳耆民，得宋转运使乔维岳所开沙河之故道，引水自管家湖之马家嘴至鸭陈口，入沙河，易名清江浦。就湖筑堤，以便牵挽。"[1] 沙河从淮安末口到淮河南岸的磨盘口，共四十里。[2] 宋初，泗水下游还未分为东、西两支，大清河是泗水唯一的入淮通道，淮河南岸的磨盘口应与清河口相对，当距宋元时期的八里庄运口和明初的鸭陈口不远。

明代清江浦的运口新庄闸与小清河口（即"清口"）相对。元代泰定元年（1324 年）黄河泛滥，大清河口淤浅，水流从三汊口东南流经小清河口入淮[3]，成书于明代弘治年间的《漕河图志》记载，大清河"盈涸不常"[4]。这种情况下，小清河的航运地位提升。此外，明代前期大清河是黄河夺泗入淮的主要通道，若淮南运口设在大清河口对岸，将直接受到黄水冲击、泥沙填淤，而陈瑄将运口设在小清河口对岸，也是出于避黄就清的考虑。从运道距离和运口位置来看，清江浦并非完全按照宋代沙河旧迹疏浚，旧运口（磨盘口）到新运口（新庄闸）一段是利用了宋代许元所开河道的一部分。宋初乔维岳开沙河后，江淮发运使许元自淮阴接沙河向西开运渠至洪泽，后运道浅涩，熙宁四年（1071 年）发运副使皮公弼重新开浚。宋代后期汴渠淤塞，泗口成为淮河北岸的主要运口。[5] 大清河口和小清河口相距十余里，那么淮河南岸与此对应的新、旧运口之间的距离也大体如此，加上乔维岳所开的沙河故道四十里，共计五十多里，正合陈瑄所开清江浦的长度。

明代清江浦的水源以湖水为主，而乔维岳所开沙河主要以潮水和沙湖济运。《宋史》载，"维岳始命创二斗门于西河第三堰，二门相距逾五十步，覆以厦屋，设县门积水，俟潮平乃泄之"[6]，是为引潮济运；《续资治通鉴长编》载，"维岳乃命创二斗门于西河第三堰，二门相逾五十步，覆以夏屋，设悬门蓄水，俟故沙湖平，乃泄之"[7]，是为引沙湖济运。"故沙湖"在《宋史》中作"故沙河"，位于两斗门之间，应是水澳一类的人工池塘[8]，而非管家湖。管家湖自身有一个发育过程，宋初乔维岳开沙河时，湖泊尚未形成，此后经过潴水发育，到南宋嘉定年间已形成一片水面广阔的湖荡。

1 （明）胡应恩：《淮南水利考》卷下，陈雷主编：《中国水利史典・淮河卷》，第 1 册，第 183 页。
2 （元）脱脱等撰：《宋史》卷 307《乔维岳传》，第 10118 页。
3 （明）杨宏、谢纯撰，荀德麟、何振华点校：《漕运通志》卷 1《漕渠表》，第 25 页。
4 （明）王琼：《漕河图志》卷 1，陈雷主编：《中国水利史典・运河卷》，第 1 册，第 32 页。
5 邹逸麟：《淮河下游南北运口变迁和城镇兴衰》，《历史地理》第 6 辑。
6 （元）脱脱等撰：《宋史》卷 307《乔维岳传》，第 10118 页。
7 （宋）李焘著：《续资治通鉴长编》卷 25，第 218 页。
8 中华文化通志编委会编：《中华文化通志》第 7 典《科学技术・水利与交通志》，上海人民出版社 2010 年，第 213 页。

> 管家湖，在望云门外。按，《嘉定山阳志》：隔旧仁济桥为南北湖。宋嘉定间，安抚应纯之申本州形势，东南皆坦夷之地，难于设险。向北一隅，有地不广，而淮河限之。惟向西一带湖荡相连，回还甚广，而泄水处止有数里，作一斗门为减水之所，则一望弥漫，而敌人不可向。……续申水内筑岸，工役难施，不能经久，合别开新河与运河接，取土填垒捍岸，则旧运河与湖通连，水面深阔，形势益便。遂开一河于湖岸之北，筑垒湖岸，底阔四丈，高及一丈，以限湖水。又自马家湾西至陈文庄，就湖筑滩岸二百七十余丈。自管家湖与老鹤河相接岸处，平地开深，方围二十丈，置斗门水闸。自此西湖之浸相灌，楚城西北隐然有难犯之势。岁久崩淤。永乐初，平江伯于湖东北畔界水筑堤砌石，自西门板闸以便漕运，名谓新路；又谓西湖，即仁济桥之北湖也，今所称北湖、西湖、南湖者是也。[1]

管家湖和运河本不相通，南宋嘉定年间应纯之开新河后，运河才与管家湖相通。原本近淮地势高，但运河地势经开凿疏通后由南向北递减，湖水能够通过运河北上入淮。南宋末年战乱和元代海运时期，运河缺乏人工疏浚清淤而逐渐淤高，淮、运隔绝，江、淮不通。明代平江伯治运时，重新浚深运道，使湖水由运入淮。此外，陈瑄还在南宋湖堤基础上砌石筑堤，“就管家湖筑堤亘十里，以便引舟”。[2] 管家湖水面宽广，由淮安城西向北十里至板闸都是湖泊的范围，“今西门以北湖嘴至板闸诸处，皆西湖故迹云”。[3] 管家湖有南、北二湖，北湖又名西湖。陈瑄治运时，板闸应靠近西湖北口，有调剂湖水济运的作用。运河与湖泊之间还有闸，“其堤间有数闸，平时不令河水入湖，涸时则引湖入河，盖自扬至淮，皆资湖以济运”。[4] 由此可见，管家湖实际上是和运道隔开的，水流互动主要靠运堤上的水闸调节。

三、地势高低和清江浦闸坝体系的变化

每当黄河盛涨，部分泥沙会通过运口进入运河，淤塞运道。为此，陈瑄

1 正德《淮安府志》卷3《风土一》，第16—17页。
2 （明）杨士奇：《封平江侯谥恭襄陈公神道碑铭》，（明）程敏政：《明文衡》卷77，《景印文渊阁四库全书》，第1374册，第548页。
3 同治《重修山阳县志》卷19《古迹》，《中国地方志集成·江苏府县志辑》，第55册，第265页。
4 （明）胡应恩：《淮南水利考》卷上，陈雷主编：《中国水利史典·淮河卷》，第1册，第168页。

在闸坝上采取了一套应对措施。“复虑黄、淮之水沉沙易淤也，乃建清江、福兴、新庄等，递互启闭，锁钥掌之漕抚，开放属之分司，法至严矣。复虑水发之时湍急，难于启闭，又于新庄闸外，暂筑土坝以遏水头，水退即去坝，用闸如常。”[1]清江浦引湖水济运，水流方向自南向北，置闸既能节制水流，也能积蓄清水、冲刷运口泥沙。闸的启闭有严格限制，设闸官管理。早在永乐十五年（1417年），官方就规定除生鲜贡品过闸可随到随开外，其余船只都要等待运道水位积蓄到一定标准才能通行，不能擅自开闸。史载，“若积水未满，或积水虽满，上面船未过闸，或下闸水未满，不得擅开”。[2] 闸官的主要职能是禁止豪强擅自开闸、维持船只过闸秩序，官方也对闸官操守有所约束：“其上闸船已过，下闸已闭，积水已满，而闸官夫牌故意不开，勒取官船钱物者，亦治以罪。”[3]在运闸管理上，还有“报水头”制度。当黄、淮盛发之时，从上游传递讯息至下游，在浊水到达运口前放下闸板，以隔绝运河和黄、淮。水流盛涨时，官方还在运口外临时筑起土坝，阻挡黄水内灌、淤塞运道。

> 《请复闸旧志书》云：“板闸、移风、清江、福兴、新庄启闭有期，或二三日，或四五日，且迭为启闭。”如启板闸，则闭新庄等闸；如启新庄闸，则闭板闸等闸；闭新庄等闸，则板闸为平水；闭板闸等闸，则新庄闸为平水，故启闭甚易易也。令官船由闸唱筹，挨帮序行，民船悉令过坝自便。又有报水头之制，如淮水始发，河水入河南界，所在之人必报，报必先水至。报至，新庄闸即下板，贴席实土。闸外又有土坝，亦复实筑之。必俟旬时水头已过，大势已退，然后启闭如常。故河与淮非异常大发，漫坝堤堰，不得入山阳。纵入山阳，平地上水不一二尺，旬时则定，浊水、泥沙淤浅至通漕门，其挑捞烦费四五十里而已。[4]

但在水大之年，黄、淮水流仍会不时倒灌运口。景泰六年（1455年），黄河灌入新庄闸，清江浦三十余里运道淤塞。[5] 成化七年（1471年）秋，淮河水

---

1 （明）潘季驯：《河防一览》卷8，“查复旧规疏”，陈雷主编：《中国水利史典·黄河卷》，第1册，第455页。
2 （明）胡应恩：《淮南水利考》卷下，陈雷主编：《中国水利史典·淮河卷》，第1册，第187页。
3 （明）胡应恩：《淮南水利考》卷下，陈雷主编：《中国水利史典·淮河卷》，第1册，第187页。
4 （明）胡应恩：《淮南水利考》卷下，陈雷主编：《中国水利史典·淮河卷》，第1册，第186页。
5 （清）张廷玉等：《明史》卷85《河渠志三》，第2083页。

涨,灌入新庄闸口,随即水退,“自此至清江闸内二十余里,沙淤不通舟楫”。[1]运道淤高后,管家湖之水北上济运困难,运道往往需筑坝蓄水。成化七年(1471年),新庄闸到清江闸的运段淤塞后,官方在清江浦北筑坝,粮船由淮安东北仁、义二坝入淮,又在清江浦置东、西二坝,开支港北通淮河。成化八年(1472年)春,刑部左侍郎王恕主持疏浚运道,清江浦漕运才恢复如常。[2]正德二年(1507年)三月,有人指出,“冬春淮水退消,清江浦淤浅,外河与里河湖水高下悬隔,设坝盘剥,舟行未便”,提议将新坝改为内外两闸,按时启闭,节水通舟,工程经工部批准后施行。[3]

明初淮河下游尚未被黄河泥沙淤高,淮河和运河之间的地势仍是运高淮低,所以清江浦不以淮水为源,而以湖水济运。由于淮、运地势高低和宋代相比没有显著变化,陈瑄治运时许多措施也在集宋代水利之大成。在运道上,淮安到新庄运口的五十里清江浦是在宋代乔维岳和许元所开运河基础上疏浚形成的。在运河水源上,清江浦以湖水济运,承袭了南宋应纯之的治运方法。在运道闸坝控制上,清江浦闸制也仿照了宋制。

据《宋志》,我朝山阳闸制,皆沿于宋而修饰之。宋城西有砖闸一、西斗门二,以节湖水,今改为新路闸三。城东有朝宗闸一,以泄近城之潦,今改为砖闸。清口南岸有八里、洪泽六闸,今改为新庄等五闸,五闸递互启闭,以节运渠。新城有北闸,宋为北辰闸,闸常闭,议者请开之,以泄潦水。时黄、淮忽暴涨入城,城中大浸越旬日,乃塞之。[4]

与宋代不同的是,黄河夺淮累积的影响到明代开始显现。随着水环境变迁,淮扬运口发生改变。宋元时期,运口在大清河口对岸,明初陈瑄将运口西移至小清河口对岸,是出于避黄就清的考量。陈瑄开凿清江浦,改变了淮、运隔绝的状态,客观上为江、淮水系的沟通创造了条件。但是开凿清江浦的影响是双面的,原本在运、淮隔绝的情况下,黄、淮水流较少影响淮扬地区。清江浦开凿后,成为黄、淮水流南下的一条通道。随着黄、淮水流多次

1 (明)胡应恩:《淮南水利考》卷下,陈雷主编:《中国水利史典·淮河卷》,第1册,第185页。
2 (明)王琼:《漕河图志》卷2,陈雷主编:《中国水利史典·运河卷》,第1册,第67页。
3 《明武宗实录》卷24,“正德二年三月辛酉”条,第658页。
4 (明)胡应恩:《淮南水利考》卷下,陈雷主编:《中国水利史典·淮河卷》,第1册,第188页。

灌入，清江浦淤高，湖水难以北上济运，黄水和淮水成为运河水源，反过来又加剧运道淤高，增加闸坝调控难度。

第二节　运河和湖泊的关系

明代京杭大运河各段名称不同，“漕河之别，曰白漕、卫漕、闸漕、河漕、湖漕、江漕、浙漕。因地为号，流俗所通称也”。[1] 其中，“湖漕”指淮安到扬州的淮扬运河。“湖漕者，由淮安抵扬州三百七十里，地卑积水，汇为泽国。山阳则有管家、射阳，宝应则有白马、汜光，高邮则有石臼、甓社、武安、邵伯诸湖。仰受上流之水，傍接诸山之源，巨浸连亘，由五塘以达于江。”[2] 由运河命名可以看出，明代淮扬运河与湖泊关系密切，运湖关系在京杭大运河中独树一帜。

一、运西诸湖的水源

淮扬地势西高东低，西部是江淮丘陵余脉，发源自丘陵地区的众多水系自西向东穿过湖区东流入海。东西向是淮扬地区多数河道的流向，原本白马、宝应、高邮、邵伯诸湖的入湖水流和出湖水流以东西向为主，各湖之间无天然水系相通。运河开凿后，各湖间借助人工运道沟通，“夫淮北之运道，全赖于诸河；淮南之运道，全赖于诸湖。淮之南为宝应湖，又南为高邮湖，又南为邵伯湖，三湖者故非相通也，势各东注”。[3] 南北向的运河会对东西向水流进行拦截，尤其自宋代运堤大规模修建后，东西向水流受阻，运西湖群扩张，运东水涸成田。明代运、湖形势依然如此，这一点陈应芳在《敬止集》中有详细论述：

> 南起大江，北抵山阳，漕河形势大略也。漕河惟扬州城迄扬子湾一带，可四十里，地势高阜，延袤至邵伯镇而北。内外东西，则皆诸水所汇，而外自高、宝，内迄兴、泰、盐城，地形洼下，共一沮洳之区也。自宋

1　（清）张廷玉等：《明史》卷85《河渠志三》，第2078页。

2　（清）张廷玉等：《明史》卷85《河渠志三》，第2079页。

3　（明）万恭著，朱更翎整编：《治水筌蹄》，“创设宝应月河疏”，水利电力出版社1985年，第166页。

天禧中，江淮转运使张纶因汉陈登故迹经画，就中筑堤界水，俾堤以西汇而为湖，以受天长、凤阳诸水，由瓜、仪以达于江，为南北通衢；堤以东画疆为田，因田为沟，高、泰、宝、兴、盐五州县联络千余里而遥，而五州县之水有广洋、射阳等各湖以潴之，有庙湾、石垯等海口以泄之，不为田潦，具称沃壤矣。[1]

淮扬运河开凿后，除了具有沟通江、淮的作用外，也使运河沿线湖泊有了南北向的流动趋势。在明代后期淮河下游河床被黄河泥沙壅高之前，长江沿岸地势较高，淮河沿岸地势较低，中部湖水以北流入淮为主，运河北段也靠湖水济运。但运口时常淤塞，运道北段地势抬升后，湖水向北入淮受阻，加剧了运堤西侧洼地的潴水情形。

黄、淮盛发时，部分水流会南泛进入运西诸湖。淮河南下入湖有两条通道。一条由高家堰进入白马湖，再向南流入宝应湖、高邮湖。明代《淮南水利考》的作者胡应恩实地走访高家堰："或曰平江伯之建新庄、福兴闸皆在高地。今高加（家）堰地更高，子以为不可建闸，何也？曰：非余言也，古无闸也。……夫堰外为阜陵湖，湖外为淮，湖之北口阔几里，由八里沟而入淮者什九。其南口至青州、高梁二涧而止，水大盛则入衡阳湖者什一。南北分流，何怒之有？"[2]明初平江伯陈瑄修筑高家堰抵挡淮水向南漫流，高家堰无泄水闸洞，淮河大部分水流向东入海，仅有一小部分水流在汛期溢堰入湖。因此，明代前中期，高家堰并非淮河进入运西诸湖的主要通道。

淮水入湖的另一条通道是运河。在淮扬运河双堤越河大规模兴筑之前，运河与湖泊一体。汛期淮、黄南灌，部分水流会沿运河进入运西诸湖。明初平江伯开清江浦，连通运、淮，为淮水南下开辟了一条通道。随着清江浦淤高，运道地势逐渐呈现自北向南递减的趋势。淮、黄南溢进入白马湖，又沿运道入高、宝诸湖，加速了运西湖群的扩展。

1 （明）陈应芳：《敬止集》卷1，"论漕河建置"，《泰州文献》，第17册，第161页。
2 （明）胡应恩：《淮南水利考》卷下，陈雷主编：《中国水利史典·淮河卷》，第1册，第198页。

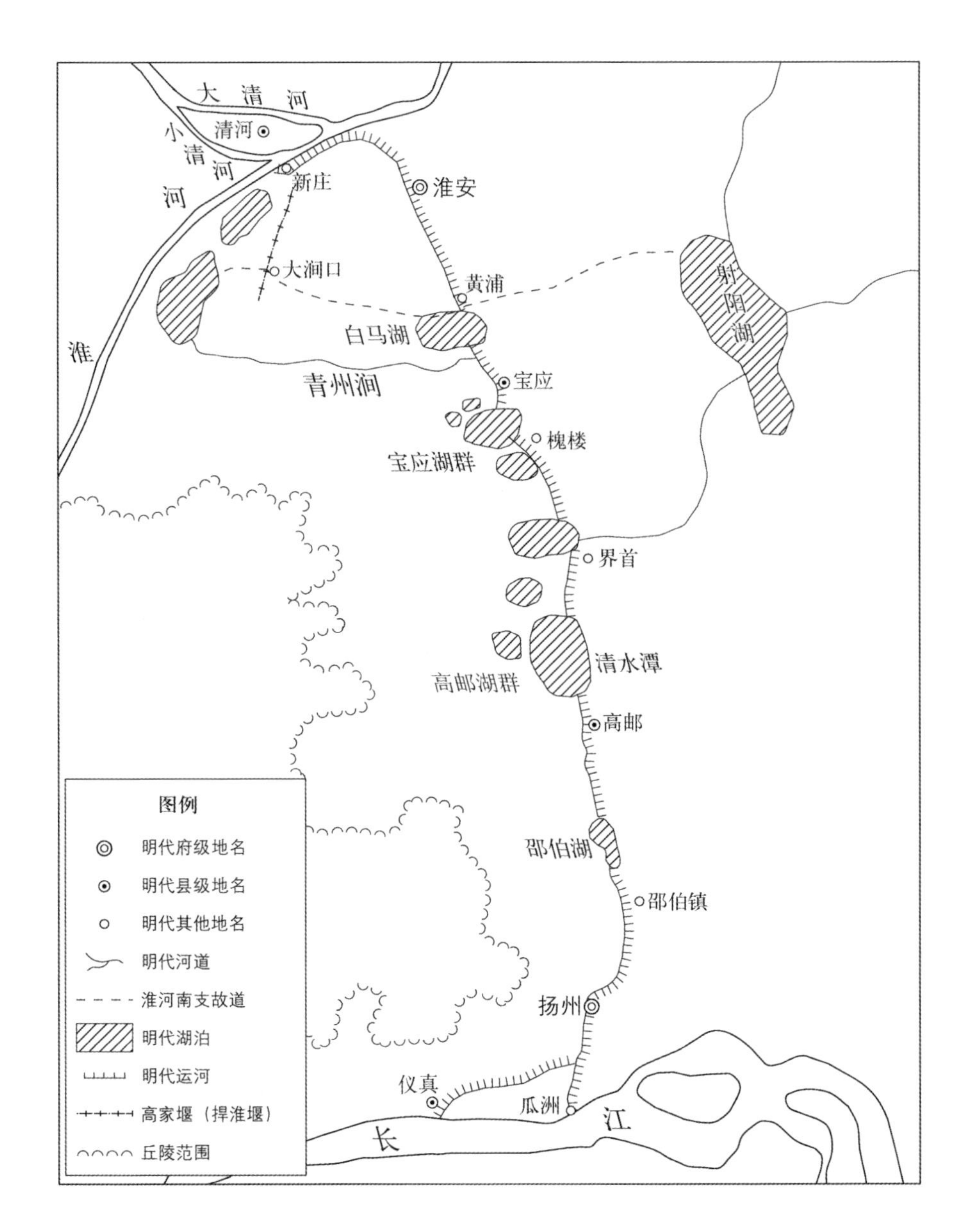

图3-2-1　明代初期淮扬运河和中部湖漕形势图

资料来源：底图为《中国历史地图集》第7册《元·明时期》“明·南京（南直隶）”图，第54页。

二、单堤、双堤和运湖关系

宋代运河沿线湖泊筑有单堤，运、湖一体，单堤既是湖堤，又是运堤。明初，运湖关系仍然如此。洪武九年（1376年），修高邮、宝应湖堤六十余里，抵御风涛。[1] 永乐七年(1409年),平江伯陈瑄筑高邮、宝应、范光、白马诸湖长堤,用来牵挽船只。[2] 陈瑄所筑湖堤在宋代单堤基础上修建,弘治年间扬州府同知叶元又在陈瑄所筑湖堤之上,“多积土以广之”。[3]

在湖区,湖泊即运道。明初虞谦《过高邮湖》:“雨余湖上晚凉收,红藕花开白露秋。”[4] 王偁《过高邮湖》:“片帆轻飏晚风前,秋水微茫远接天。十里败荷初过雨,一堤衰柳尚含烟。”[5] 这里的“一堤”即是湖堤。船在湖中航行,视野广阔,所见景致也十分丰富。陈烓《过宝应湖》:“平湖积水澹悠悠,远树溟濛映碧流。千载乾坤浮日夜,一川芦苇自春秋。”[6] 湖水盈缩不定,运道也不固定,“其宝应、高邮、邵伯湖环浸数百里,遇旱不涸,但消缩湖边水浅而已,入里湖中,尚可行舟”。[7] 运堤易为湖水冲决,湖水漫溢,既影响漕运,也侵害农田。湖堤多以砖石坚固,早在洪武年间修筑高邮、宝应运堤后,宝应老人柏丛贵(亦作“柏丛桂”)奏请发淮、扬丁夫五万,令知州赵原督甃,以便行舟。[8] 正统三年(1438年),筑高邮湖石堤四百二十五丈。[9] 即使如此,堤岸也免不了湖水冲袭。景泰五年(1454年)六月,湖水泛涨,高邮、宝应堤岸被冲决。[10] 天顺元年(1457年)十月,漕运总兵官右都督徐恭上奏扬州一带宝应、范光、邵伯、高邮等处堤岸决口。[11] 堤岸屡决屡修,不断被巩固。石堤修筑后,运堤阻水作用更强,加剧了运西湖群的扩张和统一。从表3-2-1来看,紧邻运堤的湖泊自北向南有白马湖、清水湖、范光湖、津湖、张良湖、七里湖、新开湖和邵伯湖等。虽然各湖名称仍然存在,但湖泊相连的趋势很明显。

---

1 (明)胡应恩:《淮南水利考》卷下,陈雷主编:《中国水利史典·淮河卷》,第1册,第182页。
2 (明)朱国盛:《南河全考》,《中国水利志丛刊》,广陵书社2006年,第32册,第161页。
3 万历《宝应县志》卷1《疆域志》,《南京图书馆藏稀见方志丛刊》,国家图书馆出版社2012年,第65册,第271—272页。
4 (明)曹学佺:《石仓历代诗选》卷331,《景印文渊阁四库全书》,第1391册,第569页。
5 (明)曹学佺:《石仓历代诗选》卷375,《景印文渊阁四库全书》,第1392册,第83页。
6 (明)曹学佺:《石仓历代诗选》卷441,《景印文渊阁四库全书》,第1392册,第821页。
7 (明)王琼:《漕河图志》卷2,陈雷主编:《中国水利史典·运河卷》,第1册,第68页。
8 (明)胡应恩:《淮南水利考》卷下,陈雷主编:《中国水利史典·淮河卷》,第1册,第182页。
9 《明英宗实录》卷45,“正统三年八月己未”条,第870页。
10 《明英宗实录》卷243,“景泰五年七月己巳”条,第5290页。
11 《明英宗实录》卷283,“天顺元年十月乙巳”条,第6077页。

表 3-2-1 《漕河图志》中的运西诸湖

	与运堤相邻的湖泊	其他湖泊
宝应	白马湖，在县治北十五里，南北接漕渠 清水湖，在县治南半里，西南接范光湖，北接漕渠，东临湖堤 范光湖，在县西南十五里，东北接清水湖，西南接洒火湖，南接津湖 津湖，在县治南四十里，西接范光湖，南接漕渠，东临湖堤	洒火湖，在县治西南四十里，东北接范光湖
高邮	张良湖，在州治北二十里，南接七里河，北接漕渠 七里湖，在州治北十七里，南接新开湖，北接张良湖 新开湖，在州城西北，南接杭家嘴漕渠，北接七里湖 武安湖，在州治西南三十里，通露筋漕渠	珠湖，在州治西七十里 五湖，在州治西六十里 姜里湖，在州治西五十里 石臼湖，在州治西五十里 塘下湖，在州治西四十里 甓社湖，在州治西三十里，东接新开湖
扬州	邵伯湖，在县治东北，四十五里，萦回百余里，南北接漕渠，东为堤，长二十余里	

资料来源：（明）王琼：《漕河图志》卷1，陈雷主编：《中国水利史典·运河卷》，第1册，第34—35页。

湖水盛发，船行湖岸易触堤沉没。风涛阻碍船只航行，人们不得不下船改走陆路。程敏政《高邮湖遇风，予登岸步过湖，以诗调伯谐伯常二寅长》："湖上西风夜放颠，官舟如瓠水如天。不如满意沙头步，何似惊心浪里眠。"[1] 成化十四年（1478年），汪直提议修筑越河："高邮、邵伯、宝应、白马四湖，每遇西北风作，则粮运官民等船多彼堤石桩木冲破漂没，宜筑重堤于堤之东，积水行舟，以避风浪。"[2]"重堤"是双堤，西堤是原湖堤，东堤是新筑堤，两堤之间的河道称为越河、月河或复河。汪直提议在湖泊以东兴筑双堤渠系运河，意味着将运河与湖泊分离，但这一提议并未实施。

淮扬运河有重堤之始，历来观点多认为是洪武年间开凿的宝应直渠。[3]《漕河图志》："洪武二十八年，宝应县槐楼之南，湖堤曲折向西，湖边沮洳，难

1 （明）程敏政：《篁墩文集》卷79，《景印文渊阁四库全书》，第1253册，第596页。
2 《明宪宗实录》卷176，"成化十四年三月辛卯"条，第3186页。
3 （清）刘宝楠：《宝应县图经》卷3《河渠》，第305—306页。

于修筑。因老人柏丛贵建言，发淮扬丁夫五万六千余人，于湖东直南北穿渠，自槐楼南抵界首，长三十余里，东为大堤，长与渠同。”[1]《淮南水利考》：“(洪武)二十八年，宝应县老人柏丛贵建言发淮、扬丁夫五万六千余人，开宝应直渠，即月河。初，自淮楼抵界首；沿湖一带堤岸屡修屡圮，民甚苦之，操舟者亦甚不便。由是就湖外直南北穿渠四十里，筑一长堤，长与渠同，期月而成，引水于内行舟，自是堤无溃决之虞。民亦休息，而舟称便。按：湖外即湖东，今其渠尚存。是时不漕而且穿，今漕舟盛行，屡有风险而渠不复，何也？”[2]从《漕河图志》与《淮南水利考》可以看出，前者说“于湖东直南北穿渠”，后者说“就湖外直南北穿渠”，都不是指在湖堤以东穿渠。明初开宝应直渠前，湖堤靠西。随着运西诸湖扩展，堤根时常被湖水浸没，堤内变成低湿泥泞的沼泽洼地，既不利于取土筑堤，也不利于舟船航行，所以开凿宝应直渠应是沿湖穿渠，又因旧有湖堤坍圮，便在直渠以东筑新堤，新堤较旧堤向东迁移。这种渠道在平江伯陈瑄时期也有开凿，陈瑄筑高邮湖堤时，“于堤内凿渠四十里，避风涛之险”。[3] 在开凿之初，渠道和湖泊是分离的，所以《淮南水利考》又将其称为“月河”。但渠道和湖泊之间没有堤岸相隔，天干雨少、湖面缩减时，运河与湖泊分离；湖水漫涨时，运河和湖泊又融为一体。《扬州水道记》认为洪武年间开凿的宝应直渠和平江伯开凿的渠道就是这种状态：“盖丛桂与瑄所开之渠，倚湖为渠，皆在堤内，湖水漫溢，渠与湖连。其所以不久即废者，以未隔堤为之也。”[4]由此可见，宝应直渠不是双堤渠系运河。

淮扬运河中段湖区最早的双堤渠系运河是明代弘治年间开凿的康济河。高邮地势低洼，其西丘陵冈阜相连，有七十二涧之水，汇于三十六湖。[5]“三十六湖”是高邮运西湖群的统称，说明湖荡广布。高邮运道九十里，湖道占三分之一。天晴风轻时，船行湖中如履平地。倪岳《过高邮湖》：“晴湖三十里，杳渺绝云天。渔艇浪中出，客帆风外悬。”[6]每当西风大作，舟易触堤，“高邮州运道九十里，而三十里入新开湖，湖东直南北为堤，舟行其下。自国初以来，障以桩木，固以砖石，决而复修者不知其几。其西北则与七里、张

---

1 (明)王琼:《漕河图志》卷2,陈雷主编:《中国水利史典·运河卷》,第1册,第66页。
2 (明)胡应恩:《淮南水利考》卷下,陈雷主编:《中国水利史典·淮河卷》,第1册,第182页。
3 (清)张廷玉等:《明史》卷153《陈瑄传》,第4208页。
4 (清)刘文淇著,赵昌智、赵阳点校:《扬州水道记》,第71页。
5 隆庆《高邮州志》卷2《水利志》,《原国立北平图书馆甲库善本丛书》,国家图书馆出版社2013年,第304册,第94页。
6 (明)倪岳:《青溪漫稿》卷3,《丛书集成续编》,上海书店出版社1994年,第113册,第224页。

良、珍珠、甓社诸湖萦回数百里，每西风大作，波涛汹涌，舟与沿堤故桩石遇辄坏，多沉溺”。[1] 弘治年间，户部左侍郎白昂治理河道，于湖东开夹河一道，称为“康济河”，“起州北二里之杭家嘴，至张家沟而止，长竟湖，广十丈，深一丈有奇。而两岸皆拥土为堤，桩木砖石之固如湖岸。首尾有闸与湖通，岸之东又为闸四，为涵洞一，每湖水盛时，使从减杀焉。以三年三月始事，凡四阅月而成。自是，舟经高邮者人获康济。白公因采众议，闻之上，名曰‘康济河’”。[2] “两岸皆拥土为堤”说明康济河是双堤渠系运河，两堤建在原湖堤以东，这样就形成“三堤”景象。“三堤”分别是原湖堤、中堤、东堤，“康济河”在中堤、东堤之间，原湖堤和中堤之间是“圈田”。“弘治年间，白公昂以

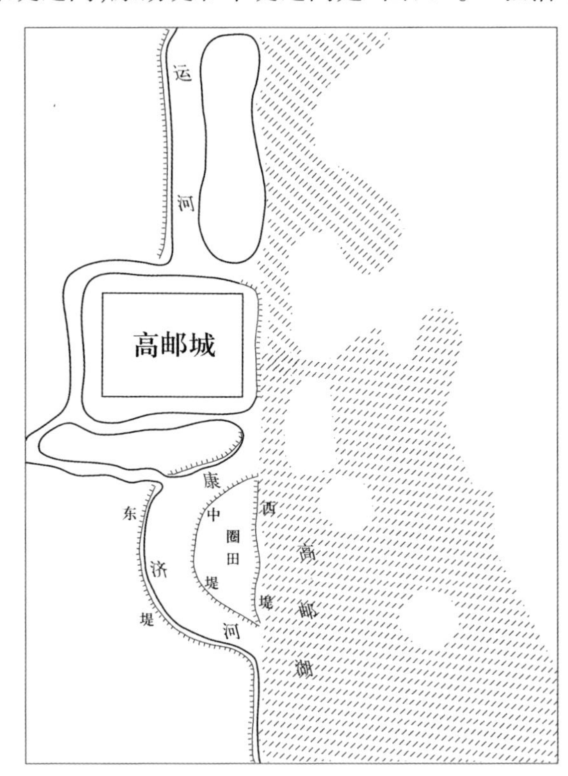

图3－2－2　明代高邮湖越河三堤和圈田示意图

资料来源：根据隆庆《高邮州志》舆图局部改绘。

图中方向：上南下北，左东右西。

1　（明）刘健：《高邮州新开康济河记》，（明）杨宏、谢纯撰，荀德麟、何振华点校：《漕运通志》卷10《漕文略》，第302页。

2　（明）刘健：《高邮州新开康济河记》，（明）杨宏、谢纯撰，荀德麟、何振华点校：《漕运通志》卷10《漕文略》，第302页。

总河至,又于堤之内越民田三里许,凿河通饷,以避湖波之险,是谓'东堤'。其捍隔民田一堤,则谓'中堤'。中堤之中有田数十万顷,则谓'圈田'。盖是时三堤无恙,越河安流,圈田悉为沃壤,高邮成乐土已。"[1]康济河首尾两端有闸,与湖相通,用来引水入运,调控水位。由于河与湖相通,汛期千余顷"圈田"困于积水,官方便在康济河底设三座涵洞泄水。[2]

明代中期,高邮湖漕段双堤渠系运河形成后,运河、湖泊分离。除此以外,淮扬运河大部分湖漕仍延续宋代格局,湖堤即单堤,运、湖一体。还有一种措施是在湖边开渠,渠东筑堤,天干水少时,运渠引湖济运,湖水涨溢,运、湖合一。由于运西湖泊不断统一和扩张,早期沿湖开凿的渠道沦入水面,运、湖仍为一体。为防范风涛险患、保证行船安全,兴筑双堤渠系运河,分离运、湖,逐渐成为淮扬运河和湖泊关系的发展趋势。

三、减水闸堰和浅铺制度

运堤本身对东西向水流有阻挡作用。随着运西湖面扩张、水位抬升,湖水对堤防的冲击和侵蚀越加强烈。汛期,湖水盛涨,运堤难以抵御洪水冲袭,多余的湖水便由运堤闸坝泄出,流经运东地区后排入大海。

明初平江伯治理淮扬运河时,在高邮、宝应湖堤上置减水闸。万历初年,万恭提议恢复淮扬运河闸制:"高、宝诸湖周遭数百里,西受天长七十余河,徒恃百里长堤,若障之使无疏泄,是溃堤也。以故祖宗之法,遍置数十小闸于长堤之间,又为令曰'但许深湖,不许高堤',故设浅船浅夫取湖之淤以厚堤。夫闸多则水易落而堤坚,浚勤则湖愈深而堤厚,意至深远也"。[3] 这里的"祖宗之法",指平江伯陈瑄设立的运堤减水闸制度。置闸之法是:"湖漕不堤与无漕同,湖堤弗闸与无堤同。置闸之法欲密欲狭,密则水疏无涨满之患,狭则势缓无啮决之虞,湖溢则泄以利堤,湖落则闭以利漕。又置浅船浅夫,取湖之污,厚湖之堤。闸多则水易落而堤坚,浚勤则河愈深而堤厚,庶几湖漕不病,而高、宝以东之民不至有田庐漂溺之患矣。"[4]减水闸设有闸板,可

1 (明)吴显:《老堤记》,(明)朱国盛:《南河志》卷11《碑记》,陈雷主编:《中国水利史典·运河卷》,第1册,第1139页。

2 (明)刘健:《高邮州新开湖修筑记》,(明)杨宏、谢纯撰,荀德麟、何振华点校:《漕运通志》卷10《漕文略》,第302页。

3 (清)张廷玉等:《明史》卷85《河渠志三》,第2091页。

4 (清)顾祖禹撰,贺次君、施和金点校:《读史方舆纪要》卷23《直隶五》,第1119页。

人为操纵板门启闭，湖水盛发则开启泄水，湖水缩减则闭闸蓄水，维持运道水位。减水闸启闭有严格的水则规定，“明平江伯设有减水闸法，分为上、中、下三则，水过于中则诸闸俱开，水下于中则诸闸俱塞，相其时宜而启闭焉”。[1] 闸的管理人称“闸夫”，当闸夫不能按照标准启闭运闸时，减水闸的弊端也逐渐显露，“但减水闸原少，其制未善；开闸由人，其弊多端”。[2] 王琼提议在运河水位较深的地方置运堤减水闸，将减水闸底板高程设定为高于水面二尺。闸口不设门板，只铺垫石头、加密巩固。湖水升至一定高程后，从闸顶滚落至堤外，通过与运河相连的沟渠排入运东。[3] 这种减水闸名为闸，实为堰，和宋代的石础相似。又称平水闸，不设门板，不征用民夫，任湖水涨落、自泄自蓄，无须人力过多参与。[4] 弘治年间，官方将平水闸蓄水标准设定在三尺五寸，“俟其水涨，听其自泄。纵有大水，亦无大患。仍置浅船，编审浅夫，以时捞浅，再无壅塞。但遇旱年，运船过尽，仍放涧水，救济下河。是以上下田禾不知旱涝，岁护丰收，家给人足，国用以充，民生以遂。良法美意，万古不磨”。[5] 当运西湖水高于蓄水标准后，就会自流向东，维持运河两侧水流的动态平衡。需要指出的是，当湖泊单堤向双堤转变后，运堤的闸坝控制更为复杂。高邮湖双堤渠系越河康济河开凿后，“首尾为闸以与河通，河之东岸又为闸四、为涵洞一，每湖水盛发则从而杀之”。[6] 双堤越河首尾两闸既是引湖入运的通道，也是控制湖水蓄泄的闸门。运、湖隔绝后，运堤对湖泊的拦截作用加强，湖面加速扩展。

明初平江伯陈瑄治运，在运河沿岸设立浅铺，捞浅清淤，保障运道畅通。《漕运通志》：“自潞抵淮计程二千六百里有奇，设浅铺七百余所，置守卒导引。沿岸置柳浚井，以便夏日行者。”[7] 这里说的是淮河以北设浅铺，但陈瑄治运时，也在淮扬运河沿岸置浅铺。隆庆《宝应县志》：“国初于沿河一带分置浅铺，每浅浅老一人、浅夫数十人、浅船四只以治水。夫治水而必曰浅者，

1 民国《三续高邮州志》卷6《艺文志》，《中国地方志集成·江苏府县志辑》，第47册，第489页。
2 (明)王琼：《漕河图志》卷2，陈雷主编：《中国水利史典·运河卷》，第1册，第68页。
3 (明)王琼：《漕河图志》卷2，陈雷主编：《中国水利史典·运河卷》，第1册，第68页。
4 (明)万恭：《平水闸记》，(明)朱国盛：《南河志》卷11《碑记》，陈雷主编：《中国水利史典·运河卷》，第1册，第1138页。
5 隆庆《高邮州志》卷2《水利志》，《原国立北平图书馆甲库善本丛书》，第304册，第95页。
6 (明)刘健：《高邮州新开康济河记》，(明)杨宏、谢纯撰，荀德麟、何振华点校：《漕运通志》卷10《漕文略》，第302页。
7 (明)吴节：《加封平江侯谥恭襄陈公祠堂记》，(明)杨宏、谢纯撰，荀德麟、何振华点校：《漕运通志》卷10《漕文略》，第300页。

盖以水之渟滀，泥滓积焉，久而不理，深谷且陵矣。矧淮水灌入，沙泥溷浊，水退沙在，易至湮淤。”[1]浅铺的设立与陈瑄“但许深湖，不许高堤”的治湖宗旨契合。但随着浅铺制度松弛，湖底得不到清淤，日渐淤高，给运堤闸坝体系带来负面影响。湖底淤高，官方为维持运道水位，不得不改变闸坝水则标准，加高运堤。运河以东的下河地区以运西诸湖为灌溉水源，天干水少时，盗掘运堤的情况时有发生。“高邮等州县原设石闸、石桥、涵洞，盖专为湖河之计，将以时其启闭，而蓄泄水利。比来为近堤人家私立洞户掌理，遇水溢则窃自闭塞，水消又窃挖堤岸，以致冲决贻患，动费财力，不可胜计。”[2]弘治十八年（1505年），管理河道工部郎中张玮提议筑塞涵洞，每五里改砌减水石闸一座，杜绝盗决之弊。淮扬运河原设涵洞、减水闸调剂蓄泄，“近管河官多不得人，沿河种艺军民，雨多则固闭闸洞不使泄水，天旱则盗水以资灌溉”。[3]闸夫失守，沿堤居民盗掘，闸坝趋向湮废。正德五年（1510年），漕运都御史屈直等奏议堵塞闸洞，禁令管河官舞弊、受贿。但总体形势是，浅铺制度松弛，运河日渐淤高，闸坝调控趋向失调。至嘉靖时，湖岸上的泄水闸坝基本湮废。陈应芳《论减水堤闸》：“南起邵伯，北抵宝应，长堤计三百四十里而遥，嘉靖以前未有闸也。”[4]这里说嘉靖以前没有闸，并不是真的无闸，而是闸已湮废。为防止湖水散溢，只能不断加高运堤，反过来加剧了运西诸湖潴积，抬升了湖泊水位。

第三节 邵伯运段的流向和瓜、仪堰坝的控制

长江北岸的扬州、泰州、海安一线，在地貌类型上是高沙岗地。岗地由海潮堆积而成，地势较高，是长江和里下河水系的天然分水岭。由扬州湾头延伸至邵伯镇一线，都位于这片高沙岗地之上。这种地理形势不仅是淮扬运河南段流向长期自南向北的原因，也是明后期高、宝诸湖水流入江的一道障碍。

1 隆庆《宝应县志》卷4《水利》，《天一阁藏明代方志选刊续编》，上海书店出版社1990年，第9册，第528页。
2 《明孝宗实录》卷220，“弘治十八年正月庚戌”条，第4150页。
3 《明武宗实录》卷63，“正德五年五月庚午”条，第1387页。
4 （明）陈应芳：《敬止集》卷1，“论减水堤闸”，《泰州文献》，第17册，第165页。

一、邵伯运段流向：从自南向北到“平流”

邵伯一带地势南高北低，运河流向历来都是自南向北。由于水流容易北泄，东晋以来运道上设有邵伯埭等蓄水工程。宣德四年(1429年)八月，邵伯段运河的流向由自南向北转变为“平流”。“扬州府邵伯闸坝，旧设官二员，民夫二百三十人，置盘车挽过舟船。今高邮湖堤及仪真瓜洲坝岸高固，河水积满，舟经邵伯，皆是平流，闸坝官夫，尽为虚设。”[1]邵伯段流向转变是淮扬运河史上的一大变局。《甘棠小志》：“东晋于邵伯置埭，历唐及宋皆沿其制，以水不平流故也。明初犹盘坝过船，迨平江伯引淮通漕，自是淮水入湖，邵伯水皆平流，故司事者谓闸坝无所用，此运河之大变革也。”[2]原本扬州邵伯镇二闸、二坝各设官吏夫役管理，“平流”后，湖水与运河相平，船只往来无虞，邵伯运段的闸坝管理人员在正统二年(1437年)被裁撤过半。[3]

邵伯段运河平流的原因，一方面是因为运堤抬高了高、宝诸湖的水位。明代洪武至永乐年间，淮扬运河湖漕堤岸不断修筑，形成岸高湖深的局面。湖水盛涨时，除了由运堤闸坝排入运东外，也会向南、向北流入江、淮，尤其是近江、近淮运道疏浚后，湖水南北向的流动趋势加强。“高、宝、江都、山阳长堤，屹为饷道襟带矣。陈公瑄经略其事，以谓湖漕弗堤，与无漕同；湖堤弗闸，与无堤同。盖五湖汇七十二河之水，滔天而独以仪真孔入于江、清江孔入于淮。”[4]陈瑄开清江浦后，引湖济运，但各闸启闭有严格限制，制约了湖水北泄。湖泊被运堤阻挡，水位抬升，南流趋势增强，但邵伯以南地势较高，湖水无法顺畅入江。另一方面，运河入江口的瓜洲、仪真闸坝高亢坚固，管理严格。“宣德四年，令凡运粮及解送官物并官员、军民、商贾等船到闸，务积水至六七板方许开。若公差内外官员人等乘坐马快船或站船，如是急务，就与所在驿分给与马驴过去，并不许违例开闸。进贡紧要者，不在此例。”[5]在堤岸闸坝体系下，扬州运河维持一定水位，与南溢的湖水相抵。湖水南流不畅，邵伯运段便成为南北水流势力平衡的节点，呈现“平流”的水文状态。

1　(清)顾炎武撰，黄坤等校点：《天下郡国利病书》，第778页。

2　(清)董醇纂：《甘棠小志》卷1，《中国地方志集成·乡镇志专辑》，第16册，第21页。

3　《明英宗实录》卷26，“正统二年正月戊午”条，第528页。

4　(明)万恭：《平水闸记》，(明)朱国盛：《南河志》卷11《碑记》，陈雷主编：《中国水利史典·运河卷》，第1册，第1137页。

5　(明)杨宏、谢纯撰，荀德麟、何振华点校：《漕运通志》卷8《漕例略》，第160页。

二、扬州运河的水源

扬州毗邻蜀冈，地势西高东低。与淮扬运河其他段相比，扬州运河地势较高，沿线湖泊较少，水源较为短缺。成化九年（1473年），总督漕运平江伯陈锐奏："仪真、瓜洲运河原无水源，全赖扬州雷公、陈公二塘及高邮、宝应、邵伯等湖积水接济。"[1] 陂塘济运并非只发生在扬州地区，淮扬运河各段都有。据载，"淮扬大势，泗水由石梁泄于淮，盱眙、破釜、山阳诸水由云山、衡阳诸涧泄于宝应，蓄于二塘，天长、铜城诸水东泄高邮，蓄于三塘，西连大仪、甘泉、盘古山涧诸水，蓄于江都五塘、仪真四塘"。[2] 但是由于扬州境内仅有邵伯湖等少量湖泊，且湖泊面积比高、宝诸湖小得多，陂塘对扬州运河的意义更为重要。陂塘筑有堤防，堤上有减水闸调剂水量，有专门人员管理。雷公上下塘、句城塘和陈公塘原设三百三十五人守卫。正统二年（1437年），有观点认为运河转输不绝，可废弃陂塘，将塘水泄入运河，巡抚侍郎曹弘则认为"塘水无源，若尽泄之，则涸矣。请仍留二百人，时其蓄泄，以济运河"。[3] 随着陂塘管理松弛、减水闸崩坏，陂塘济运作用逐渐减弱。成化年间，王恕提议修复雷公上下塘、句城塘、陈公塘，每塘修建板闸一座、减水闸二座，"潦则减水，不致冲决塘岸；旱则放水，得以接济运河"。[4] 但陂塘底部被泥沙日渐淤高，蓄水量减少，济运作用不大。

> 国初改运里河，议以前塘蓄水，专防河道浅涸，则放泄塘水，由乌塔沟入河，接济运船。然塘筑于诸山之麓，遇霖雨则暴流易集，遇亢旱则塘水易涸，盖漕河居府城之东，地势颇下，而与宝应、高邮、邵伯、白马、黄子、赤岸诸湖相为流通，水源颇远。前塘居府城之西，地形高阜，且水出无源，一遇亢旱，比诸运河辄先干竭。况流泞久积，塘腹涨平，纵或聚水，不盈数尺，而实无益于漕河矣。[5]

---

1 《明宪宗实录》卷112，"成化九年正月己未"条，第2182页。

2 （明）章潢：《图书编》卷53，第1962页。

3 《明英宗实录》卷26，"正统二年正月戊午"条，第528页。

4 （明）王恕：《议开河修塘状》，《皇明名臣经济录》卷18，《四库禁毁书丛刊·史部》，北京出版社1997年，第9册，第332页。

5 （明）郑晓：《郑端简公奏议》卷8，"议变塘田凑筑瓜洲城疏"，《续修四库全书》，第476册，第653页。

弘治年间，王琼提议修复陂塘及减水闸，规定"必待大旱，漕渠干涸，方许开引"。[1] 可见，明代陂塘容蓄水量较唐宋明显减少，济运作用减弱。另一方面，湖水成为扬州运河重要水源。宣德四年（1429年）邵伯运河"平流"后，高邮、宝应、邵伯诸湖对扬州运河的济运作用愈加重要。但是湖水消缩不定，且扬州运河地势比湖泊稍高，天干水涸、湖面消落时，运河无法得到湖水补济，王恕提议浚深扬州运河、引湖济运："看得扬州一带河道，南临大江，北抵长淮，别无泉源，止借高邮、邵伯等湖所积雨水接济。湖面虽与河面相等，而河身比之湖身颇高，每遇干旱，湖水消耗，则河辄为之浅涩，不能行舟。若将河身比湖身浚深三尺，则湖水自来，河水自深，虽遇干旱，亦不阻船。"[2]

明代前中期，扬州运河水源总体还是匮乏的。陂塘自唐宋以来就是运河的重要水源，但由于管理松弛、塘底淤高，加上近塘居民占垦为田，陂塘蓄水量减少，济运作用减弱。高邮、宝应、邵伯诸湖为扬州运河提供水源，但扬州地势稍高，需浚深运河引湖水南流，这便为湖水南下入江奠定了基础。

三、长江运口的闸坝控制

明代长江北岸运口有三处，分别是仪真运口、瓜洲运口、白塔河运口。闸和坝是运口两类主要的水利调控工程。闸设有板门，由人来操控启闭，调控水流蓄泄。部分运闸兼具过船功用，省却盘剥劳费。但是闸的运行、维护需要精细化管理，否则闸门启闭失调，会使水流外泄、运道浅涸。坝是一种拦截水流、平衡水位的堤堰，与闸相比，坝利于存蓄水源，但灵活性较差，船只过坝、车船出入，受盘剥之苦、损耗之费。对比闸、坝两类水利工程，很难说某一类占绝对优势。运口闸坝演变既受水环境制约，也受漕运体系影响。

宣德七年（1432年），陈瑄开白塔河，置新开、潘家庄、大桥、江口四闸，运口与长江南岸的孟渎河相对，每遇镇江运河浅涸，江南漕船无法出京口，便由孟渎河入江，渡江后进入白塔河，再沿运盐河至湾头入淮扬运河，可避开长江风浪，省却过瓜洲运口的盘坝劳费。正统四年（1439年），漕运总兵官都督武兴因白塔河淤浅、船粮不行，提议关闭运闸，防止漕河水源走泄。正统十年（1445年），御史吴镒提议在大桥闸处筑坝车船，不久废弃。成化十年（1474年），漕运总兵官平江伯陈锐等提议挑浚河口淤泥，拆去旧闸，改造通

1 （明）王琼：《漕河图志》卷2，陈雷主编：《中国水利史典·运河卷》，第1册，第68页。
2 （明）王恕：《议开河修塘状》，《皇明名臣经济录》卷18，第331页。

江、留潮、新开三闸,又筑三座软坝,根据水位涨落按时启闭。后因运道水涸,筑闭运闸。[1] 成化十三年(1477年),巡河郎中郭升召集兵民二万人,疏浚旧河二十里,筑东、西捍水堤四十里,建通江、大同二闸,修复新开、大桥旧迹。又增建三座土坝,夏月潮涨,船只过闸,冬月水涸,船只过坝。[2] 白塔河实行三年一浚,保漕运畅通。正德二年(1507年),大浚白塔河,复江口四闸。镇江运河开浚后,江南漕船由京口渡江,由瓜洲运口入淮扬运河,白塔河逐渐结束漕运功用,只用于通江泄水。[3]

表3-3-1 明代洪武至正德年间仪真、瓜洲运口闸坝变迁

仪真运口	瓜洲运口
洪武四年(1371年),在宋清江闸旧址处筑土坝 洪武十六年(1383年),建仪真五坝及清江闸、广惠桥腰闸、南门里潮闸 成化十年(1474年)二月,撤罗泗桥,建通江(又名罗泗闸)、通济、向水、里河闸,六月建成,后废弃 成化二十一年(1485年),塞通江闸 成化二十二年(1486年),开通江闸,复罗泗桥 成化二十三年(1487年),建东关闸 弘治元年(1488年),复东关、罗泗闸,废响水,拓中闸 弘治十四年(1501年)二月,建拦潮闸 弘治十八年(1505年)春正月,复建通济闸 正德十三年(1518年),复建响水闸	洪武年间(1368—1398年),筑车船十坝 洪武三年(1370年),建土坝15座,东港8座,西港7座 永乐九年(1411年),填平东港8座坝,设为楠木厂 正统二年(1437年),复东港第八、九坝 正统八年(1443年),开浚东港 正统十四年(1449年),修复第十坝 天顺年间(1457—1464年),巡抚江南都御史周忱建留潮闸 成化年间(1465—1487年),江都知县陆愈造瓜洲闸,引江济运

资料来源:(清)顾炎武撰,黄坤等校点:《天下郡国利病书》,第1075、1273—1288页;姚汉源:《京杭运河史》,第274—275、280—281、310—311页。

仪真、瓜洲运口是淮扬运河南端入口。明初,瓜、仪运口闸坝兼备,但实际主导水流调控的工程是坝。瓜洲运口分为东、西二港,洪武中建土坝15座,其中东港8坝、西港7坝。东、西二港间临江大堤上有通江上、下减水石

1 (明)王琼:《漕河图志》卷2,陈雷主编:《中国水利史典·运河卷》,第1册,第66—67页。
2 (明)王僎:《白塔河记》,(明)朱国盛:《南河志》卷11《奏章》,陈雷主编:《中国水利史典·运河卷》,第1册,第1133页。
3 (清)傅泽洪主编,郑元庆纂辑:《行水金鉴》卷79,凤凰出版社2011年,第2801页。

闸,不具备过船功能,只在漕河大涨时泄水入江。[1] 仪真运口在宋代原有三座闸,至明初已湮废,洪武十六年(1383年)修复三闸,又建五座土坝。同年,单安仁提议在仪真运口置四闸,“以潴泄水利,分济漕挽,上达运河,以入扬楚之境”。[2] 永乐迁都北京,仪真运口漕运繁重,频繁开闸,致使泄水过多,于是重筑土坝,废闸不用。

在永乐以来的漕运体系中,湖广、江西漕船由仪真运口北运回空。成化年间,仪真运口的水利工程经历了改坝置闸的过程。仪真运口置闸的驱动因素有多种。首先,闸由人为启闭,控制灵活,兼具过船功用,可省却过坝盘剥之苦。成化十年(1474年),郭升提议建通江四闸时,强调闸在过船、济运、灌溉、泄洪方面的利处:“其一,船昔至坝,虽遇水平,其粮货亦雇挑堆囤,过则复挑,其费不一,今乘潮罔费;其二,昔各坝设法日不过百船,一遇风雨,又不及半,今开闸即过,岂下千数;其三,昔船过必损,须办灰麻备舱,今泛安流亡虑;其四,往年遇旱,甚至掘坝接潮以救粮运,今闸开以济;其五,往年里河水溢,决岸倒坝,修费桩草动辄千万,今遇涨开泄,不伤田稼。以此五利,可利天下,岂浮言泄水过盐之足虑哉?宜禁革以厉将来。”[3] 其次,运口置闸与地方水利契合。仪真原有罗泗桥,桥下有港汊直通运河,两岸多民田,引潮水灌溉。[4] 后罗泗桥改为罗泗闸,又因权贵频繁开闸泄水而重新筑闭,致使民田得不到灌溉。成化二十二年(1486年),主事夏英来仪真后,当地百姓请求开闸引潮溉田。[5] 再次,漕运程限制度推动了置闸进程。明初漕运规定秋粮十月开仓,但没有限定进京时间。成化八年(1472年),漕运规定浙江、江西、湖广等地漕船限九月初一到京,江南等地限八月初一到京。[6] 湖广、江西漕船兑运开帮,往往在四月左右到达仪真运口,此时正值春潮盛涨,船只可依次乘潮过闸。[7]

江潮对长江运口的畅通意义重大。郭升提议,“宜开通置闸,乘潮启闭,以便往来”。[8] 弘治十四年(1501年),总漕都御史张敷华提议建拦潮闸,“每

---

1 姚汉源:《京杭运河史》,第275页。
2 隆庆《仪真县志》卷7《水利考》,《天一阁藏明代方志选刊》,上海古籍书店1963年,第18册。
3 (清)顾炎武撰,黄坤等校点:《天下郡国利病书》,第1278页。
4 (清)顾炎武撰,黄坤等校点:《天下郡国利病书》,第1279页。
5 (清)顾炎武撰,黄坤等校点:《天下郡国利病书》,第1279页。
6 (明)申时行:《大明会典》卷27,户部14,《续修四库全书》,第789册,第489页。
7 (清)顾炎武撰,黄坤等校点:《天下郡国利病书》,第1289页。
8 (清)顾炎武撰,黄坤等校点:《天下郡国利病书》,第1278页。

年春月潮信速来速去时侯，如赴京重载粮米到来，乘潮放进，将此闸下板关闭。水满则开罗泗桥等闸打放，省免塌房挑担脚力之费”。[1] 瓜洲运口也汲引潮水济运。成化五年（1469年），自淮河至仪真三百里运道淤塞，漕运不通，都水郎中李景繁治水扬州时，“潮至大决坝闸，江水奔�，水声汹汹如雷。景繁乃塞坝闸数月，会大雨，漕渠水弥岸，舟乃大行”。[2] 潮涨时决坝引水，潮退时筑坝蓄水，漕运得以畅通。

另一方面，运口置闸存在两点弊端。一是闸的启闭若得不到有力管控，会使水源走泄。成化十年（1474年）置闸后，受权贵干预，运闸启闭失时，运道水源外泄，闸旋置旋废。[3] 启闸无节制还影响运河沿线农田灌溉，正如南京工部分司主事夏英所说，“比因权贵者不顾漕水盈缩，舟一舣闸，辄欲开放，遂使水利走泄。而军士因于漕运启闭不时，而民田困于旱暵”。[4] 二是潮水具有季节性。仪真运口夏季潮水充盈，冬季潮水浅涸。弘治四年（1491年），守备南京太监蒋琮提议修复旧闸，“仍著令夏秋潮涨，则开闸以纳潮，春冬潮涸，则闭闸以潴水”。[5] 闸依据江潮水位变化启闭，春冬闭闸潴水，所起作用相当于坝。弘治十四年（1501年）二月，总漕都御史张敷华指出，以闸引潮济运会受季节局限：“是闸便于夏秋，不便于春冬。然以春冬不可开闸者，以上河为有限之水，而下江无抵坝之潮。”[6] 镇守淮安漕运总兵官都督同知郭鋐指出：“仪真闸坝上高下卑，潮大时月，水与坝闸相平，往来船只易于车放。冬月潮小，江水不接，势颇陡峻，回空粮船不无守候迟悮。”[7] 弘治年间，内官监右少监党恕等人询问耆老，以中立的观点审视运口置闸和筑坝的利弊：“建闸非私智，因车坝之疲民，废闸非偏见，虑漕渠之泄水，废置两端，各有所见。惟在夏秋，江涨则启闸以纳潮；冬春潦尽，则闭闸以潴水。闸坝并存而互用之，庶无遗利。”[8] 运口设坝牵挽，耗费人力、物力较多，设闸便于过船行舟，但是闸启闭无时，水源易走泄，综合考量之下，官方兼设闸坝引江济运，

1 （清）顾炎武撰，黄坤等校点：《天下郡国利病书》，第1283页。
2 （明）张萱：《西园闻见录》卷89，哈佛燕京学社1940年。
3 （明）王僎：《仪真县重建新闸记》，（明）王琼：《漕河图志》卷6，陈雷主编：《中国水利史典·运河卷》，第1册，第150页。
4 （清）顾炎武撰，黄坤等校点：《天下郡国利病书》，第1279页。
5 （明）王琼：《漕河图志》卷2，陈雷主编：《中国水利史典·运河卷》，第1册，第67页。
6 （清）顾炎武撰，黄坤等校点：《天下郡国利病书》，第1282—1283页。
7 （清）顾炎武撰，黄坤等校点：《天下郡国利病书》，第1283—1284页。
8 （明）王僎：《仪真县重建新闸记》，（明）王琼：《漕河图志》卷6，陈雷主编：《中国水利史典·运河卷》，第1册，第150页。

依据季节调节水流。正德年间，都御史丛兰、总兵官顾仕隆奏："每年春初水涸，正宜固蓄以通舟楫，不意往来马快船只到来，不肯由坝车放，辄便用强开闸放出放入，自由自在，莫敢谁何。"[1] 运口闸坝调控并非总能有效进行，强行开闸的情况时有发生。

疏浚运道也是维持水源的一种方法。永乐二十二年(1424年)冬，陈瑄发派二万人疏浚仪真、瓜洲坝下河道，次年冬天继续疏浚，并定下三年一浚的规定。[2] 景泰六年(1455年)，都御史陈泰主持疏通仪真、瓜洲运道。[3] 成化三年(1467年)，官方再次重申三年一浚的规定："先是，仪真坝下巷黄泥滩、直河口二港，瓜洲坝下东、西二港，江潮往来淤淀，舟不能行。是年始定每三年冬月江涸之时，发军民人夫挑浚一次。"[4] 由于江潮水位季节性变化大，济运作用有限，"冬月潮犹及坝，无俟乎浚；水缩之时，江退离坝数里，虽岁一浚之，尚不能济"。[5] 即使疏浚运道，也无法顺利引潮济运。

淮扬运河南段地势高于长江，在江水低、运道高的情况下，邵伯、高邮、宝应等湖泊的水源对扬州运河日益重要。自宣德四年(1429年)邵伯运段"平流"以来，引湖济运成为解决扬州运河水源短缺的重要手段。在湖岸高固的情况下，湖水为运河提供水源，运道也成为湖水南下入江的通道。

本章小结

淮扬地区主要有两类河道，一为东西向，一为南北向。前者是发源自西部丘陵地区自西向东入海的水系，后者是沟通长江和淮河、纵贯南北的河道，以淮扬运河最为典型。明初，淮扬运道不通，江、淮隔绝。陈瑄治运，浚清江浦和扬州运河，筑高、宝湖堤，江、淮水系又得以通过运河沟通。运河北段的清江浦引湖入淮，运河南段的扬州运河引江济运，淮扬运河总体延续唐宋时期自南向北的流向。江、淮水位季节性变化大，为保证运河通畅，连通江、淮水系，人为干预是必要的。换句话说，明代前中期的江、淮沟通是人为

1 (明)杨宏、谢纯撰，荀德麟、何振华点校：《漕运通志》卷8《漕例略》，第158页。
2 武同举：《淮系年表全编》，陈雷主编：《中国水利史典·淮河卷》，第1册，第506页。
3 (明)胡应恩：《淮南水利考》卷下，陈雷主编：《中国水利史典·淮河卷》，第1册，第191页。
4 (明)胡应恩：《淮南水利考》卷下，陈雷主编：《中国水利史典·淮河卷》，第1册，第192页。
5 (明)王琼：《漕河图志》卷2，陈雷主编：《中国水利史典·运河卷》，第1册，第69页。

干预的结果。在运湖关系上,明代前中期的运河还没有完全渠化,部分运道与湖泊一体,运道即湖道,运堤即湖堤。湖泊在运堤的拦截下进一步潴水扩展,湖堤高固,湖水壅高,使邵伯段自南向北的流向变为“平流”。陈瑄治运时,在淮扬运河上设两种闸坝:一种是运道上的闸坝,控制南北向水流;一种是运堤上的闸坝,调节东西向水流。陈瑄强调但许深湖、不许高堤,定期疏浚运道。这些制度在设立初期尚能执行,但后期无法贯彻。运道闸坝废弛,则运河水源走泄,运道浅涸;运堤闸坝湮废,则运河东、西水流失调,运堤拦截作用加强,运西湖泊加速扩展。清江浦运道水闸启闭失时,黄、淮水流灌入运河,原本深阔的运道逐渐淤高,湖水北流不畅。与此同时,扬州运河水源短缺,陂塘济运作用减弱,高、宝诸湖济运作用增强,引湖南下逐渐提上议程,浚深扬州运道的诉求也越来越强烈,为明代后期淮水入江奠定了基础。

第四章 明代嘉靖以后淮河下游水环境、治水争论和淮水出路问题

明代前中期，黄河下游河道南北迁移不定，南线主流从涡河、颍河进入淮河中游，由泗入淮的情况不多，黄河对淮河下游的扰动并不强烈。弘治八年（1495年），刘大夏筑断黄陵冈，筑长堤，黄河尽数南流，北支断绝。[1] 正德末年，涡河等日渐淤浅，黄河正流趋向泗水一线，在沛县、徐州等地泛溢弥漫，冲入漕河。[2] 泗水在桃源县三义镇以下分大清河和小清河，黄河正流移至泗水后，循大清河入淮。嘉靖初年，大清河为泥沙淤塞，黄河全流转行小清河至清口入淮。[3] 嘉靖二十年（1541年）、嘉靖二十三年（1544年），徐州洪工部分司署主事陈穆、吕梁洪工部分司署主事陈洪范分别开凿徐州洪、吕梁洪。二洪多巨石，有碍水运，但能束狭水流、涤荡泥沙。凿徐、吕二洪便利航运，但也加剧泥沙沉积，致使徐州段黄河淤浅。黄河排泄不畅而时常南溃，下游河道淤积垫高，壅塞淮河入海水道。"黄高淮壅，起于嘉靖末年河臣凿徐、吕二洪巨石，而沙日停，河身日高，溃决由此起。"[4] 嘉靖二十五年（1546年），黄河多股分流入淮局面基本结束，"南流故道始尽塞，或由秦沟入漕，或由浊河入漕。五十年来全河尽出徐、邳，夺泗入淮"。[5] 嘉靖四十五年（1566年）至隆庆元年（1567年），朱衡、潘季驯治河，在沛县、徐州等地增筑长堤，阻断了黄河北决通道[6]，水患和淤积现象逐渐转移到徐州以下河段和清口地区。[7] 隆庆年间，黄河携带的泥沙淤塞清口，淮水受壅被迫分泄南下。万历年间围绕淮水分泄的治水方案和治淮实践，对淮河下游水环境产生了深远影响。本章拟以淮水分泄为中心，探讨水环境变迁、治水争论和治水实践，并尝试解析水环境变局中的群体响应。

第一节　黄河扰动、清口淤塞和淮水南移

隆庆年间，黄河携带的大量泥沙堆积在清口附近，形成门限沙。门限沙

1　（清）张廷玉等：《明史》卷83《河渠志一》，第2024页。
2　（清）张廷玉等：《明史》卷83《河渠志一》，第2028页。
3　（清）傅泽洪主编，郑元庆纂辑：《行水金鉴》卷60，第2151页。
4　（清）张廷玉等：《明史》卷84《河渠志二》，第2059页。
5　《明神宗实录》卷308，"万历二十五年三月己未"条，第5774页。
6　郭涛：《明代黄河堤防的建设》，水利水电科学研究院编：《中国科学院、水利电力部水利水电科学研究院科学研究论文集》第22集《水资源、灌溉与排水、水利史》，水利电力出版社1985年，第173页。
7　王建革：《明代黄淮运交汇区域的水系结构与水环境变化》，《历史地理研究》2019年第1期。

形成背后既有黄河外力的扰动和塑造,也受区域自身特有地貌制约。在门限沙壅滞作用下,淮河入海正道受阻,淮水南移趋势逐渐显现。

一、"清口"的概念和淤塞情形

黄河对淮河河床地貌的塑造表现在淮河中、下游河床的倒比降现象。民国时期的实测调查显示,"宗其大势,盱眙附近淮底较高于五河淮底五尺许,又较高于浮山淮底五丈三尺许,又平均较高于浮山上下各处淮底约在一丈五尺之谱,倾斜倒置,实可惊也"。[1] 这种河床倒比降现象是明代后期黄河由泗入淮以来长期累积的结果。明代前中期,当黄河由涡河、颍河进入淮河中游时,泥沙沉积不至于改变淮河中、下游河床之间的高低比,但是当黄河主流由泗水入淮后,黄水携带的大量泥沙沉积在淮河下游,使淮河中、下游地势对比发生改变,导致淮河入海不畅。黄河主流由泗入淮,也给黄、淮交汇处的淮安带来诸多负面影响。黄、淮并涨,黄强淮弱,淮水受黄水顶托泄水不畅,势必加重淮河沿岸的潴水形势和洪涝灾情。

> 淮水,昔不病淮安,今病淮、扬。盖黄河正流,往经河南,或出颍川,或出寿春,汇淮入于海。其入小浮桥,经徐、邳入海者,支流也。势故卑且弱。河、淮合,则为一家,直涌而东奔,是淮以河利也,安能害淮安!今全河舍河南之故道,并流徐、邳,经清河,而淮水自西来会,是二家也,不相统一。故河落则淮乘高而凌之,淮安以燥。秋水灌河,河恃势而骄,亘淮安之东北,若大行焉。而淮水方挟颍川、寿春诸平陆之水势,与强河斗于清河,不能冲中坚则气丧,而溃散淮安之郊,暂为憩息,俟河之消锐,乃假道会弱河,始入海。淮安安得不病淮河哉![2]

黄河携带的大量泥沙淤塞淮河下游,淤积最严重的地方当数清口。黄河夺淮以前,清口专指泗水入淮处。黄河夺泗入淮后,"清口"含义发生变化,概念也变得模糊不清,一指黄、淮交汇处,一指黄、淮交汇上游的门限沙所在地。隆庆六年(1572年),黄河涨溢,挟沙带泥,壅滞淮水,泥沙淤积,形成门限沙:"黄河涨,挟沙带泥,拦入清口,逼淮不得直下,沙随波停,清口淤

---

1 武同举:《淮系年表全编》,陈雷主编:《中国水利史典·淮河卷》,第1册,第837页。

2 (明)万恭著,朱更翎整编:《治水筌蹄》,"黄、淮形势:主张分淮涨入高、宝湖,经射阳湖归海",第23—24页。

塞,所谓门限沙者是也。自是以后,运口亦淤,梗运道者数年。”[1]这里“清口”的概念对应后者。由于黄、淮流域汛期并不同步,“且黄河俯就淮河,其势不盈咫尺,虽高卑之形有定,然自黄河来水多四五月发,凤、泗来水多七八月发,则消长之时不齐”。[2] 黄强淮弱,浊流时常倒灌。黄、淮交汇处的淤沙因黄、淮合流后水势强劲得以冲刷,而黄、淮交汇处稍靠上游的地方得不到有力冲刷,河床逐渐淤高。

万历七年(1579年),总河潘季驯率南河郎中张誉等乘船考察清口以上河段,“得河湖相连处所,汇为巨浸,万顷茫然,中间深浅不等,自一丈五尺以至四五尺。一入清口,淮水方有归束,以四丈之绳系石投之,未得其底,盖水散则浅,水聚则深,其理然也”。[3] 潘季驯考察的清口实际上是黄河入淮之处,由于河道得到黄、淮合力冲刷,水深达四丈以上。泗州人常三省指出:“凡论水称清口者,谓清口一带地方,非专指黄河所出之口也。若黄河出口处势甚湍急,水亦安得不深。即潘公所谓以四丈之绳投之,不得其底者也。惟自此以上稍及里许,地名三里沟者,便是泥沙淤塞处。三省去年曾自往,看见其所为淤塞者,皆细碎石屑,击之殊坚而有声,盖浮沙荡去,惟此质重者存,即时俗相传所谓门限沙者是也。”[4]常三省所指的清口是黄河入淮处上游的三里沟,和潘季驯所说的“清口”并非同一地方(对“清口”的界定不同,实际上代表不同利益,在本章第三节有详细论述)。由此可见,淮河下游淤塞最严重的地方不在黄、淮交汇处,而在上游三里沟门限沙。门限沙向上淮河稍深,是沙体壅滞、淮水潴积所致。门限沙以下的黄、淮交汇处水位较深,是黄、淮合力冲刷的结果。门限沙横亘在淮河河道,致使淮水受阻、排泄不畅。

二、门限沙形成的地理因素

门限沙形成、清口淤塞,一方面与黄河夺淮有关;另一方面,黄河主流干道由大清河转向小清河,则是门限沙形成背后更深刻的内在原因。

按现在徐州以下至河口,黄河经行之途,乃昔泗水入淮故道,《禹

1 (清)方瑞兰等修,江殿扬等纂:《安徽省泗虹合志》卷3《水利志上》,成文出版社1985年,第238页。
2 天启《淮安府志》卷13《河防志》,方志出版社2009年,第569页。
3 (明)潘季驯:《河防一览》卷9,“高堰请勘疏”,陈雷主编:《中国水利史典·黄河卷》,第1册,第479页。
4 乾隆《泗州志》卷10《人物》,成文出版社1983年,第621—622页。

贡》所谓入于淮、达于海者也。明宏治时，筑断黄陵冈，北流断绝，河恒南行。维时犹由贾鲁河旧迹，循永城、亳州涡河入淮，亦偶决入泗，河由桃源三义镇入黄家嘴，绕清河县治后会淮，经山阳、安东下云梯关入海，即图内所称大清河，后人所谓老黄河者是也。黄既不常入泗，纵入亦系贾鲁河分流，其入淮之处距清口尚远，故至嘉靖初年，虽洪泽诸湖已汇为一，而河口未尝倒灌，淮得畅出，其河口情形犹与明初相同。迨嘉靖初年以后，黄常入泗，三义口淤塞，河流南徙，于清河县前与淮水交会于小清口，黄强淮弱，横截河口，于是淤湖淤运，百病丛出矣。[1]

黄河改道小清河后，对淮河河床有极强的塑造作用，这和清口以上淮河两岸的地貌有关。现代研究表明，古淮河在盱眙分为南、北两条河汊，北汊由淮安、阜宁一线入海，是汉代以来的淮河正流；南汊沿白马湖、射阳湖一带入海，属于射水流域。[2] 两汊之间是一系列岗地，由盱眙连绵不断地延伸至清口，构成淮河流域和射水流域的分水岭（见图4－1－1）。秦汉以前，淮河水位较高，淮水能够越过岗地，分汊南流。汉代以来，海平面下降，南汊河道逐渐与主河道分离。古淮河南、北河汊之间的岗地构成淮河南岸的天然堤防，堤外是阜陵湖等。宋代淮河南岸岗地还有存留，如《方舆胜览》载，“长沙汀在盱眙县北，自淮河渡南接牛场巷，长一里余，高丈余，淮水泛涨时赖以捍御。苏子瞻诗云‘十里清淮上，长堤隐雪龙’是也”。[3] 明代，淮河南岸岗地背后湖泊水面扩展，但直至嘉靖初年，淮河与阜陵湖还保持着淮、湖分隔状态。《淮南水利考》：“夫堰外为阜陵湖，湖外为淮，湖之北口阔几里，由八里沟而入淮者什九，其南口至青州、高梁二涧而止，水大盛则入衡阳湖者什一。”[4]由此可见，平时大部分湖水入淮，汛期湖水盛涨时少部分水流才由青州涧、高梁涧东入白马湖，分隔淮、湖的正是一系列岗地。由于岗地束狭，淮水至清口时，出路本就有限，黄河改道小清河入淮后，携带的大量泥沙堆积在清口，对淮水排泄造成的影响更是不言而喻。

1 （清）麟庆：《黄运河口古今图说》，《中华山水志丛刊》，线装书局2004年，第20册，第461页。
2 万延森、盛显纯：《淮河口的演变》，《黄渤海海洋》1989年第1期。
3 （宋）祝穆撰，（宋）祝洙增订，施和金点校：《方舆胜览》卷47，中华书局2003年，第841页。
4 （明）胡应恩：《淮南水利考》卷下，陈雷主编：《中国水利史典·淮河卷》，第1册，第198页。

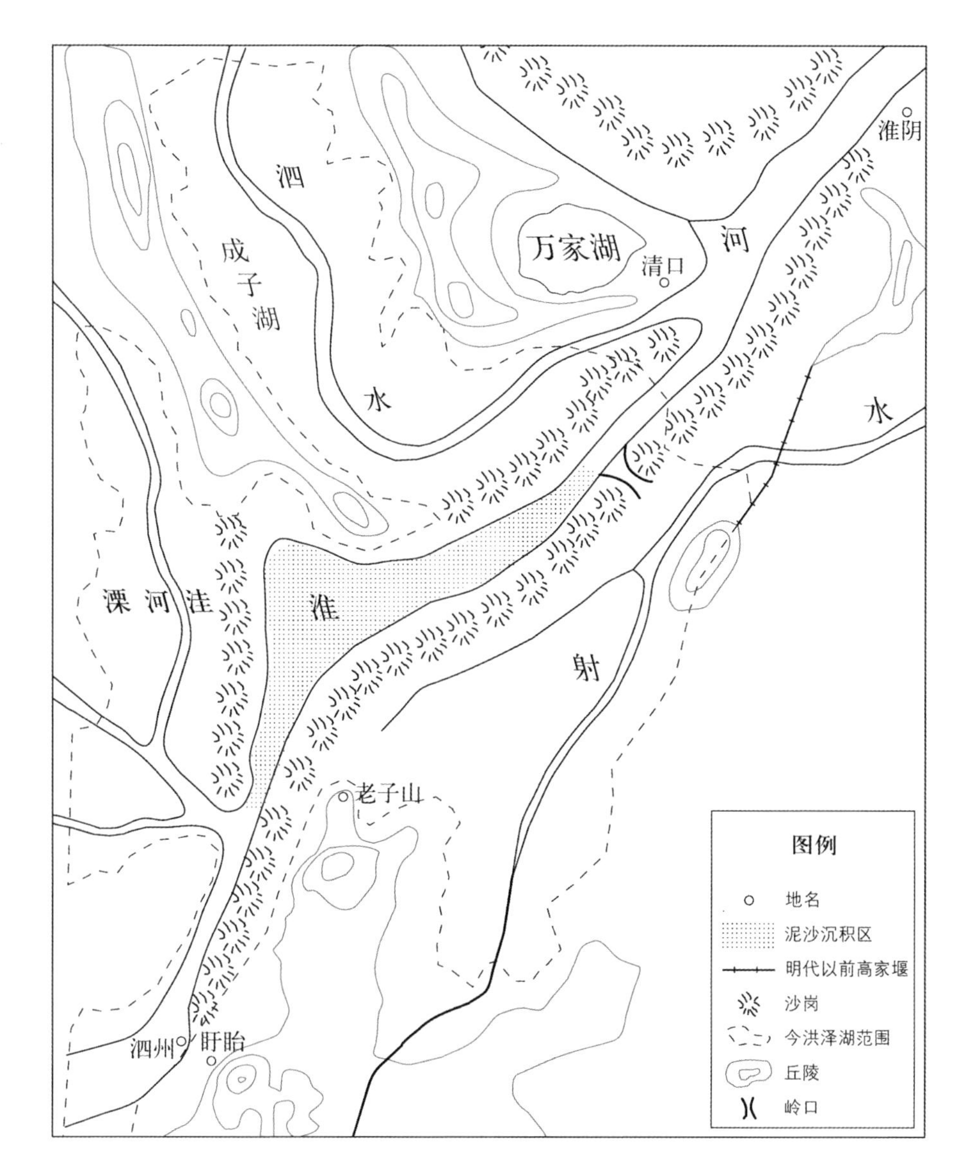

图 4-1-1　淮河盱眙到清口段沿岸岗地分布图

资料来源：徐士传：《黄淮磨认》，“淮河东汉改道”图，新华印刷厂 1988 年，第 27 页。

三、淮水南移的趋势

明代嘉靖以来，黄河改道扰动了淮河下游。门限沙形成，清口淤塞，淮水原有出路受阻。隆庆四年（1570 年），“淮决高堰，河蹑淮后，径趋大涧口，破黄浦口入射阳湖，清口遂淤，自泰山庙至七里沟淤十余里。水从朱家沟旁出,至河南镇入河”。[1] 大涧口、黄浦口、射阳湖一线是淮河南支河汊故道,淮水冲破高家堰由黄浦经射阳湖入海,是淮河水流由北汊正流向南汊故道转移的过程。

淮河下游原有两条泄水通道,一条是由清口、云梯关一线入海的淮河正流,承担绝大部分水量;一条是淮河南支故道,但很少被提及,与其上游兴建的两道拦截堰即高家堰、淮扬运堤有关。淮河南支故道由盱眙以南向东,与发源自山丘的水流汇合,转而向东汇入白马湖,再经黄浦、射阳湖入海。这是早期的射水,也是淮扬地区一条东西向的天然河道。汉代以来,射陂和白水塘等陂塘的修建拦截了丘陵水流。为防止汛期淮河和阜陵湖水流泛涨进入淮扬地区,人们在阜陵湖以东筑起一道拦水堰,是为明代高家堰的雏形。这道堤堰既能防止洪水侵袭淮扬,也能在天干水少时拦蓄水源供高地灌溉。纵贯南北的运河本身对东西向的天然河道形成分流,唐宋以来兴筑的淮扬运堤又加强了这一拦截作用。高家堰和运堤两道堤堰拦截水流,致使上游水流潴积,促成洪泽湖和高、宝湖两大湖群的雏形出现。不过在明代后期清口淤塞以前,河湖发育的过程比较缓慢。

明代后期,随着门限沙形成、清口淤塞,淮水出路逐渐由原河道向淮河南支故道倾斜,高家堰和运堤无疑阻碍了淮水南汊的出路。淮、湖合一前,淮河南岸岗地和高家堰是约束淮水的双重屏障,淮、湖合一后,岗地或没于水中,或被冲蚀,汛期淮水直抵高家堰,堰的有无直接决定了淮水出路。当高家堰坚固时,淮水水位得以抬升,以便积蓄清水、冲刷清口;当高家堰决口时,淮水由此决入南支故道。这样淮河原干道水量减少,清口得不到淮水冲刷,加速淤浅。清口位于黄、淮交汇地带,也是运口所在地。当清水弱、浊水盛时,泥沙便会倒灌淮南运口、淤塞运道,加剧运河水源短缺,影响漕运。淮水由高家堰决出,在运堤的拦截下,大量水流潴积在运河以西,加速湖面扩展,威胁淮扬运堤。水流冲垮运堤,致使漕运受阻、农田被淹。隆庆四年(1570年)淮水决口南下,就是冲破南支故道上的两道拦截堤堰,使淮河下游的泄水通道由原淮河正流趋向南支故道。明代后期淮河下游水环境变迁在一定程度上也是黄河扰动下的淮水出路问题,但是淮水途经之地有纵贯南北、沟通江淮的淮扬运河,使淮水出路问题交织着各种自然和人为因素,呈

1 武同举:《淮系年表全编》,陈雷主编:《中国水利史典·淮河卷》,第1册,第553页。

现出一段错综复杂的历史过程。

第二节　以淮水出路为中心的争论与实践

隆庆末年至万历初年，潘季驯治水，主持修筑徐州、宿迁、清河一线的堤防。[1] 堤岸高固，水流束狭，徐州至清口的黄河河道深阔。“今河（徐州、淮阴间河道），有三无患：徐、吕二洪，往患淤浅，今乃水二丈余，二洪无患；南行一百八十里，隆庆末，悉为平陆，今水由地中，水深二丈，岸高一丈，邳河无患；邳河下至清河，水深不得其底，且近海而流迅，宿、清之河无患。”[2] 但是万历初年，清口淤浅问题还未解决。黄强淮弱，清口门限沙横亘其间，壅滞淮河，淮水渐有南移趋势，寻求淮水出路成为亟待解决的治水难题。万历年间，在淮水出路的选择上主要有两种观点：一是淮水分泄之说，即淮水在清口以上分为南、北两支，北支出清口入海，南支过高家堰入淮扬运西湖群，穿运堤后经运东地区入海；一是全淮敌黄之说，即堵塞高家堰泄水通道，使淮河全流出清口，与黄河合流入海。潘季驯主持的“蓄清刷黄”和杨一魁主持的“分黄导淮”是围绕淮河下游水环境治理所展开的两大治水实践。在黄河扰动和治水工程的反作用下，淮水出路和洪泽湖发生显著改变，淮扬运河和沿线水环境受到深刻影响。

一、以淮水出路为中心的治水方略

（一）万历二十年之前的治水方略：分泄淮水和全淮敌黄

隆庆四年（1570 年），高家堰溃决，淮水南徙，清口淤塞，淮扬运堤崩坏。万历二年（1574 年），万恭看到淮水受黄河顶托而潴积于沿岸洼地的情形，也关注到黄、淮给淮河南岸和淮扬运堤带来的冲击。在此基础上，他提出分泄淮水的治水方略：“唯朝廷定策，固高、宝诸湖老堤，建诸平水闸，大落高、宝诸湖之巨浸，广引支河归射阳湖入海之洪流，乃引淮河上流，一支入高、宝诸湖。如黄河平，则淮水会清河故道，从淮城北同入于海。如黄河长，则淮水

1　郭涛：《明代黄河堤防的建设》，水利水电科学研究院编：《中国科学院、水利电力部水利水电科学研究院科学研究论文集》第 22 集《水资源、灌溉与排水、水利史》，第 173—175 页。

2　（明）万恭著，朱更翎整编：《治水筌蹄》，“徐州、淮阴间河道及水深”，第 22 页。

会高、宝湖新道，由射阳湖从淮城南同入于海，则淮安全得平土而居之。”[1]万恭提议的淮水分泄路径实际上是早期淮河南汊故道。

万历四年(1576年)，黄河在崔镇一带决口，削弱了冲刷清口的水力，加剧了清口淤积，淮水受壅，被迫南徙。据《明史》，“淮水向经清河会黄河趋海。自去秋河决崔镇，清江正河淤淀，淮口梗塞。于是淮弱河强，不能夺草湾入海之途，而全淮南徙，横灌山阳、高、宝间”。[2] 万历五年(1577年)八月，黄河再决崔镇，宿迁、桃源等地堤岸崩坏，黄河河道淤垫，淮水被迫南徙。[3] 礼科左给事中汤聘尹提议导淮入江，由瓜洲运口分泄水流，增建水闸，消杀水势。漕运侍郎吴桂芳则认为，黄河如由老黄河故道入淮，可减轻清口壅滞阻力，淮水可从清口全流归海，积水形势可逐渐消减。吴桂芳和汤聘尹的提议分别代表了全淮敌黄和分泄淮水之说，最终朝廷以“河淮既合”为由结束了这次争论。[4] 此次黄、淮得以合流入海的原因在于黄河沿老黄河(大清河故道)入淮，削弱了淮水所受的阻力。但是老黄河淤塞严峻，黄河仍由小清河入淮。淮水受黄水顶托，泥沙壅塞，时常南徙漫流。“淮之出清口也，以黄水由老黄河奔注，而老黄河久淤，未几复塞，淮水仍涨溢。”[5]九月，南河工部郎中施天麟指出，清口淤塞的原因是黄河淤垫、淮河南徙分散了冲刷清口的水力：“淮泗之水原从清口会黄河入海，今不下清口而下山阳，从黄浦口入海。浦口不能尽泄，浸淫渐及于高、宝、邵伯诸湖，而湖堤尽没，则以淮泗本不入湖故也。淮泗之入湖者，又缘清口向未淤塞，而今淤塞故也。清口之淤塞者，又缘黄河淤淀日高，淮水不得不让河而南徙也。盖淮水并力敌黄，胜负或亦相半。自高家堰废坏，而清口之内，傍通济闸又开朱家等口，引淮水内注，于是淮泗之力分，而黄河得以全力制其敝，此清口所以独淤于今岁也。”[6]施天麟认为，“未有不先黄河而可以治淮，亦未有不疏通淮水而可以固堤者”，提议堵塞高家堰和朱家口等淮河分水口，使淮流专出清口，合力敌黄，如此则淮河入海通道可恢复，高、宝水患可消减。[7]

---

1 (清)傅泽洪主编，郑元庆纂辑：《行水金鉴》卷61，第2214—2215页。
2 (清)张廷玉等：《明史》卷84《河渠志二》，第2049页。
3 (清)张廷玉等：《明史》卷84《河渠志二》，第2049页。
4 (清)傅泽洪主编，郑元庆纂辑：《行水金鉴》卷62，第2239页。
5 (清)张廷玉等：《明史》卷84《河渠志二》，第2050页。
6 (清)顾炎武撰，黄坤等校点：《天下郡国利病书》，第1165页。
7 (清)顾炎武撰，黄坤等校点：《天下郡国利病书》，第1165—1166页。

万历六年(1578年),潘季驯总理河漕,治理黄、淮下游。他沿袭了施天麟、吴桂芳的全淮敌黄之说,坚定支河不可开的观点:“引淮而西,其势必与黄会;引淮而东,则与决高堰而病淮扬无异也。盖河水经行之处,未有不病民者。向有欲自盱眙凿通天长六合出瓜埠入江者,无论中亘山麓,必不可开,而天长六合之民非我赤子哉?且所借以敌黄而刷清口者全淮也,淮若中溃,清口必塞,运艘将从何处经行,弗之思耳!”[1]在此基础上,潘季驯提出“蓄清刷黄”的理论,并应用于筑高家堰、堵黄浦口的治水实践中。万历二十年(1592年)之前,淮河下游治理由潘季驯主导,淮水出路也以全淮出清口为主,但是分泄淮水的提议并未停息,以泗州人士的呼声最为强烈。泗州乡绅常三省指出,淮水经泗州入海原本有两条通道,一路向东至清口汇黄入海,一路向南由大涧口入高、宝湖后入江、入海,两道并行。常三省认为清口淤塞、高堰修筑分别阻断了淮水入海的两条通道,致使泗州水患频发。他说:“自近年高堰既筑,旧贯遂失,泗人积苦水患。”[2]他建议一面浚清口、引淮入海,一面开周家桥、武家墩导淮入湖,开芒稻河、瓜仪闸导湖入江,缓解泗州水患。

(二)万历二十年至二十三年的治水方略:分黄和分淮

万历十九年(1591年),明祖陵被淹[3],围绕淮河出路的争论又一次达到高峰。万历二十年(1592年)正月,分泄淮水的呼声此起彼伏,“先是泗州大水,州治至深三尺。有谓由傅宁湖合开之六合入江者,有谓浚施家沟、周家桥入高、宝诸湖者,有谓弛张福堤以广泄淮之口者,又有谓开寿州瓦埠河以分上流之水者”。[4] 不久,潘季驯被罢职,工部尚书舒应龙总理河道。三月,漕抚陈于陛提议开周家桥分泄淮水,御史王明和户科给事中耿随龙以淮扬漕运、盐场和民生为由提出反对意见。御史王明奏:“臣巡盐两淮,兼有河漕地方之责,目睹淮为泗患,漕抚陈于陛欲开周家桥以疏之,使遂开则六州县生灵为鱼,四百万漕粮俱梗,而三十六盐场其沼矣。宜令河臣上寻旧支,而杀其势,下瀹旧口而广其途,勿苟且。”[5]户科给事中耿随龙提出:“泗州苦水,

1 (明)潘季驯:《河防一览》卷2,“河议辨惑”,陈雷主编:《中国水利史典·黄河卷》,第1册,第384页。
2 乾隆《泗州志》卷10《人物》,第627页。
3 (清)张廷玉等:《明史》卷84《河渠志二》,第2056页。
4 《明神宗实录》卷244,“万历二十年正月癸酉”条,第4549页。
5 《明神宗实录》卷246,“万历二十年三月壬戌”条,第4577页。

议疏周家桥、施家沟，以高、宝二湖为壑，将运道民业立尽。”[1]此次围绕淮水出路的争执，朝廷没有定论，只是派遣了工科给事中张贞观勘探泗州水情，将治理河道的任务寄托于中央、地方官员的勘议。[2]

万历二十年（1592年）至二十三年（1595年），舒应龙在淮水出路问题上，坚持全淮敌黄，并将治水重点放在分黄上，即在黄河进入清口前开支河引黄入海，通过分减黄水削弱清口处的黄河水势，使淮水畅出清口。在分黄问题上，张贞观主张："然泄淮不若杀黄，而杀黄于淮流之既合，不若杀于未合；但杀于既合者与运无防，杀于未合者与运稍碍。别标本，究利害，必当杀于未合之先。"[3]舒应龙采用张贞观的观点，一方面疏浚清口淤沙，一方面在清口上游十里处的黄河北岸开腰铺河，分杀黄河水势。分黄之说在淮水出路上坚持以清口作为唯一入海路径，这种观点和万历初年全淮敌黄之说不谋而合，只是在具体应对措施上，分黄是通过开支河分泄黄水的方式减轻黄河对清口的侵袭，使淮水顺出清口，而全淮敌黄则是靠积聚淮水、抬高水位来冲刷清口淤沙、抵抗黄水倒灌。但是分黄并不能改善清口淤沙壅水的局面，科臣应明提议疏浚海口或由高家堰分泄淮水："就草湾下流浚诸决口，俾由安东归五港，或于周家桥量为疏通……"[4]工部侍郎沈思孝提议疏浚老黄河，以分导黄水："老黄河自三义镇至叶家冲仅八千余丈，河形尚存。宜亟开浚，则河分为二，一从故道抵颜家河入海，一从清口会淮，患当自弭。"[5]由于争论纷纭，治水规划屡屡停滞。万历二十二年（1594年），黄河倒灌，淮水壅滞，侵及祖陵。万历二十三年（1595年），总河舒应龙因"水患累年，迄无成画，迁延縻费"被革职，由杨一魁接任其职务。[6]

（三）万历二十三年以后的治水方略：分黄和导淮

万历二十三年（1595年），泗州水患直逼祖陵，"分黄导淮之说起矣"。[7]同年五月，高举提出分黄、导淮并举的主张，在三叉镇、耿公庙、訾家营、鲍家口等处开支河，分减黄水由灌口入海[8]，由高家堰分泄淮水，经下河归海或由

1 《明神宗实录》卷246，"万历二十年三月壬戌"条，第4577页。
2 《明神宗实录》卷246，"万历二十年三月壬戌"条，第4578页。
3 《明神宗实录》卷248，"万历二十年五月丁亥"条，第4625页。
4 （清）张廷玉等：《明史》卷84《河渠志二》，第2060页。
5 （清）张廷玉等：《明史》卷84《河渠志二》，第2060页。
6 （清）张廷玉等：《明史》卷84《河渠志二》，第2058、2060页。
7 （明）朱吾弼等辑：《皇明留台奏议》卷16《漕河类》，《续修四库全书》，第467册，第695页。
8 （清）傅泽洪主编，郑元庆纂辑：《行水金鉴》卷37，第1374—1375页。

运河、芒稻河入江。[1] 这一时期的治水者更多地围绕分黄和导淮谁先谁后、孰轻孰重的问题展开争论。与此同时，南京工部主事樊兆程提出分黄应在导淮之前，应先挑新河由灌口入海以分泄黄水："欲导淮，先疏黄，欲疏黄，先辟海口，然而旧海口决不可浚，当自鲍家营至五港口挑浚成河，令从灌口入海。"[2] 同年六月，户科给事中黄运泰认为分黄应先于导淮，如果先使淮水由高家堰分泄南下，黄水就会紧随其后，侵入淮扬，淤塞湖泊，冲毁运堤。他说："治河之策，当治下流。今日欲安祖陵，不得不泄淮水。欲泄淮水，不得不浚黄河下流以杀其夺淮之势。倘黄河下流未泄而遽开高堰、周桥以泄淮水，则淮流南下，黄必乘之。无论高、宝数郡尽为池沼，运道月河势必冲溃，即淮水且终为黄所遏抑而壅如故。"[3] 另一方面，治水者认为由高家堰导淮才是解决泗州祖陵受淹的当务之急，导淮应先于分黄。御史夏之臣提出："海口沙不可劈，草湾河不必浚，腰铺新河四十里不必开，云梯关不必辟，惟当急开高堰，以救祖陵。"[4] 万历二十三年(1595 年)八月，张企程指出，导淮南下由射阳湖归海、由芒稻入江，才是解决祖陵受淹问题的首选方案。

> 今论疏淮以安陵，有谓清口当辟，有谓高堰当决，有谓周家桥、武家墩当开，有谓高良涧、施家沟当浚。论疏黄以导淮，有谓腰铺可仍，有谓老黄河故道可复，有谓鲍、王二口可因，有王家坝、五港口可寻。顾淮水之涨，虽由高堰之筑，而工程浩巨，未可议废。且以屏捍高、宝、淮、扬，亦不可少。周家桥北去高堰五十里，有支河下接草子湖，若并未挑三十余里大加开浚，一由金家湾入芒稻河注之江，一由子婴沟入广洋湖达之海，则淮水上流半有宜泄矣。武家墩南去高堰十五里，逼邻永济河，引水由窑湾闸出口直达泾河，从射阳湖入海，则淮水下流半有归宿矣。此急救祖陵第一议也。[5]

杨一魁总理河道，最初认为分黄应先于导淮。万历二十三年(1595 年)八月，泗州祖陵积水渐消，为杨一魁践行分黄之说提供了契机。九月，勘

1 (清)傅泽洪主编，郑元庆纂辑：《行水金鉴》卷 64，第 2298 页。
2 《明神宗实录》卷 285，"万历二十三年五月庚子"条，第 5295 页。
3 《明神宗实录》卷 286，"万历二十三年六月甲子"条，第 5309—5310 页。
4 (清)张廷玉等：《明史》卷 84《河渠志二》，第 2060—2061 页。
5 《明神宗实录》卷 288，"万历二十三年八月甲辰"条，第 5335—5336 页。

河科臣张企程、总河杨一魁提议："欲分杀黄流以纵淮，别疏海口以导黄。益以淮壅由于河身日高，河高由于海口不深。若上流既分，则下流日减，清河之口淮无黄遏，则泗之积水自消，而祖陵永保无虞。"[1]张企程先是以导淮为先，后来转变为分黄为先，表明治水策略会随着水情等因素而变化。另一方面，总漕褚铁以工程巨大、民力有限为由主张导淮先于分黄。[2] 他提议建高家堰武家墩、高良涧、周家桥三闸，闸下开支河引淮水南下，经射阳湖入海，经芒稻河入江："先浚金家湾、芒稻河以为湖水入江之路，又开子婴沟由射阳、广洋湖入海。下流既通，上流仍阻，始建武家墩闸，由永济河达泾河，下射阳湖入海。建高良涧闸，由岔河亦入泾河，下射阳湖入海。建周家桥闸，由草子湖、宝应湖入子婴沟，下广洋湖入海。上下之水流通，自不横逆为害，不独泗境安，即淮、扬、高、宝亦安，此建三闸以分黄、导淮、治湖之所由来也。"[3]由此可见，开高家堰减水闸分泄淮水的提议，始自褚铁。

导淮和分黄都是解决淮水出路问题的治水主张，但两者有几处不同。其一，官方认为导淮是治标之策，见效快；分黄是治本之策，奏效慢。[4] 其二，分黄工程消耗的人力、物力要比导淮多，耗时也长。导淮工程需役数千、耗银十万，而分黄工程需役十万、耗银百万。导淮计日可成，而分黄因上有油泥，下有走沙，挑挖极难。[5] 在分黄和导淮问题上，工部坚持两者并举："导淮分黄，势实相须，不容偏废，宜将导淮、分黄并疏浚海口等处工程逐一举行。"[6]但在实施顺序上，官方赞同分黄先于导淮。"总河尚书杨一魁专主分黄，而总督漕抚尚书褚铁力言分黄不若建高良涧诸闸坝，以泄淮为便。会杨一魁先行部司诸官勘议，分黄已有成说，乃会题准依兴举。"[7]

淮安府知府马化龙、颍州兵备道李弘道等地方官员倾向于导淮方案。"大意以导淮功小易成，分黄功巨难就。惟渐开高家堰，急辟清口河，方于祖陵王气无碍，而运道、民力亦胥赖之。"[8]对于分黄、导淮孰为先、孰为重的争论，牛应元采取折中说："导淮势便而功易，分黄功大而利远。"[9]对于分黄、导

1 《明神宗实录》卷289，"万历二十三年九月壬辰"条，第5361页。
2 《明神宗实录》卷289，"万历二十三年九月壬辰"条，第5361页。
3 （清）傅泽洪主编，郑元庆纂辑：《行水金鉴》卷65，第2333页。
4 天启《淮安府志》卷13《河防志》，第576页。
5 天启《淮安府志》卷13《河防志》，第576页。
6 《明神宗实录》卷289，"万历二十三年九月壬辰"条，第5361页。
7 （清）傅泽洪主编，郑元庆纂辑：《行水金鉴》卷37，第1372页。
8 （清）傅泽洪主编，郑元庆纂辑：《行水金鉴》卷37，第1356页。
9 （清）张廷玉等：《明史》卷84《河渠志二》，第2062页。

淮的争论,官方偏向分黄之说。“先议开腰铺支河以分黄流,以倭儆、灾伤停寝,遂贻今日之患。今黄家坝分黄之工若复沮格,淮壅为害,谁职其咎?请令治河诸臣导淮分黄,亟行兴举。”[1]但总体来说,与万历初期相比,导淮的重要性与日俱增,分黄、导淮之争逐渐走向两者并行的折中观点。

二、“蓄清刷黄”“分黄导淮”的治水实践

万历年间,潘季驯主导的“蓄清刷黄”和杨一魁主导的“分黄导淮”是解决淮水出路的两大实践。这是不同时期保漕、护陵的结果,对明代后期淮河下游水环境产生深远影响。淮水出路分南、北两支,其中北支出清口入海,是淮河主流干道,明代后期清口淤塞,淮河干道入海受阻;南支是淮河故道,平时淮水不入此河,只在汛期溢入少量水流,河道内有高家堰和淮扬运堤拦截,使其在历史上未被视作一条完整的河流。隆庆四年(1570 年),淮水冲破高家堰南下,又冲决淮扬运堤黄浦段,南支故道失去两大堤堰的挡水作用,成为淮水南下的主要通道。因此,淮水出路问题主要围绕清口和高家堰进行。

潘季驯主张蓄清刷黄,坚持堵闭淮河分水口,使淮水由清口单支入海。“一议塞决以挽正河之水。窃惟河水旁决,则正流自微,水势既微,则沙淤自积,民生昏垫,运道梗阻,皆由此也。臣等查得淮以东则有高家堰、朱家口、黄浦口三决,此淮水旁决处也。桃源上下,则有崔镇口等大小二十九决,此黄水旁决处也,俱当筑塞。”[2]高家堰、朱家口、黄浦口是淮河分水口,朱家口开于万历五年(1577 年),主要用于引清水供给清江浦,据潘季驯所言,“万历五年,河渠堙塞,随浚随淤,不得已开朱家口引清水灌之,方得通舟”。[3] 黄浦在宝应县北二十里,是运河沿岸重镇。黄浦口是淮水冲决高家堰后又冲破运堤形成的缺口,为使淮水全流畅出清口,就先要堵闭这些分水口。“高家堰筑矣,朱家口塞矣,则淮不旁决而会黄力专。”[4]万历六年(1578 年),在潘季驯的主导下,南河郎中张誉等主持修筑高家堰六十里,塞朱家口、黄浦口和大涧等处决口。

---

1 (清)张廷玉等:《明史》卷 84《河渠志二》,第 2062 页。
2 (明)潘季驯:《河防一览》卷 7,“两河经略疏”,陈雷主编:《中国水利史典 · 黄河卷》,第 1 册,第 441 页。
3 (明)潘季驯:《河防一览》卷 8,“查复旧规疏”,陈雷主编:《中国水利史典 · 黄河卷》,第 1 册,第 454 页。
4 (明)潘季驯:《河防一览》卷 7,“两河经略疏”,陈雷主编:《中国水利史典 · 黄河卷》,第 1 册,第 437 页。

> 总管官南河郎中张誉，督扬州府同知韩相，淮安府同知郑国彦、王琰，两淮运副曹铁，东昌府通判王一凤，中军都司俞尚志等，修筑高家堰堤六十余里，计长一万八百七十八丈，俱根阔十五丈至八丈六丈不等，顶阔六丈至二丈，高一丈二三尺不等。内三千四百丈，会同徐水二道，俱用桩板厢护坚固。塞完大涧、渌洋、汤恩口等决三十三处，共长一千一百一十八丈。又塞朱家决口一处，先筑月坝一道，长八十丈，并筑本口直堤，长一十四丈。……又塞完续分黄浦决口一处，先筑南北拦河坝二道，共长四十五丈，根阔一十三丈、顶阔十丈、高二丈。填筑正口土堤一道，长九十四丈，自水底至顶高三丈八尺，根阔一十三丈。[1]

潘季驯时期修筑的高家堰长六十里，而在万历之前，高家堰规模较小。[2]潘季驯指出："至永乐年间，平江伯陈瑄始堤管家诸湖，通淮河为运道，然虑淮水涨溢，东侵淮郡也，故筑高家堰堤以捍之，起武家墩、经小大涧至阜宁湖，而淮水无东侵之患矣。"[3]由武家墩经大小涧至阜宁湖（即"阜陵湖"）三十里[4]，潘季驯治淮前高家堰的长度也大体如此。隆庆四年（1570年）淮水冲决高家堰，漕抚王宗沐于隆庆六年（1572年）筑高家堰，北起武家墩，南至石家庄，共三十里，又在大涧、小涧、贝沟、旧漕河和六安沟等处"筑龙尾埽以遏奔冲"[5]，表明王宗沐所筑高家堰基本是修复之前的堤堰。明代前中期，阜陵湖以南未筑堤堰。万历年间，清口淤塞严重，淮水壅滞，湖水潴积，部分淮水越过高家堰以南的岗地流入高、宝诸湖，这是潘季驯时期将高家堰增筑至六十里的重要原因。周家桥以南地势较高，未有人工增筑的堤防，留作天然减水坝。[6]

大涧口是高家堰堤工的重中之重。由于地势低洼，每当淮水泛涨，涧口就成为水流南下的首选路径。隆庆四年（1570年），淮水冲决高家堰，决口就在大涧口。王宗沐"筑龙尾埽以遏奔冲"的重点也在大、小涧口。《高加（家）堰记》："山阳旧有高家堰，违郡城西南四十里许，而圮废久矣。其最关

1　（明）潘季驯：《河防一览》卷8，"河工告成疏"，陈雷主编：《中国水利史典·黄河卷》，第1册，第463—464页。
2　简培龙、简丹：《洪泽湖大堤历史演变研究》，《中国水利》2017年第9期。
3　（明）潘季驯：《河防一览》卷7，"两河经略疏"，陈雷主编：《中国水利史典·黄河卷》，第1册，第439页。
4　（清）傅泽洪主编，郑元庆纂辑：《行水金鉴》卷160，第5390—5391页。
5　（明）王宗沐：《淮郡二堤记》，天启《淮安府志》卷21《艺文志》，第856—857页。
6　（明）潘季驯：《河防一览》卷9，"高堰请勘疏"，陈雷主编：《中国水利史典·黄河卷》，第1册，第480页。

水利害者，则大涧口也。先是堰屡决屡筑，工皆不巨。尔者决益甚，工益巨，当事者始难之矣。"[1]潘季驯治水时，主张堵塞涧口，巩固高堰，约束淮水。万历七年（1579年），高家堰增筑、上游来水减少后，堵筑黄浦决口的工程也开始进行，"黄浦八浅近因高家堰之断流而亦计日可塞，似宜无所事守也"。[2]黄浦口是淮扬运堤缺口，堵闭黄浦口即是"将旧口填土接筑老堤"[3]，原来被冲破的运堤得以修复。筑高堰、堵黄浦口等一系列措施，恢复了淮河南支故道上的两大拦截作用，淮水得以全流畅出清口。

以大涧口为中心的高家堰中段二十里地势低洼，最易受到淮水冲决。尽管涧口一带已经堵闭，但长期受水流冲击，仍不免坍塌倾覆。[4] 万历八年（1580年），潘季驯提议筑高家堰中段石堤："今熟察地形，南北各二十里稍亢，而中二十里为洼，稍亢者可保无虞，低洼者尚宜砌石。盖石砌坚固则伏秋不必护埽，省费不赀，一利也；盐徒不能盗决，金城永固，二利也；编氓乐居，人自为守，三利也。"[5]石堤长三千一百一十丈[6]，有石堤坚固，大涧口能更好地抵御水流冲击，坍圮风险降低。

万历六年（1578年）所筑的高家堰只有六十里，越城至周家桥一段并未筑堤，而是留作天然减水坝。当时的淮扬人士提议将这一段接入高家堰，而泗州地方人士想要在此开凿支河，以泄水入湖。潘季驯持不筑堤、不开凿的中立观点。

或有问于驯曰：高堰之筑是矣，而南有越城并周家桥，淮水暴涨从此溢入白马湖，宝应县湖水遂溢，此与高堰之决何异？驯应之曰：驯与司道勘议已确，筹之熟矣，其不同者有三，而其必不可筑者一。夫高堰地形甚卑，至越城稍亢，越城迤南则又亢，故高堰决则全淮之水内灌，冬春不止。若越城周家桥则大涨乃溢，水消仍为陆地，每岁涨不过两次，每溢不满再旬，其不同一也。高堰逼近淮城，淮水东注，不免盈溢，漕渠围绕城廓，若周家桥之水即入白马诸湖，容受有地，而淮城晏然，其不同

1 （明）丁士美：《高加（家）堰记》，天启《淮安府志》卷21《艺文志》，第857页。
2 （明）潘季驯：《河防一览》卷13，"条陈河工补益疏"，陈雷主编：《中国水利史典·黄河卷》，第1册，第579页。
3 （明）潘季驯：《河防一览》卷8，"报黄浦筑塞疏"，陈雷主编：《中国水利史典·黄河卷》，第1册，第458页。
4 （明）潘季驯：《河防一览》卷13，"条陈善后事宜疏"，陈雷主编：《中国水利史典·黄河卷》，第1册，第575页。
5 （明）潘季驯：《河防一览》卷13，"条陈善后事宜疏"，陈雷主编：《中国水利史典·黄河卷》，第1册，第575页。
6 （清）傅泽洪主编，郑元庆纂辑：《行水金鉴》卷62，第2243页。

二也。淮水从高堰出，则黄河浊流必溯流而上，而清口遂淤。今周家桥止通漫溢之水，而淮流之出清口者如故，其不同三也。当淮河暴涨之时，正欲借此以杀其势，即黄河之减水坝也。若并筑之，则非惟高堰之水增溢难守，即凤泗亦不免加涨矣。然则即于周家桥疏凿成河，以杀淮河之势，何如？驯曰：漫溢之水不多，为时不久，故诸湖尚可容受。若疏凿成河，则必能夺淮河之大势，而淤塞清口，泛溢淮扬之患，又不免矣。况私盐商舶，由此直达，宁不坏鹾政而亏清江板闸之税耶？[1]

万历十六年（1588 年），潘季驯在《河工八事》中指出，"但查高堰之堤增筑已几百里"。[2] 由此可见，万历六年（1578 年）高家堰修筑后又向南延伸，越城、周家桥等已被纳入高家堰范畴。这种改变是水环境和治水方略综合作用的结果。潘季驯主张蓄清敌黄、刷深河道，但是黄水盛发时黄强淮弱，淮水仍受顶托，一部分水流由越城、周家桥等处分泄南下。最初潘季驯也认识到，在越城、周家桥筑堤会使湖泊扩张、水位抬升，但是在治水方略引导下，蓄清敌黄才是首要选择。高家堰增筑后，越城和周家桥等处的出水口被拦截，分泄南下的淮水减少，更多的水流出清口敌黄，冲刷门限沙。

由上所见，潘季驯"蓄清刷黄"的治水重点，一是堵闭大涧口、黄浦口、朱家口等分水口，一是增筑高家堰，使淮水全流畅出清口，遏制黄水倒灌。他说："使黄、淮力全，涓滴悉趋于海，则力强且专，下流之积沙自去，海不浚而辟，河不挑而深，所谓固堤即以导河，导河即以浚海也。"[3] 潘季驯治水虽然在冲刷清口泥沙、刷深入海河道等方面卓有成效，但也在一定程度上促成淮水南下通道由单支向多支转变。高家堰增筑前，淮水南下以大涧口一线为主，大涧口堵闭、高家堰中段石堤修筑后，淮水南泄出路受阻。随着湖面扩展，高堰坍圮风险增大，甚至可能造成多处决口，为高家堰开启多个减水口的局面埋下了伏笔。

万历二十四年（1596 年），杨一魁总理河道，采取分黄、导淮并行的治水举措。在分黄上，开桃源黄坝新河，从黄家嘴起到五港、灌口，分泄黄水入海。在导淮上，开辟清口淤沙，建武家墩、高良涧、周家桥三座减水石闸，引

---

1 （明）潘季驯：《河防一览》卷 2，"河议辨惑"，陈雷主编：《中国水利史典 · 黄河卷》，第 1 册，第 389—390 页。

2 （明）潘季驯：《河防一览》卷 10，"申明修守事宜疏"，陈雷主编：《中国水利史典 · 黄河卷》，第 1 册，第 495 页。

3 （清）张廷玉等：《明史》卷 84《河渠志二》，第 2052 页。

淮水由射阳湖、广阳湖入海，同时挑浚高邮茆塘港，通邵伯湖，开金家湾下芒稻河，导淮入江。[1] 武家墩、高良涧和周家桥分别位于高家堰的北、中、南段，就泄水量而言，较大涧口要小得多。"万不得已请开施家沟，浚周家桥，使果开浚，其两处深阔尚不及大涧十分之一，其于疏泄淮水亦不及大涧十分之一。"[2] 当淮水从大涧口分泄时，由于水流急、水量大，泄水口易被冲决，而北、中、南段多个减水闸的兴建，起到了均衡分泄淮水的作用，降低了高家堰垮塌的风险。

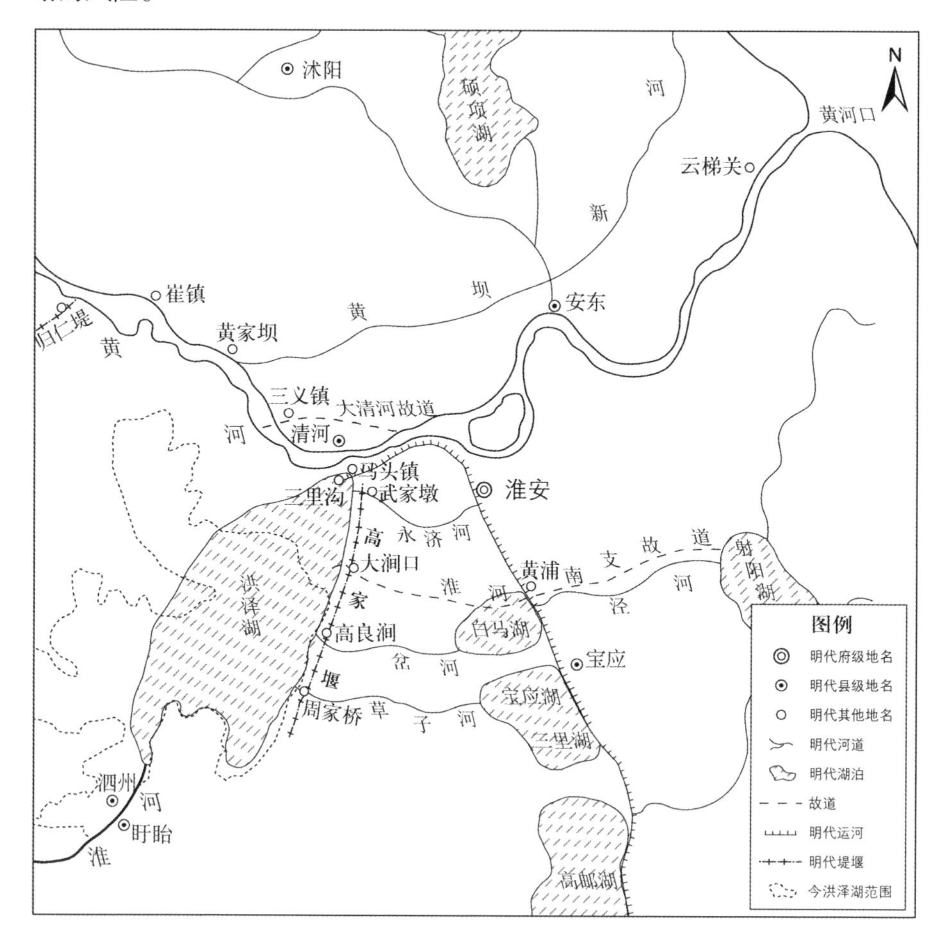

图 4-2-1　万历时期黄淮交汇处形势和淮水分泄南下的途径

资料来源：底图为《中国历史地图集》第 7 册《元·明时期》"明·南京(南直隶)"图，第 54 页。

1　(明)朱国盛:《南河全考》,《中国水利志丛刊》,第 32 册,第 196—197 页。

2　乾隆《泗州志》卷 10《人物》,第 627 页。

“分黄导淮”暂时缓解了祖陵受淹的问题，但在分黄过程中，黄堌口未堵闭，造成徐州以下运道干涸、漕运受阻。万历二十七年（1599年），张朝瑞论述了杨一魁治水的三大过失。其一，分黄之处距泗州较远，在解决泗州祖陵水患问题上只起到隔靴搔痒的作用，远逊于导淮：“近日淮流稍安，泗患稍减，皆开桥建闸之功，分黄曷与焉？”[1]其二，黄水分流易使河道淤塞、迁徙不定：“今旧河深阔如常，新河淤浅日甚，新河未开不见害，新河既开不见利，而帑金六十余万，漕粮三十余万，丁夫一十四万，徒付诸东流矣。且旧河行，新河必塞。新河行，旧河必塞。旧行新塞，犹可脱？或新行旧塞，如运道何？”[2]其三，黄堌口决口，致运道干涸：“黄堌口遂大决，由西而南，漫流宿州等处五百余里，至宿迁县南始会旧河，而徐、吕、邳、宿三百余里运道干涸，漕舟浅阁，遂遗公私无穷之患。”[3]张朝瑞论述分黄过失，主张塞黄堌口，并强调泗州水患缓解是导淮之功。对此杨一魁提出反驳，认为分黄是导淮的前提，是解决泗州水患的根本：“顷自分黄以来，始见清口淮反高、黄反低。长淮纵出，将张福二口冲深一二丈，阔百余丈。而泗州堤下淮河之水顿落一丈，湖波变为桑田，民有平土而居。可见分黄正所以导淮，此有目者所共见。”[4]万历二十九年（1601年），河涨商丘，决萧家口，全河南注入淮，侵及陵寝。万历三十年（1602年），杨一魁被罢黜，分黄宣告失败。在淮水出路问题上，导淮逐渐占据主导地位。

三、治水影响：淮、湖合一和淮水南下通道由单支向多支转变

清口以上的淮河南岸有一系列湖泊、陂塘，如破釜塘、羡塘、阜陵湖、泥墩湖等，这些散布的湖泊在明代后期的水环境变局中经历了合并、扩展，形成大湖泊，初步具备了现代洪泽湖的大水面格局。其中的驱动因素，一是清口附近门限沙的壅水作用，一是高家堰的修筑和巩固。[5] 对于洪泽湖的形成和演变，前人已有丰富的研究成果。[6] 在此基础上稍作细化，通过文献证据的加入，可进一步厘清湖群统一和淮、湖合并的时间。

---

1 《明神宗实录》卷339，“万历二十七年九月己酉”条，第6280页。

2 《明神宗实录》卷339，“万历二十七年九月己酉”条，第6280—6281页。

3 《明神宗实录》卷339，“万历二十七年九月己酉”条，第6281页。

4 《明神宗实录》卷339，“万历二十七年九月己酉”条，第6285页。

5 韩昭庆：《洪泽湖演化的历史进程及其背景分析》，《中国历史地理论丛》1998年第2辑。

6 韩昭庆：《黄淮关系及其演变过程研究——黄河长期夺淮期间淮北平原湖泊、水系的变迁和背景》，第117—166页；王庆、陈吉余：《洪泽湖和淮河入洪泽湖河口的形成与演化》，《湖泊科学》1999年第3期。

《黄运河口古今图说》认为洪泽湖诸湖群统一的时间在嘉靖年间:“黄既不常入泗,纵入亦系贾鲁河分流,其入淮之处距清口尚远,故至嘉靖初年,虽洪泽湖已汇为一,而河口未尝倒灌,淮得畅出,其河口情形犹与明初相同。”[1]但嘉靖初年这一时间点对于湖群合并来说,言之较早。《淮南水利考》(所记内容下限为万历五年):“阜陵湖在淮城西四十里,水面阔二十里,长四十里,中多陵阜,泉涸时深浅不一,与淮河隔一岸。水发时淮常注湖,黄合淮亦注湖,三势相合,驾风而恣,东冲郡郛,西逾龟山,浸桃源,北汇清口,南刷衡阳,周围四百里,茫无际涯。”[2]由此可见,直到万历初年,洪泽湖统一水面才稍具规模,并且这一水面是一种季节性的潴水,汛期诸湖合一,枯水季湖涧并存。万历初期,洪泽湖统一水面初具规模,但淮河和湖泊仍保持相互独立的状态。《淮南水利考》记载,“堰外为阜陵湖,湖外为淮”[3],说明淮、湖分立,但隆庆至万历初期水势极大的年份,淮、湖也会出现短暂性的合一。

万历六年(1578年)到万历二十年(1592年),潘季驯治水时期以增筑高家堰、壅滞湖水的方式积蓄清水、冲刷清口,带来的结果是洪泽湖诸湖群进一步合并。据潘氏所言,“淮水决高堰而东也,清口淤者数年。高堰既塞,以全淮之水出清口,势能敌黄,故不淤耳。而清口而上,则淮与范家、泥墩、阜陵、洪泽诸湖汇为巨浸,水聚则深,散则浅,不能与清口同”。[4] 另一方面,经过潘季驯的治理,清口淤沙得到冲刷,上游淮、湖水流既有积蓄,也有外泄,与此前清口淤塞背景下水流积而不泄的形势有所不同。淮水畅出清口,淮、湖保持分立,“高家堰屹然如城,坚固足恃,今淮水涓滴尽趋清口,会黄入海。清口日深,上流日涸,故不特堰内之地可耕,而堰外湖坡渐成赤地。盖堰外原系民田,田之外为湖,湖之外为淮,向皆混为一壑,而今始复其本体矣”。[5]

洪泽湖统一水面趋于稳定的时间当在万历二十年(1592年)以后。随着清口淤塞,洪泽湖潴积形势已很明显。万历二十三年(1595年),高举论述“分黄导淮”治水政策时,分析了洪泽湖形势:“强黄外抗,弱淮中停,况又截以高堰,堤以张福,即向所称洪泽等湖,各有界限,今则汇而浩渺无涯,淮涨

1 (清)麟庆:《黄运河口古今图说》,《中华山水志丛刊》,第20册,第461页。

2 (明)胡应恩:《淮南水利考》卷下,陈雷主编:《中国水利史典·淮河卷》,第1册,第174页。

3 (明)胡应恩:《淮南水利考》卷下,陈雷主编:《中国水利史典·淮河卷》,第1册,第198页。

4 (明)潘季驯:《宸断大工录》卷3,“治河节解”,《明经世文编》卷377,《四库禁毁书丛刊·集部》,北京出版社1997年,第27册,第689页。

5 (明)潘季驯:《河防一览》卷8,“河工告成疏”,陈雷主编:《中国水利史典·黄河卷》,第1册,第459页。

而泗城告急矣。”[1]张企程也指出：“举凡七十二溪之水汇于淮、泗者，仅留数丈一口出之，出者什一，停者什九，加以黄身日高，海口日壅，淮日益不得出，而潴蓄日益以深，月复一月，岁复一岁，周回数百里，浩瀚若海。”[2]在洪泽湖潴积加剧的同时，淮、湖关系也由原来的分立过渡到合一。

淮河和湖泊之间原有一系列岗地分隔彼此，这也是淮、湖长期保持分立的关键。但是万历以来，这些岗地一部分湮没在水中，成为江心洲，就像宋代盱眙以北的“长沙汀”，明清以来被称为“长沙洲”。[3] 汀为岸边平地，洲为水中沙洲，由汀到洲的转变，说明水面潴积、水位抬升，部分岗地被淹，还有一部分岗地被水流冲刷。“（高堰）堑外护沙原非人为，自开辟以来有之者，即志刻所载历朝大水较之今岁不啻三倍，护沙固无恙也，乃今遂洗荡乎！”[4]这里的“堑外护沙”就是淮、湖之间的岗地。明后期文献屡屡提及淮水过洪泽湖入海。《万历野获编》：“若此道既通，则漕舟出天妃闸，即由洪泽湖入淮，溯淮入颍水，溯颍入郑水。”[5]《柴庵疏集》：“淮源自桐柏，从楚、黄、南阳，由颍、亳、凤、泗入洪泽湖，至清河口与黄河合流入海。”[6]《淮系年表全编》精练地总结了明代后期洪泽湖统一和淮、湖合一的局面：“明季，高堰既筑，蓄淮刷黄，诸湖合一，洪泽湖之名始著。盱眙至淮阴间淮河东岸原有洪泽、阜陵、泥墩、万家诸小湖，及淮河湮没，汇为大泽，统名洪泽湖。”[7]

自洪泽湖水面扩展，淮、湖合一以来，围绕淮水分泄的问题越加严峻。湖面扩展，淮水南下通道由大涧口一路变成武家墩、高良涧、周家桥三道并立。淮水南下泄水通道由单支向多支转变，又使淮扬区域受淮水波及的范围有所增加。在高家堰以大涧口为主要泄水口时，淮水出大涧口经白马湖、黄浦一线，再由淮扬运堤减水闸过射阳湖入海，淮水波及范围主要是淮安南部和宝应北部的小片区域。当高家堰三座减水闸设立后，武家墩减水闸连永济河至淮安泾河达射阳湖入海，高良涧减水闸连子婴沟入海，周家桥减水闸连草子湖通高、宝湖群。这样，淮水南流范围扩展到淮安至高邮之间的广

1　（清）傅泽洪主编，郑元庆纂辑：《行水金鉴》卷37，第1374页。

2　（明）张企程：《部覆左给事张企程题议周家桥武家墩疏》，（明）朱国盛：《南河志》卷4《奏章》，陈雷主编：《中国水利史典·运河卷》，第1册，第1010页。

3　乾隆《盱眙县志》卷4《山川》，成文出版社1985年，第198页。

4　（明）潘季驯：《河防一览》卷9，“高堰请勘疏”，陈雷主编：《中国水利史典·黄河卷》，第1册，第479页。

5　（明）沈德符：《万历野获编》卷12，上海古籍出版社2012年，第275页。

6　（明）吴甡著，秦晖点校：《柴庵疏集》，浙江古籍出版社1989年，第81页。

7　武同举：《淮系年表全编》，陈雷主编：《中国水利史典·淮河卷》，第1册，第594页。

大区域。祝世禄实地考察后感慨道："爰以一叶之舟，乘长风，破巨浪，溯淮而上，历高家堰入草子河，第见平陆为川，长川为沼，淼淼汤汤，茫无畔岸，何论鱼鳖之民？"[1] 汛期淮水南下，沿线许多地方沦入水中，大量水流潴积在淮扬运河西部湖群，促使湖群进一步扩展。

第三节　万历年间淮河下游水环境变局中的群体响应

万历年间围绕淮水出路的治水既是应对水环境变局的结果，也是多方群体交互影响的产物。淮水由高家堰流出，不仅分减大量水流、妨碍蓄清刷黄，还使淮水潴积于运西诸湖，冲击淮扬运堤，造成漕运阻塞。从漕运利益来看，淮河南泄并非淮水出路的首选。另一方面，淮河北岸的泗州是明代祖陵所在地，清口淤塞后，淮河和洪泽湖水位抬升，防止祖陵被淹又成为治淮的重要导向。明代淮水出路问题始终围绕漕运、祖陵和民生进行，牵涉中央、地方等群体。这些群体出于特定利益，在淮水出路和治水方略的选择上有各自倾向。这在一定程度上影响了明代后期的治淮实践，使淮水出路的决策处在不断的变动和调整之中。

一、河漕职权的调整和淮水出路的选择

明代河臣主理河道，漕臣主管漕运，总督漕运（总漕）和总督河道（总河）分别是漕臣和河臣群体的最高管理者。总漕设立于景泰二年（1451年），主要职责是督导漕粮通过运河送至京师。总河设立于成化七年（1471年），主要职责是治理黄河。明代多数情况下总漕和总河分开署理，但在万历五年（1577年）和二十六年（1598年）有过两次合并。[2] 总河和总漕之争是明代治水研究中备受关注的议题，相关研究聚焦在黄河下游。[3] 围绕淮水出路的治水过程也充斥着河臣和漕臣利益的交织，漕臣和河臣的机构设置和权力调整受各时期治水任务限定，反过来又引起治水方略的侧重和偏移，

1　（明）祝世禄：《环碧斋尺牍》卷3，《明别集丛刊》第3辑，第80册，第315—316页。

2　吴士勇：《明代万历年间总漕与总河之争述论》，《南昌大学学报（人文社会科学版）》2017年第4期。

3　吴士勇：《明代总漕研究》，科学出版社2017年；李奇飞：《明代漕运总督研究》，江西师范大学硕士学位论文，2015年；胡克诚：《明代漕抚创制史迹考略——以王竑为中心》，《聊城大学学报（社会科学版）》2015年第3期。

进而影响淮水出路。

黄仁宇在《明代的漕运》中指出，在明政府的官僚体制中，存在着职责规定不明、职务断裂、机构重叠之类的毛病。[1] 在治水机构中，也存在着管理空间重叠、职责冲突的问题，这正是漕臣、河臣利益争端的症结。淮水南下，减少了冲刷清口的水流，加剧了运道淤塞，又使淮扬运西湖泊扩展，增加了运堤垮塌风险。因此，在淮水出路问题上，漕臣倾向于全淮畅出清口入海。万历初年，总河万恭和总漕王宗沐在治淮问题上产生分歧。万恭主张分泄淮水、导淮南下[2]；王宗沐反对导淮南下，早在隆庆六年（1572年）重修高家堰、堵闭淮水南下出口的治水实践中就说明了这一点。万历四年（1576年），总漕、总河以淮河为界划分管理范围："以淮南运道专责漕臣，而以淮北运道命河臣傅希挚一意经理。"[3] 万历五年（1577年），总漕吴桂芳兼任总河一职。以总漕兼理总河的结果，是治淮方略偏向全淮敌黄。万历六年（1578年），吴桂芳去世，潘季驯以总漕兼理河务。潘季驯在任期间，也是坚持全淮敌黄，通过增筑高家堰、堵闭淮水分水口的方式积蓄清流，使全淮畅出清口、冲刷淤沙。万历初期，清口淤塞，泗州频受水患，但积水未侵及祖陵，护陵尚未成为治淮参照，确保漕运通畅才是潘季驯"蓄清刷黄"的首要考量。潘季驯以后，凌云翼、王廷瞻相继以总漕兼理河务，在祖陵无恙的前提下，继续奉行潘季驯"蓄清刷黄"的治水方略。

万历二十年（1592年）到二十五年（1597年）总漕、总河分立时期，河臣和漕臣的争论往往使治水方案迟迟不能议定。万历十九年（1591年），明祖陵被淹，万历二十年（1592年），总漕陈于陛提议开周家桥泄淮，总河舒应龙主张以分黄减少黄水倒灌清口，使淮水畅出清口。总漕对淮水出路的选择与万历初期相比发生转变，万历初年总漕反对泄淮南下，此时总漕提议由高家堰泄淮。这一转变包含三方面原因。其一，护陵成为治淮首要考虑的问题。祖陵被淹宣告潘季驯"蓄清刷黄"中止，总漕即使出于漕运利益考量，也要对全淮敌黄有所顾虑。其二，分泄淮水是为了兼顾淮河以北的漕运。以总河舒应龙为代表的河臣主张分黄，但是黄堌口以下的黄河即运道，黄河分流会使运河水源短缺、运道浅涸。为兼顾淮南、淮北运道，以总漕陈于陛为

1　黄仁宇著，张皓、张升译：《明代的漕运》，新星出版社2005年，第42页。

2　（明）万恭著，朱更翎整编：《治水筌蹄》，"黄、淮形势：主张分淮涨入高、宝湖，经射阳湖归海"，第24页。

3　《明神宗实录》卷46，"万历四年正月己酉"条，第1037页。

代表的漕臣提出分泄淮水的折中之说。其三,万历年间河臣、漕臣分立时期,总河主理淮北,总漕主理淮南。在护陵诉求下,淮河北岸采用分黄措施,淮河南岸采取泄淮办法,这是总河、总漕职权地域性的体现。万历二十年(1592 年),工部指出:"会勘河工于陛与总河尚书舒应龙俱属首事大臣,以国事为急,岂可因言求退负任,使宜命与盐臣虚心共济,无拘小嫌。"[1] 在河、漕之争中,朝廷往往只起着调节、中和的作用。

万历二十三年(1595 年),总河杨一魁主张分黄为先,总漕褚鈇提议导淮为先。这次治水的分歧是河、漕之争的又一次体现,也是万历二十年(1592 年)总漕陈于陛和总河舒应龙争论的深化。此时,淮河由清口入海、由高家堰分泄的格局已基本确立,因而总漕和总淮对分黄和导淮的态度不是非此即彼,而是先后缓急。史载,"时治河诸臣议论稍异。河臣既欲分黄以导淮,而漕臣以黄家坝之役工力重大,宜在所缓"。[2] 万历二十四年(1596 年),总河杨一魁主理"分黄导淮"事宜。此时总河、总漕仍处于分立状态,但总河处于主导地位。无论是总河还是总漕,在治水过程中都不免向自己所属的利益群体倾斜。万历二十六年(1598 年)至三十年(1602 年),总河、总漕合二为一,直至万历三十年(1602 年)杨一魁因祖陵受淹被罢黜之前,治水重点和河议焦点仍集中在淮河北岸的分黄工程上。

河臣和漕臣之争是明代后期普遍存在的问题,总河、总漕的分合和职权变迁更影响着淮水出路。河臣重治河,漕臣重漕运,两者分立时权力分散,合一时权力集中。治水权力集中是万历年间"蓄清刷黄"得以贯彻执行的前提。万历初期,治水以维持漕运为主要驱动,在河漕职权变更上出现总漕兼任总河的情形,淮水出路以全淮畅出清口为主。万历二十年(1592 年)以来,保卫祖陵成为治水重任,为应对治水重点转变,兼顾淮南、淮北漕运,漕臣倾向于由高家堰分水的导淮方案。这一时期总河在河漕之争中占据主导地位,总河杨一魁虽执行分黄和导淮并行的举措,但仍将治水重点放在淮河以北的分黄工程上。不同时期治水侧重点的差异,带来河漕职权的变更。河漕职权此消彼长,治水政策时常调整,万历年间的淮水出路也处在不断的变更之中。

---

1 《明神宗实录》卷 247,"万历二十年四月庚寅"条,第 4593 页。

2 《明神宗实录》卷 289,"万历二十三年九月丙申"条,第 5364—5365 页。

二、中央和地方利益的交织与话语表达的差异

淮水出路的选择不仅涉及漕运、保陵等中央利益，还涉及泗州、淮扬等地方利益。淮水入海顺畅与否直接影响泗州受灾程度，淮水由高家堰分泄南下又给淮扬等地带来水患。地方提出治水主张时，往往寻求自身与中央利益的一致性，如泗州群体将治水诉求靠向祖陵维护，淮扬群体将治水诉求与漕运挂钩。但是，各个时期治水侧重点不同，地方与中央的争论和冲突不可避免。[1] 万历年间，以万历八年(1580年)总河潘季驯与泗州士绅常三省之间的争论最为激烈，而杨一魁主导"分黄导淮"时期，中央和地方围绕淮水出路的利益之争相对较少。目前的研究多从常三省和潘季驯之争的个案去剖析明代万历年间中央和地方的利益冲突，但对不同群体话语表达的差异关注较少。

万历八年(1580年)，常三省通过论证"蓄清刷黄"对泗州水环境的改变，提出由高家堰泄淮的治水诉求，而潘季驯否定治水工程对水环境的改变，以此继续深化"蓄清刷黄"的治水方略。在高家堰问题上，泗州人士认为本地水患频发始自万历六年(1578年)兴筑高家堰后。常三省在上书中详细描述了泗州城乡水患情形：在泗州城中，"城内水深数尺，街巷舟筏通行，房舍倾颓，军民转徙"；在乡野之间，"近岗田低处既淹，若湖田则尽委之洪涛，庐舍荡然，一望如海。百姓逃散四方，觅食道路，羸形菜色，无复生气"。[2]

潘季驯否认高家堰对泗州水环境的改变，认为高家堰的兴筑始于明代以前，泗州的水患只是季节性的洪涝积水，与宋元时期的水环境相比并无明显变化。

> 一查得《泗州旧志》载：元知州韩居仁所撰《淮水泛涨记》内称，大德丁未夏五月，淮水泛涨，漂没乡村庐舍，南门水深七尺，止有二尺二寸未抵圈砖顶，城中居民惊惧。因考宋辛丑之水大此二尺，丙寅小此二尺，今取高低尺寸，刊之于石，以后水涨，官民视此勿惊惧云。职按：韩居仁

1　袁飞：《士绅、地域与国家：明万历年间治淮活动中的利益冲突》，《社会科学辑刊》2008年第3期；马俊亚：《被牺牲的"局部"：淮北社会生态变迁研究(1680—1949)》，第29—54页；马俊亚：《区域社会发展与社会冲突比较研究：以江南淮北为中心(1680—1949)》，第109—118页。

2　乾隆《泗州志》卷10《人物》，第621页。

记此以慰泗州官民，令其勿惊勿惧，良工之心可谓独苦，且以州守载州事，必无不真者。夫云漂没乡村庐舍，未抵城门圈砖顶者止二尺二寸，宋辛丑之水大此二尺，则已抵城门圈顶无疑矣。宋元泗州水患，景象如此，此与欧阳文忠公所云，暴莫大于淮，州几溺者，可为互相参考。比时已有高堰，官民何不请毁，如其无堰，则水涨与堰无预矣。今乃归罪于堰，不亦过乎？[1]

明代前中期，高家堰已经存在，长三十里，万历六年（1578年）潘季驯主持增筑后长达六十里。在常三省的论述中，“高家堰”指潘季驯增修后的堤堰，而潘季驯将明代万历年间的“高家堰”与宋元时期的“高家堰”等同。由此可见，常三省和潘季驯论述中的“高家堰”含义有偏差。双方话语表达的差异是由于各自所属的利益群体不同。潘季驯以总漕兼任总河，治理黄、淮，维持漕运通畅是治水的首要目标，而高家堰是保障“蓄清刷黄”的一道屏障，恢复并坚固这道屏障才能阻断淮水南下分泄的通道，使全淮畅出清口、冲刷泥沙。常三省将高家堰由短到长的转变说成由无到有的转变，强调高家堰的修筑对泗州地区产生前所未有的影响，借此提出开启高家堰泄水口、分泄淮水的主张，以缓解泗州水患。

在“清口”概念上，潘季驯和常三省也存在分歧。本章第一节已提到，潘季驯所说的“清口”是黄、淮交汇处，而常三省所指的“清口”是黄、淮交汇处上游的三里沟，即门限沙所在地。两者在“清口”概念上的分歧出于各自利益的考量。泗州人士以清口淤塞为由，提议撤去高家堰、泄淮南下；潘季驯以清口水深为由反驳这一提议，并严厉指出以常三省为代表的泗州人士撤去高家堰的目的：“夫清口深逾四丈，堰外见有干滩，水势迥异，万目昭彰，谁能掩乎？盖不言祖陵之伤，无以动人；不言清口之塞，难以毁堰。而不自知其大非士人举动矣。”[2]潘季驯将黄、淮交汇处视作清口，认定清口并不淤浅，从而否定由高家堰泄淮的提议，坚持全淮敌黄，是出于漕运利益的考量。他认为，“清口乃黄淮交会之所，运道必经之处，稍有浅阻，便非利涉。但欲其通利，须令全淮之水尽由此出，则力能敌黄，不为沙垫，偶遇黄水先发，淮水

1　（明）潘季驯：《河防一览》卷2，“河议辨惑”，陈雷主编：《中国水利史典・黄河卷》，第1册，第388页。
2　（明）潘季驯：《河防一览》卷9，“高堰请勘疏”，陈雷主编：《中国水利史典・黄河卷》，第1册，第479页。

尚微，河沙逆上，不免浅阻。然黄退淮行，深复如故，不为害也"。[1] 由此可见，在潘季驯和常三省的争论中，"清口"在不同群体话语表达下的含义不同，实际上是他们在为更加贴合自身诉求的治淮方案中寻求理论支撑。

万历八年（1580年），淮河大涨，潘季驯和常三省对淮水侵袭祖陵程度的话语表达也有差别。常三省以淮水侵及祖陵为由上书抚按，为解决泗州水患奔走相告，指出"时祖陵下马桥水深八尺，旧陵嘴水深丈余，淹枯松柏六百余株"。[2] 潘季驯认为这种情形在汛期暴雨时节也会发生，并非高家堰修筑的结果。

> 原任湖广参议常三省者，特具一揭本官，又与原任江西副使李纪、剑州知州韩应聘、潍县知县高尚志，联名一揭，危词悍语，不可殚述。而中间最所耸动人者，云"祖陵松柏淹枯""护沙洗荡"二句，臣读之不胜骇汗。先该臣于九月间，督同南河郎中张誉、颍州道副使唐炼亲诣祖陵勘议，初乘坐船，一入陵东沙湖口，则浅涸难进，复易小舟，约行六七里，登岸陆行至下马牌边半里许；又行里许，至廷墀恭谒讫，当同各官并奉祀朱宗唐，周围阅视，得山基高阜，松柏茂郁，湖水仅及冈脚，堤根俱露干地。当询朱宗唐淮水暴涨之时，水及何处。本官回称至下马桥边，墀水系是骤雨，宣泄不及。随据各司道议得，为今之计，惟有量旧闸加增高阔，便泄雨水。……又于十月二十二日臣复往泗州，督同该州知州秘自谦、盱眙县知县詹朝等躬阅祖陵，则见河湖之水较前更涩，光景顿殊，松柏郁然，笼云蔽日，即地滨所栽旱柳，亦皆生意勃然，而堑外护沙高阜如故。臣殊怪士人口吻，岂宜如此诳诞！[3]

潘季驯和常三省对万历八年（1580年）祖陵的描述，明显都带有自身所处群体的利益印记。常三省希望通过描述祖陵受淹开通泄淮通道，而潘季驯将这个现象当作早已存在的汛期积水事件，且认为淮水只是触及祖陵边缘，撇清"蓄清刷黄"和祖陵受淹的关系。在此基础上，潘季驯还提出黄、淮交汇的风水之说，来巩固自己的治水实践："夫祖陵风水，全赖淮、黄二河会

1　（明）潘季驯：《河防一览》卷3，"河防险要"，陈雷主编：《中国水利史典·黄河卷》，第1册，第397页。
2　（清）顾炎武撰，黄坤等校点：《天下郡国利病书》，第983页。
3　（明）潘季驯：《河防一览》卷9，"高堰请勘疏"，陈雷主编：《中国水利史典·黄河卷》，第1册，第477页。

合于后,风气完固,为亿万年无疆之基。”[1]黄、淮合流的风水之说和潘季驯的治水方略契合,被借以作为维护群体利益的理论依据。

潘季驯和常三省的争论是万历年间中央和地方利益之争中最为激烈的一场,除了与泗州乡绅常三省的政治影响有关外,增筑高堰、堵闭大涧口引起泗州水环境剧变才是这场争论爆发的深层原因。万历六年(1578 年)以前,清口和大涧口是分泄淮水的通道,其中清口是淮水正流,大涧口是高家堰分水口,承担汛期淮河少数水量的泄水任务。“盖淮水自桐柏而来,几二千里,中间溪河沟涧附淮而入者亦且千数,而必以海为壑。往者一由清河口泄,一由大涧口泄,两路通行无滞,犹且有患。今泥沙淤则清口碍,高堰筑则大涧闭,上流之来派如此其勇,下流之宣泄如此其难,则其腾溢为害,何可胜言? 此城郭之所以日危,而百姓之所以日困也。”[2]万历六年(1578 年),高家堰增筑、大涧口堵闭使泗州水环境发生改变。万历八年(1580 年),潘季驯提出在大涧口增筑石堤的方案,更是触及泗州人士的利益,加剧了中央和地方的利益之争。

潘季驯和常三省的争论发生在治水权力高度集中的时期。万历六年(1578 年)到十九年(1591 年),总漕兼任总河,河漕官员权力的集中更利于治水方案的贯彻,对地方利益的冲击也很明显。同时,河漕官员管辖范围的整合也在一定程度上影响了中央和地方的利益关系。万历初期,河臣和漕臣不仅在权职上形成分立,在治理区域上也以淮河为界。漕臣主导淮南,河臣主管淮北。潘季驯以总漕兼理总河,在淮水出路的治理上坚持实行“蓄清刷黄”,给泗州施加较大影响,也加剧了中央和地方的利益争端。明代“分黄导淮”时期,杨一魁以总河身份兼任总漕,治水重点放在淮河北岸,中央对泗州和淮扬等地施加的影响较小,争端也相对较少,反而是地方和地方的争端更为明显。

三、淮水南下与地方群体的扩张和分化

在淮水出路的选择上,治水争论始终围绕全淮敌黄和泄淮南下进行。泗州和淮扬分别位于淮水南下通道的上、下游,高家堰横亘于两者之间。在

1 (明)潘季驯:《河防一览》卷 9,“高堰请勘疏”,陈雷主编:《中国水利史典·黄河卷》,第 1 册,第 480 页。
2 乾隆《泗州志》卷 10《人物》,第 625 页。

高家堰坚固、减水口堵闭的情况下，泗州水面就处于潴积、扩展的状态；高家堰减水通道开启，淮扬来水就会增多，引发水患。泗州和淮扬的治水之争贯穿于万历时期，争论焦点主要在于是否开启高家堰泄水口。这一时期地方利益之争主要有两个特点：其一，地方出于各自利益，寻求与国家利益的一致性；其二，淮水南下过程中涉及的地方群体也处在变化之中。万历前期，与泗州争论的淮扬群体主要是高邮、宝应。万历年间，随着淮水南下格局确立，几乎整个淮扬地区都被纳入与泗州群体对抗的范畴内。

万历初期，以常三省为代表的泗州人士与高邮、宝应人士进行辩驳，前者在《与高宝诸生辩水书》中提议开高家堰南部的周家桥泄水。万历六年(1578年)增筑高家堰时，堰南的越城、周家桥等处因地势较高被留作天然减水坝，未被纳入高家堰。与高、宝人士争论时，常三省避开了象征国家漕运利益的高家堰。“自有高堰以来，泗人之苦于水患极矣。水患既不可复支，高堰又卒不可以轻动，故不得已，而请于堰南凿渠，庶淮水可泄，在此犹在彼也。”[1]彼时，周家桥尚未被纳入高家堰，成为常三省希望的泄淮通道。

高邮、宝应人士反对开启周家桥泄水。“诸生揭谓：开浚周家桥、施家沟，水入高、宝湖，诚恐诸湖容受有限，水满堤溃，漕涸运阻。”[2]高、宝人士利用漕运利益为地方利益辩护。至于高、宝人士在这次争论中扮演主要角色的原因，是周家桥开启后会直接冲击高邮、宝应。在高家堰增筑前，大涧口是淮水分泄南下的主要通道，淮水出大涧口经白马湖至黄浦口，一部分水流由黄浦运堤上的减水闸东泄，由闸下支河经射阳湖入海，一部分水流向南进入运河以西的高、宝诸湖。因此，在高堰增筑前，淮水分泄南下对高、宝诸湖的影响是间接的。但是周家桥不同，周家桥减水口开启后，淮水直接由草子河进入高、宝诸湖，引起湖面扩张、水位抬升，增大了运堤溃决的风险。

万历八年(1580年)以后，高家堰几经扩展，周家桥等地被接筑在内，与原高家堰连成一体，高家堰对淮水的拦截作用进一步增强。在清口宣泄不畅的情况下，淮水壅滞，洪泽湖水面扩展。万历十九年(1591年)以后，祖陵被淹，潘季驯“蓄清刷黄”的治水实践中止，治水重点偏向保护祖陵，治淮重点也由全淮敌黄转向淮水分泄。导淮南下的治水举措提上议程，以高、宝为中心的淮扬群体再次提出反对意见。宝应知县陈煃《会勘议稿》：“若周桥一

1　乾隆《泗州志》卷10《人物》，第625页。
2　乾隆《泗州志》卷10《人物》，第627页。

开，淮从中泄，势分力弱，淮必乘之，浊流日淤清口，而全淮之水将注之湖矣。……恐诸州治之困不减泗城，而运道、盐场从此大坏矣。”[1] 他们以漕、盐利益为名为地方利益辩驳，主张全淮畅出清口。

杨一魁“分黄导淮”时期，高家堰北、中、南段分别开启武家墩、高良涧和周家桥减水闸，致使淮扬地区受淮水侵袭的范围有所扩大，反对淮水分泄南下的群体随之扩展。除了高、宝等地，运河以东的盐城、兴化、泰州等地人士也发出了反对分泄淮水的呼声。陈应芳是泰州人士，泰州有一部分位于运河以东的下河地区。淮水南下，淮扬频受水患，高家堰成为高邮、宝应、泰州等地防御水患的屏障，“然而高堰居氾光湖西北，实以屏蔽淮南。淮南之所以不害于水者，独幸有此堰，不令南徙为巨浸也。故淮南之有高堰，犹室家之有墙垣也”。[2] 以陈应芳为代表的泰州人士与泗州人士围绕高家堰和淮水出路问题展开了激烈的争论。“嗟夫滔滔淮流，万古一日，何有高堰以来，历汉宋千有余年，泗州无恙，而独今日始咎有此堰也。徒曰高堰未修，泗州不为波，高堰既修，泗州日苦水。顾不曰清口沙未塞，淮水通流而不害，清口沙既长，淮水阻抑而不行则甚矣，其惑也。岂清口门限因有高堰而滋之长耶？知清口之塞，不由高堰之修，则知泗水之利害，不在高堰之有无矣。故清口而辟也，即不开高堰无损也。清口而未辟也，即大开高堰无益也，大较可睹已。”[3] 陈应芳与潘季驯的观点一致，认为泗州水患的根源不在高家堰，以此反对淮水分泄南下。

淮扬内部地理环境存在差异，带来治水利益的分化。在淮水出路问题上，淮扬内部也有不同意见。淮安地方官员和本地人士倾向于分泄淮水、导淮南下，这是由于黄、淮合流给淮河南岸带来严重水灾。在万历二十年（1592 年）以后分黄、导淮的争论中，淮安人士倾向于后者。万历二十三年（1595 年），淮安府知府马化龙有分黄“五难之说”，淮安和颍州地方官提倡导淮方案。[4] 万历年间，武家墩、高良涧、周家桥、施家沟等作为高家堰泄水口，在方位上自北向南分布。[5] 泰州人士顾云凤反对将施家沟作为泄淮通

1 万历《宝应县志》卷 4《水利志》，《南京图书馆藏稀见方志丛刊》，第 65 册，第 384 页。
2 （明）陈应芳：《敬止集》卷 1，“论高堰利害”，《泰州文献》，第 17 册，第 168 页。
3 （明）陈应芳：《敬止集》卷 1，“论高堰利害”，《泰州文献》，第 17 册，第 168 页。
4 （清）傅泽洪主编，郑元庆纂辑：《行水金鉴》卷 37，第 1356 页。
5 （明）顾云凤：《开高家堰施家沟议》，（明）朱国盛：《南河志》卷 10《杂议》，陈雷主编：《中国水利史典·运河卷》，第 1 册，第 1120 页。

道，但是对武家墩泄水口不置可否。他对比了武家墩泄水和施家桥泄水的不同之处："武墩诸闸之水，夏秋则流，冬春则涸。高、宝湖堤犹得乘其稍涸之时，而施其补葺之计。今施家沟当水涸之时，已与武墩诸闸同其用矣。若更从而辟之，是使淮、泗无余蓄，而高、宝无余地也。水无时不满，湖无时不涨，堤之坍卸即欲修筑，无所措手。况高、宝诸湖，不过盈溢而止耳。平时先已盈溢，又何以容伏秋暴发之水乎？"[1]此处武墩即武家墩。武家墩减水口通淮安，如果淮水从武家墩分泄，则由淮安运堤泄入东部射阳湖入海，大部分水流不会侵及淮扬南部的泰州。当淮水由高家堰施家沟分泄时，高邮首当其冲，运西诸湖容蓄不下，水流则会侵及运河以东的下河地区，冲击泰州，这是顾云凤反对开施家沟的深层原因。

本章小结

明代后期，黄河被固定在泗水一线，致使清口淤塞、淮河入海受阻。淮水下游原本有两处入海通道：一处出清口入海，是为淮水正流；一处由高家堰大涧口经黄浦、射阳湖入海，是为早期淮水南支故道。但是高家堰和淮扬运堤两道堤堰使后者在历史上逐渐湮没而少有记载，只在淮水盛发时，多余的水流才从堰坝溢流南下，并不承担分泄淮水的主要功能。隆庆四年（1570年），淮河决高家堰大涧口，经黄浦口、射阳湖入海，淮河出现南移趋势。淮水分泄南下，加剧清口淤塞、运口水源短缺，还促使淮扬运河西部湖群扩张，运堤坍塌风险增加。明代后期围绕淮水出路的一系列问题，不仅包含治水工程，还涉及水环境变局下各方利益的交织。利益群体围绕治淮问题展开争论，主要观点集中于全淮敌黄和泄淮南下。国家治水重点变更，影响河漕权力调整。河臣、漕臣在治水过程中不可避免地向自身所在的利益群体迁移，进一步影响了治水方略的制定和执行。万历初期，治淮重点在维持漕运稳定，潘季驯实行"蓄清刷黄"治水举措，淮河得以畅出清口、全流入海。"蓄清刷黄"对水环境的影响是巨大的，随着高家堰增筑、泄水口堵闭，高家堰以西湖面扩展、水位抬升，为此后淮水分泄南下埋下了伏笔。明代泗州是祖陵

1　（明）顾云凤：《开高家堰施家沟议》，（明）朱国盛：《南河志》卷10《杂议》，陈雷主编：《中国水利史典·运河卷》，第1册，第1120页。

所在地，万历十九年（1591年）祖陵被淹，治水重点转向护陵，治水方略也由“蓄清刷黄”变成“分黄导淮”，导淮南下成为定局。潘季驯增筑高家堰前，淮水南下通道主要在大涧口、白马湖、黄浦、射阳湖一线，水流主要影响淮扬北部。潘季驯增筑高家堰后，洪泽湖扩展、水位抬升，间接促成淮水南下通道由单支向多支转变。杨一魁主导“分黄导淮”时期，高家堰开启了北、中、南段的武家墩、高良涧、周家桥减水闸。淮水分泄南下的通道增多，淮扬地区受影响的区域扩大，牵涉的地方群体也随之增多。

明代中期以前，江淮关系以运河为纽带。明代后期，淮河下游水环境变局产生，淮水南下通道增加，淮河不仅能通过清江浦运河与长江水系产生联系，也能通过高家堰的分泄通道影响淮扬运河，赋予了江淮关系新的内涵。在黄河扰动和人为干预下，淮扬运河的流向及运湖关系都发生了前所未有的变化，推动江淮关系向新的层面发展演变。

第五章 明代嘉靖以后淮水出路和淮扬运河北段的演变

明代嘉靖以来，黄水携带的大量泥沙淤积在淮河下游及入海口。已有研究指出，黄河下游河床淤高、海口淤塞的时间大约在嘉靖末年至隆庆初年。[1] 海口淤塞后，黄河出海受阻，上游泄水不畅，致使堤岸溃决、黄水泛滥，加剧了下游河道的淤垫。在黄、淮交汇处的清口，淮河频受黄水倒灌，泥沙壅滞，水流入海受阻，显现出分泄南下的趋势。黄、淮交互作用，淮扬运河北段直接受到影响。随着沿淮地势抬升、运道淤积，淮扬运河北段的运口、堤岸、流向、水源及闸坝调控等诸多方面都发生了转变。

第一节 黄、淮南泛和淮扬运河北段的运口、堤岸

黄、淮通过决口及高家堰分水口、运口等途径影响淮扬地区，对淮扬运河地势产生了直接影响，也导致运口出现反复迁移。泥沙淤积，运道抬高，促使运河堤岸出于蓄水济运的需求由单堤转为双堤，反过来约束淮扬运河的水流。

一、黄、淮入侵淮扬地区的途径

黄、淮入侵淮扬地区的途径主要有三种。第一种途径是黄、淮堤岸决口。例如，隆庆三年（1569 年），黄、淮并涨，决礼、信二坝。[2] 万历二年（1574 年），漕抚都御史王宗沐主持兴筑淮安西长堤，这是淮安以北黄河南岸的一道堤防，又称“王公堤”。该堤从清江浦药王庙至柳浦湾，总长六十里。[3] 万历四年（1576 年），黄河在崔镇一带决口，下游河道及清口淤塞，淮河被迫南徙，决入淮扬。[4]，总督漕运吴桂芳开草湾河，分泄黄水入海。开草湾河之举，是为减轻清口壅滞，使淮河畅出归海。在淮水出路问题上，吴桂芳以漕运利益为重，坚持淮河全流入海，避免淮水分泄南下、冲决运堤。万历六年（1578 年），潘季驯治水，贯彻束水攻沙、蓄清刷黄的方略，停浚草湾河，使黄河单支

1 蔡泰彬撰：《晚明黄河水患与潘季驯之治河》，乐学书局 1998 年，第 69 页。
2 （清）张廷玉等：《明史》卷 85《河渠志三》，第 2089 页。
3 （明）王宗沐：《淮郡二堤记》，天启《淮安府志》卷 21《艺文志》，第 857 页。
4 （清）张廷玉等：《明史》卷 84《河渠志二》，第 2049 页。

入海。[1] 同年,潘季驯将王公堤向东延伸,“起清江浦,沿钵池山、柳浦湾迤东,而黄水无南侵之患矣”。[2] 淮安长堤即黄、淮南岸堤防,约束黄、淮水流不南泛而专出云梯关入海,以刷深河床、冲刷海口淤沙。“仍接筑淮安新城长堤,以防其末流,尽令淮黄全河之力,涓滴悉趋于海,则力强且专,下流之积沙自去。下流既顺,上流之淤垫自通,海不浚而辟,河不挑而深矣。此职等所谓固堤即所以导河,导河即所以浚海也。”[3] 堤岸修筑后,黄、淮侵入淮扬地区的通道在一定程度上被拦截起来。万历六年(1578 年)以来的“蓄清刷黄”时期,全淮出清口入海。黄、淮合流,水势强劲,易冲决堤岸,形成新的决口。万历十三年(1585 年),范家口决口,“淮城几为鱼鳖”。[4] 万历十五年(1587 年),督漕侍郎杨一魁请求修砌范家口,防止水流从旁处漫溢。[5] 万历二十三年(1595 年)以后的“分黄导淮”时期,黄水在汇入清口前分流入海,清口水势减弱。“分黄导淮”宣布失败后,黄河又全流由清口入海,堤岸常有决口风险。崇祯四年(1631 年)六月,黄河在苏家嘴、新沟口一带决口数百丈,“河水不东入海,而从决处南下,灌山阳、盐城、宝应、兴化、高邮、泰州数州县,而生民之祸遂不可支矣”。[6] 黄、淮水流由决口侵入淮扬,其影响范围广、程度强,但也是间歇性的。

第二种途径是通过高家堰决口或减水口。隆庆四年(1570 年),清口淤塞,淮水外泄不畅,决破高家堰,出大涧口,沿白马湖、黄浦一线经射阳湖入海。淮河冲决高家堰后,黄河随之倒灌,“惟淮湖水极大,西风驾涛,堰溃败,则牵引黄河从涧口之极低处注津湖,绝漕渠,穿漕堤,地皆洼下,建瓴东注,为国计忧,而所经之乡邑皆浸矣”。[7] 黄、淮所过之处,洼地潴水,泥沙淤积。潘季驯治水时反对淮水分泄南下,高家堰增筑后,黄、淮水流由此进入淮扬的通道在一定程度上被限制,但是堰西湖面扩展、湖盆淤高,又为导淮南下埋下了伏笔。杨一魁“分黄导淮”时期,淮水南下通道由大涧口一处变为武家墩、高良涧、周家桥三处,黄、淮水流从更广的范围影响淮扬水环境和河湖

---

1 (明)潘季驯:《河防一览》卷 14,“钦奉敕谕查理河漕疏”,陈雷主编:《中国水利史典 · 黄河卷》,第 1 册,第 602 页。

2 (明)潘季驯:《河防一览》卷 7,“两河经略疏”,陈雷主编:《中国水利史典 · 黄河卷》,第 1 册,第 439 页。

3 (明)潘季驯:《河防一览》卷 7,“两河经略疏”,陈雷主编:《中国水利史典 · 黄河卷》,第 1 册,第 437 页。

4 (明)潘季驯:《河防一览》卷 3,“河防险要”,陈雷主编:《中国水利史典 · 黄河卷》,第 1 册,第 396 页。

5 (清)张廷玉等:《明史》卷 85《河渠志三》,第 2095 页。

6 (明)吴麟征:《吴忠节公遗集》卷 1,《四库禁毁书丛刊 · 集部》,第 81 册,第 360 页。

7 (清)顾炎武撰,黄坤等校点:《天下郡国利病书》,第 1102 页。

地貌。

第三种途径是通过淮扬运河的运口。明代初年,运河不通,黄、淮与淮扬水系隔绝。平江伯陈瑄疏浚清江浦后,运河得以通淮,但也为黄、淮倒灌入运埋下了隐患。成化以后,黄水灌入运河的问题已经显现,在黄河正流固定在泗水一线后,这一问题更加凸显。“淮安清江浦河六十里,先臣陈瑄浚至天妃祠东,其口决而注于黄河。运艘出天妃口,入黄河,穿清河,半饷耳。嗣缘黄河水涨,则逆注入天妃口,而清江浦多淤。”[1] 正统三年(1438 年)新庄运口南岸建天妃庙,一称惠济祠,新庄运口又称天妃运口,新庄闸又称天妃闸。[2] 运口作为黄、淮进入淮扬地区的通道,具有人为性和持续性。“往年高堰不塞,闸禁不严,而淮水始南,黄水又从天妃闸灌入,以致淮扬一带侵及城市,兴、盐等处之田庐尽成昏垫,清口遂淤,海口因塞。”[3] 除了闸制不严致使黄水内灌外,运河水源短缺时,为保障漕运通畅,也会引黄、淮之水济运。“昔日河岸,今为漕底,而闸水湍激,粮运一艘,非七八百人不能牵挽过闸者。臣窃怪之,询之地方,俱云自开天妃闸后,专引黄水入闸,且任其常流,并无启闭。而高堰决进之水,又复锁其下流,以致淤沙日积。”[4] 在这种情况下,黄、淮水流裹挟泥沙进入运河,淤高运道。

综上所述,黄、淮侵入淮扬地区的途径主要有三种,即黄河和淮河堤岸决口、高家堰决口或减水口、淮扬运口,三者对淮扬水环境和河湖地貌的影响有一定差异。黄淮堤岸、高家堰决口带有突发性和间歇性,但就影响程度而言,它对淮扬地貌的塑造是大范围的。每当堤岸溃决,黄、淮泛滥,大量水流进入淮扬地区,泥沙也自北向南、自西向东沉积,使区域内部的地貌逐渐产生分化。高家堰减水口和运口的情形比较复杂,由于蓄清刷黄和引水济运的需要,其影响具有持续性。明代后期,在束水攻沙、蓄清刷黄的治水影响下,大量泥沙堆积在海口,海岸线加速东移。据统计,1194—1578 年的 380 余年内,河口向海延伸了 15 公里;1578—1855 年的 270 余年内,淤涨 74 公

1 (明)万恭著,朱更翎整编:《治水筌蹄》,“创复诸闸以保运道疏”,第 148 页。
2 范成泰:《淮安境内运河的演变》,淮安市历史文化研究会编:《淮安运河文化研究文集》第 4 辑,河海大学出版社 2013 年,第 114 页。
3 (明)潘季驯:《河防一览》卷 9,“遵奉明旨计议河工未尽事宜疏”,陈雷主编:《中国水利史典 · 黄河卷》,第 1 册,第 482 页。
4 (明)潘季驯:《河防一览》卷 8,“查复旧规疏”,陈雷主编:《中国水利史典 · 黄河卷》,第 1 册,第 454 页。

里。[1] 其中，1194—1578年黄河下游三角洲平均每年向海洋延伸33米，1579—1591年增加到平均每年1540米。[2] 这一数据表明黄河沉积在沿岸的泥沙有所减少，但是引水济运的需求长期存在，淮扬运道因接受泥沙而不断淤高。黄、淮侵入淮扬地区，塑造了区域内部高低起伏的地貌形态。侵入途径的差异，又促成运河及东、西两侧地势高低的分化。

二、清浊之间：运口迁移的驱动因素

明代平江伯陈瑄开清江浦后，淮扬运河淮南运口一直在新庄一带，处于相对稳定的状态。嘉靖以来，黄河入淮处由大清河转至小清河，新庄运口距黄、淮交汇处更近，汛期黄、淮倒灌，运口淤塞。在水环境变迁中，淮南运口经历了一系列变动，前人在研究中对此有清晰的梳理。嘉靖三十年（1551年），新庄运口因淤塞严重被筑闭，运口南移至三里沟（马头镇东南三里）。嘉靖三十二年（1553年），三里沟运口置通济闸。万历元年（1573年），总河万恭提议恢复新庄运口。新庄运口恢复后，和三里沟运口并用。万历六年（1578年），三里沟运口淤废，潘季驯将运口转移至甘罗城东，并在此置通济闸，距离旧新庄运口不及一里。[3] 明代后期，运口几经变动，就其位置而言，三里沟运口靠南，新庄运口靠北，甘罗城运口居中。围绕运口的南北移动，治水者有数次争论。例如，万历元年（1573年）在是否恢复新庄运口上有分歧，万历六年（1578年）围绕甘罗城运口是否南移也有争议。运口的设置总体来说是坚持“避浊就清”的原则，但也要考虑引水难易程度，兼顾治淮方略。

嘉靖三十年（1551年），新庄运口淤塞，官方在南部新置三里沟运口。“切缘新庄闸口正当徐、沛黄河下流，连年河水泛涨，灌入里河，河水稍平，淤沙顿积，以致年复一年，随淤随浚，随浚随淤，劳民费财，不得休息。若三里沟开河建闸，上接泗水清流，下避黄河浑水，新庄闸便可随宜启闭，纵有泛涨之时，必无淤沙之患，可节民力，可省官银，为利其大。”[4] 三里沟运口近淮水

---

1 李元芳：《历史时期海面升降对黄河河口及其三角洲发育的影响》，中国地理学会地貌与第四纪专业委员会编：《地貌·环境·发展——一九九九嶂石岩会议文集》，中国环境科学出版社1999年，第175—178页。

2 马俊亚：《区域社会经济与社会生态》，生活·读书·新知三联书店2013年，第250页。

3 邹逸麟：《淮河下游南北运口变迁和城镇兴衰》，《历史地理》第6辑；荀德麟：《清江浦运河与运口考》，《淮阴工学院学报》2015年第4期。

4 （明）郑晓：《郑端简公奏议》卷7，“建三里沟闸疏”，《续修四库全书》，第476册，第636页。

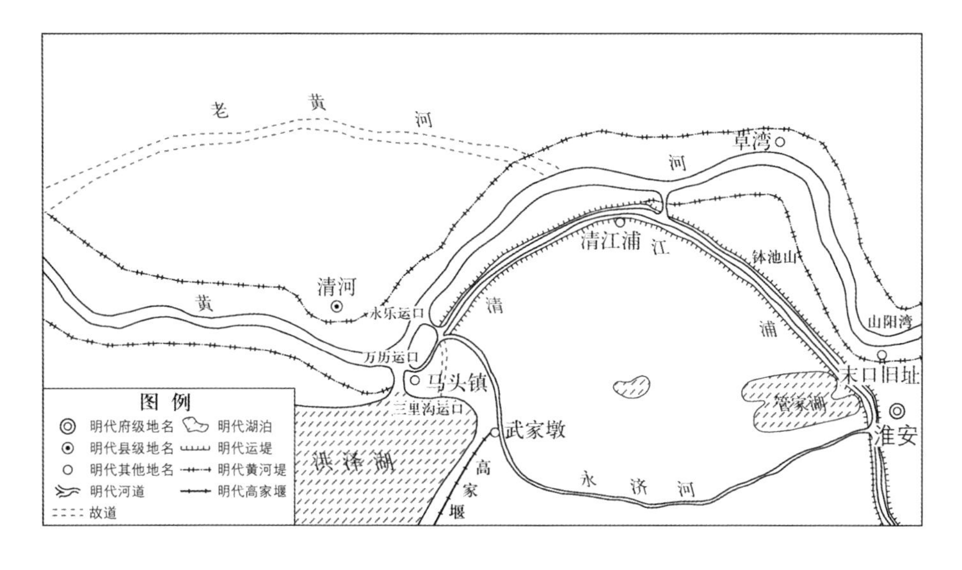

图5-1-1 明代后期淮扬运河北段运口、堤岸示意图

资料来源：底图为姚汉源《京杭运河史》“明后期清江浦南北运口示意图”，第300页。参照武同举：《淮系年表全编》，“淮系历史分图六十二·淮安清河南北运口二(明)”，陈雷主编：《中国水利史典·淮河卷》，第1册，第306页；邹逸麟：《淮河下游南北运口变迁和城镇兴衰》，“明代南北运口形势图”，《历史地理》第6辑；王建革：《明代黄淮运交汇区域的水系结构与水环境变化》，“明代清江浦河示意图”，《历史地理研究》2019年第1期。

清流，新庄运口接黄河浊水，三里沟运口的设置出于避黄就清的原则，但新庄运口并未废弃。在两运口并用的情况下，三里沟运口起主要作用，新庄运口则根据黄水涨落决定是否启用。三里沟运口接近淮河清流，但地势低洼，黄河泛涨时仍易倒灌此处。嘉靖三十二年(1553年)正月，河道都御使曾钧等指出：“又三里沟新河口比旧口水高六尺，若开旧口，虽有沙淤之患，而为害稍轻；若开新口，未免淹没之虞，而漕舟颇便。宜将新口暂闭，建置闸座。及将高家堰增筑长堤，原建新庄等闸加石修砌，以遏横流。”[1]为阻挡黄水倒灌运河，官方在三里沟运口置通济闸，按时启闭。

自运口移至三里沟后，围绕新、旧运口的争论时有发生。隆庆末、万历初，部分官员提议永久废弃新庄闸：“近有议废新庄闸，塞而不用，绝河之浊水，免其泥沙淤浅，置通济闸，启而不闭，受淮之清水，省其挑捞烦费。”[2]胡效谟强调新庄闸因地制宜的特性，反对废弃新庄闸：“新庄闸正在西回北向之

1 《明世宗实录》卷393，“嘉靖三十二年正月戊寅”条，第6897页。
2 (清)顾炎武撰，黄坤等校点：《天下郡国利病书》，第1106页。

间，土人所谓回溜者也。虽在河、淮之中，独无河、淮之险，泥沙不停，风浪不及，乃地势水性之自然，非人工巧力之可致。新庄闸置此，又加之启闭有制，故垂二百年无大患耳。”[1]三里沟运口的设置虽然出于避黄就清的考量，但隆庆以来，黄河倒灌、清口淤塞问题凸显。“今通济闸正当直南射之冲，又启闭失制，故频年河与淮建瓴下山阳，浊水泥沙直向宝应之南，山阳北顾，运道劣容舟矣。”[2]黄、淮之水倒灌三里沟运口和新庄运口，前者因漕运繁重、闸制失控，所受冲击较大，后者反因地势较高，所受影响较小。

万历元年（1573年），总河万恭建议恢复新庄运口，重建天妃闸。“盖今早运之期，黄水正落，由清江浦启天妃闸，顺出黄河，既无浅阻，又免挑浚，漕船鱼贯直达清河。运尽，黄水盛发，则闭天妃闸谢绝黄水，彼河虽善淤，安所假道而犯及清江浦哉！黄水一落，又启天妃闸以利商船，新河口勿浚可也，勿用可也，坐省年年淮、黄交会挑浚之忧。”[3]他针对三里沟运口“避黄趋清”的议论，提出新庄运口和三里沟运口在防止黄水倒灌方面没有本质区别。“不知黄河非安流之水也，伏秋盛发，则西拥淮流数十里，并灌新开河。彼天妃口，一黄水之淤耳，今淮、黄会于新开河口，是二淤也。”[4]万恭提议恢复新庄运口的原因有两个。其一，隆庆年间黄河倒灌、清口淤塞问题严重，三里沟运口引水困难。隆庆三年（1569年），淮水涨溢，自清河县、通济闸至淮安府城西淤浅处有三十余里。[5] 隆庆四年（1570年），从泰山庙至七里沟的十余里淮河河道淤积，侍郎翁大立提议恢复新庄闸：“臣以为宜开新庄闸，以通回船，复平江时故道，则淮河可以为无虑。”[6]三里沟运口近淮，水源以淮河清流为主。但在黄河倒灌的情况下，三里沟运口不仅水源短缺，也极易被泥沙淤塞，因此恢复新庄运口被提上议程。其二，运口是黄、淮南下侵入淮扬地区的通道。清口淤塞后，黄水倒灌，三里沟运口和新庄运口都受浊流影响，但三里沟运口地势低，更易受水流侵袭，新庄运口地势高，所受影响较小，也使淮安少受黄、淮侵袭。

万历六年（1578年），三里沟运口废弃，新庄运口废闸置坝，船只由运入

1 （清）顾炎武撰，黄坤等校点：《天下郡国利病书》，第1106页。
2 （清）顾炎武撰，黄坤等校点：《天下郡国利病书》，第1106页。
3 （明）万恭著，朱更翎整编：《治水筌蹄》，“创复诸闸以保运道疏”，第148页。
4 （明）万恭著，朱更翎整编：《治水筌蹄》，“创复诸闸以保运道疏”，第148页。
5 《明穆宗实录》卷37，“隆庆三年九月丙子”条，第936页。
6 《明穆宗实录》卷49，“隆庆四年九月壬申”条，第1221页。

淮需要牵挽。新的运口被移置在甘罗城东,并设通济闸。“通济闸建立甘罗城坚实之地,两崖颇高,牵挽甚便,水势北趋,河流平缓,运艘往来颇称利便。”[1]与三里沟运口相比,甘罗城运口偏北,距离新庄运口不到一里。甘罗城运口主要引淮水济运,但黄水盛发时仍会被波及。“舟从今通济闸出口者,以此口专向淮河,独受清水。惟伏秋大涨,黄流未免倒灌,故于入伏之时,闸外卷筑软坝,无非为避黄计也。至九月水落,仍复开坝由闸。”[2]有人本着避黄就清的原则,提议将甘罗城运口南移,潘季驯提出反对意见。

> 况昔黄流只有一道,今分流草湾一百五十余丈,已减全河大半。若欲改闸而南,必从淮城以下出口,张口受黄,日有沙壅,是平江伯建闸以避浊,今反背清而就浊矣。全河大势已奔草湾,而清浦西桥一带渐淤,复从淤处建闸,是又舍通而就塞矣。且板闸、钞关与船厂、仓庾、户、工各部三分司皆在清江沿河地方,以便督造抽分,二百余年于兹矣。今若改闸而南,则清江、板闸一带必至干断,三分司与诸闸厂俱当改建,为费不赀。三闸延袤六十余里,人烟辏集,仰商贾挑盘之利者万有余家,若闸改而南,必夺生理,移署迁民事在得已。况粮艘经由清浦,如履盘盂之内,甚为平稳,遽从淮南出口,是舍清夷之渠,而多受黄河六十余里牵挽之苦,仍恐运军亦难之耳。……乃勘通济闸迤南一带,别无可通舟楫之所。职等反覆思惟,诚不如仍旧为便……[3]

潘季驯从背清就浊、舍通就塞和漕运机构等三方面阐述运口不可南移。在治淮方面,潘季驯持全淮敌黄,反对分泄淮水,并采取增筑高家堰和堵闭朱家口、大涧口等措施遏断淮水南下通道。第一部分已经提到,运口是黄、淮分泄南下的通道,运口南移后接近淮河,本身会对淮河产生分流。三里沟运口“在淮水下流黄河未合之上”[4],嘉靖三十年(1551 年)三里沟运口开凿后,对淮水的分流作用受时人关注。“欲浚河、淮入海之道,使有所归而不为害,此神禹治水之上策也。阶往年尝倡此议,及欲闭三里沟通济闸,令淮仍

1 (明)潘季驯:《河防一览》卷 11,“查议通济闸疏”,陈雷主编:《中国水利史典 · 黄河卷》,第 1 册,第 517 页。
2 (明)潘季驯:《河防一览》卷 11,“查议通济闸疏”,陈雷主编:《中国水利史典 · 黄河卷》,第 1 册,第 517 页。
3 (明)潘季驯:《河防一览》卷 11,“查议通济闸疏”,陈雷主编:《中国水利史典 · 黄河卷》,第 1 册,第 517—518 页。
4 (清)张廷玉等:《明史》卷 83《河渠志一》,第 2037 页。

以全力与河同趋，庶得涤去河沙，而淤塞可以渐去。”[1]运口南移后，对淮水的分流作用类似大涧口和朱家口，淮水无法全流畅出清口，会削弱冲刷泥沙的水力。淮水南徙，黄水也会紧随其后灌入运口，增加运道淤塞。由此可见，潘季驯不主张运口南移，也是出于“蓄清刷黄”的治水考量。

就运口引水难易程度而言，南运口虽靠近淮河，但隆庆以后三里沟附近形成门限沙。由于泥沙淤塞、水位较浅，运口引水困难。与此相比，黄、淮交汇处由于水流合力冲刷，河道深阔，甘罗城运口引水相对便捷。万历十七年（1589年），南京户科给事中徐常吉以漕运繁多、诸闸不闭致黄水入运为由，提议将运口南迁：“淮扬水患清江浦口运艘所经，而频年以来黄河内冲，出入为梗，安东之流日缓，而浦口之入渐多。今自开春之后，运船出口千樯并集，舳舻相衔，未免启闸以纳水，而波涛内讧，不能闭闸，以回澜水势亟矣。乞敕该部转行总理河道衙门，多方筹画。或移闸于稍南，以避清河之冲。或通漕舟于别所，以为万世之利。其清江浦口则令筑坝堵截，不许复开。如此，则庶几民生可保。”[2]潘季驯对此进行反驳：“但细查淮郡之外别无支流可引，欲通漕舟，不得不资两河，欲资两河，必难免其内灌。然分流不及十分之一，而滔滔北去，由安东入海者，固如故也。若移闸愈南，则纳浊愈甚。司道诸臣所云背清就浊、舍通就塞，而运艘多涉险阻六十余里，皆所不免矣。”[3]“两河”指黄河和淮河，是淮扬运河北段的主要水源。潘季驯认为，济运必引黄、淮，运口南移不仅无法避免黄、淮倒灌，反而更易引浊水内灌。

潘季驯还论述了运口南移对漕运机构的影响。明代永乐以后，江南漕粮运输至京，最初实行“支运法”，即由各地农民先将漕粮运至淮安、徐州、临清、德州等四仓，再由运军分程接运至通州、北京二仓。宣德五年（1430年），推行“兑运法”，令各地将漕粮运至淮安、瓜洲等处，再由运军领运，运军费用由农民按兑运路程支付。[4] 淮安始终处在漕粮转运的枢纽位置，漕运机构设置集中，商业繁盛，民居密集，运口迁移会影响漕运机构的有效运转。因此，明代后期运口的迁移，不仅是官方在水环境剧变下避黄就清的尝试，也是综

1 （明）徐阶：《徐文贞公集》卷2，“复吴自湖”，《明经世文编》卷245，《四库禁毁书丛刊·集部》，第25册，第593页。

2 （明）潘季驯：《河防一览》卷11，“查议通济闸疏”，陈雷主编：《中国水利史典·黄河卷》，第1册，第518页。

3 （明）潘季驯：《河防一览》卷11，“查议通济闸疏”，陈雷主编：《中国水利史典·黄河卷》，第1册，第518—519页。

4 鲍彦邦：《明代漕运研究》，暨南大学出版社1995年，第54页。

合"蓄清刷黄"治水方略和漕运利益的选择。

三、运道淤高和双堤形成的互动关系

淮扬地势总体上自西向东微倾,运堤的设立主要为约束水流、维持运道通畅,同时运堤作为运东地区的一道屏障,能够防止汛期湖水散漫、浸没农田。明代前中期,淮安运河只有一道东堤。明代后期,黄、淮南泛,高家堰决口,运堤崩塌,淮安频受水患,运道屡被淤塞,单堤无法适应新的水环境,开始向双堤转变。

万历五年(1577年),"侍郎吴桂芳、知府邵元哲、同知刘顺之、通判王弘化增筑山阳运堤,皆高厚,自板闸以南至黄浦,长七十里,闭通济闸,建兴文闸,及修新庄等闸。主事张誉筑清江浦南堤以御湖水,加河岸以御黄、淮之水,加清江闸土岸,以便运舟之牵挽者。主事陈瑛加板闸漕堤,北接平江伯陈瑄旧堤,南接侍郎翁万达新堤,新堤因挑河出土而为之也"。[1] 此处的"山阳运堤"和"清江浦南堤"是运河西堤,由于运口到淮安城的清江浦运道大体呈现西北—东南走向,因此又称"南堤"。关于"清江浦南堤"的兴筑时间,《淮南水利考》还有一种说法,即:"清江浦南堤,万历四年主事张誉新筑,以御湖涛、护市宅者,民甚赖之。"[2]后一种说法更为合理,正是由于此前清江浦南岸运堤(即运河西堤)于万历四年(1576年)已经修筑,万历五年(1577年)淮安城西门到黄浦七十里的山阳运堤才被说成是"增筑"。"板闸漕堤"是淮安城西门外管家湖段的运堤,明初平江伯陈瑄在此设立新路,是为西堤。万历五年(1577年)陈瑛主持修筑的板闸漕堤,是在陈瑄基础上增设的,因此是"北接平江伯陈瑄旧堤"。至此,运口到淮安城的清江浦已形成双线堤防。万历六年(1578年),"修复淮安运河各闸,修筑里河两堤,并新城北一带帮筑新旧堤"[3],这里的"里河两堤"表明清江浦运河堤岸形态已是双堤。

黄、淮水流南灌,直抵淮安府城池,不仅引发洪灾涝情,也淤塞河道、垫高运渠。无论是单堤还是双堤,运堤都对泥沙产生拦截作用,促成淤积。淮扬运河北段受淤自成化以后时有发生,但嘉靖、隆庆以来愈演愈烈。嘉靖以

1　(明)胡应恩:《淮南水利考》卷下,陈雷主编:《中国水利史典·淮河卷》,第1册,第201页。
2　(明)胡应恩:《淮南水利考》卷下,陈雷主编:《中国水利史典·淮河卷》,第1册,第190页。
3　(明)潘季驯:《河防一览》卷8,"河工告成疏",陈雷主编:《中国水利史典·黄河卷》,第1册,第461页。

前，黄、淮灌入运河的下限止于清江闸，但嘉靖三年（1524年）漕抚都御史唐龙在淮安城西北开凿乌沙河后，黄、淮入侵的南界下移。“先年水涌，黄沙从新庄闸口入，犹是以口受水，不能深入，仅止于清江闸上下，挑浚无难。近数年，沙从方家闸涌入，是剖心穿腹以受之，大小支委、远近溪河无不淤塞，而黄沙排淮、泗而注之江矣。”[1]嘉靖十一年（1532年）四月，总督漕运都御史刘节上奏：“黄河旧通淮河口，流沙淤塞，挑浚方完，粮运幸过。不意黄、淮二河伏水涨发，泥沙漫入河口，直抵淮安府城西浮桥一带，俱被沙淤。”[2]隆庆四年（1570年），淮河冲决高家堰，出大涧口经白马湖、黄浦、射阳湖入海，致使淮扬运河北段水源不足、运道淤浅。淮扬运河北段双堤形成后，加剧了运道泥沙淤积。潘季驯对运道淤高的原因有详细阐述：“臣等初至地方，目击淮安西门外直至河口六十里，运渠高垫，舟行地面。昔日河岸，今为漕底，而闸水湍激，粮运一艘，非七八百人不能牵挽过闸者。臣窃怪之，询之地方，俱云自开天妃闸后，专引黄水入闸，且任其常流，并无启闭。而高堰决进之水，又复锁其下流，以致沙淤日积。”[3]由此可见，运渠淤塞是引黄、淮济运的结果，黄、淮南下水流和高家堰分减的水流相冲，加速泥沙沉积。在运河双堤拦截下，大量泥沙沉积在运道，加速地势抬升。

运道淤高后蓄水有限，双堤在一定程度上能防止水源走泄。“自清江浦运河至淮安西门一带旧堤，相应再行帮厚，勿致里河之水走泄妨运。如此则诸堤悉固，全河可恃矣。”[4]此时，淮安城以北的运河已有双堤，以南的运河只有东堤，尚无西堤。万历年间，由淮安城到宝应界的运河西堤逐渐形成：“又频年以来，从淮安至宝应，筑西长堤一道，黄水从通济闸入者，挟沙而来，河身日高，运道日窄。”[5]双堤蓄水也拦沙，泥沙沉积在运道中，加速河床抬升。除了黄、淮倒灌，引水济运也会加速泥沙沉积，而后者对运道的影响更深刻、持久。运河过去有三年一浚的撩浅规定，明后期运河疏浚制度松弛，运道淤高问题愈加凸显：“淮安至仪真内河一带，旧系三年一浚。自万历六年以后更定岁修之法，而今则堤形已高，淤者未必浚矣。”[6]

---

1 （明）胡应恩：《淮南水利考》卷下，陈雷主编：《中国水利史典·淮河卷》，第1册，第193页。
2 《明世宗实录》卷137，“嘉靖十一年四月癸卯”，第3231页。
3 （明）潘季驯：《河防一览》卷8，“查复旧规疏”，陈雷主编：《中国水利史典·黄河卷》，第1册，第454页。
4 （明）潘季驯：《河防一览》卷7，“两河经略疏”，陈雷主编：《中国水利史典·黄河卷》，第1册，第441页。
5 万历《宝应县志》卷4《水利志》，《南京图书馆藏稀见方志丛刊》，第65册，第396页。
6 （明）潘季驯：《河防一览》卷14，“钦奉敕谕查理河漕疏”，陈雷主编：《中国水利史典·黄河卷》，第1册，第603页。

综上所述,淮扬运河北段运堤由单堤到双堤的转变发生在万历初年。双堤的形成,一方面为抵挡黄、淮侵袭淮安,另一方面是防止水源走泄、维持漕运稳定。但是双堤蓄水也拦沙,双堤运河形成后,加剧了泥沙沉积,促使运河淤高。据载,“为郡城西门外运河一道,受黄、淮二渎浸灌,停沙日积,河身日高,堤岸日增,几与城垛相平”。[1] 运道泥沙沉积大于东、西两侧,西侧泥沙沉积又大于东侧,使运河及东、西两侧的地势分化愈加明显。

第二节　淮扬运河北段水源、流向的转变

唐宋时期,淮扬运河北段水源有陂塘和潮水,但到明初,有关潮水济运的记载已很少见。明初平江伯陈瑄开清江浦时,是以管家湖水作为运河水源。彼时黄河南下夺淮已历时二百余年,但淮河下游尚未壅塞,淮扬运道未明显淤高,运河水流方向大体上仍是自南向北。明代后期,淮河下游水环境发生剧变,清口淤塞,淮扬运河北段地势逐渐淤高,水流方向由自南向北过渡到自北向南,运河水源及济运方式也由湖水济运转变成引淮、黄之水入运。

一、从引湖入淮到黄、淮济运

嘉靖十九年(1540 年)九月,运粮千户李显指出:“从淮安抵瓜、仪,水势高下相去可丈余,实赖瓜、仪二坝为堤障。”[2] 这说明在嘉靖年间,随着黄河泥沙淤积,运河北端的地势已明显高于南端,这是淮扬运河水流方向转变的前提。

> 自清口文华寺而南,至杨家庙止,约七十里。内有管家湖、徐家湖二泽贮水,又有两闸,可以蓄泄。其中浅阻必须时加捞浚深通,庶正河可以间挑,免阻漕之患。即二泽泄水,或东或南,亦可由此而出,两闸亦

1　(明)房壮丽:《浚漕河堤疏》,(明)朱国盛:《南河志》卷 4《奏章》,陈雷主编:《中国水利史典 · 运河卷》,第 1 册,第 1032 页。

2　(明)吴文恪:《吴文恪文集》卷 8,《明别集丛刊》第 4 辑,第 13 册,第 368 页。

当预修，以备不虞者也。[1]

明初管家湖自南向北沿清江浦入淮，明代后期管家湖的泄水方向“或东或南”。由此可见，运河北部已被淤高，湖水无法北上入淮，只能向东、南分泄。

水流方向转变，运河水源也发生改变。明代前中期淮扬运河北段的地表水源主要来自管家湖。明代后期，黄、淮南泛，不仅改变运道地势，也淤塞湖泊：“旧制运河全资湖水，而诸湖皆废为平地。”[2]在运道淤高、湖泊湮塞的情况下，淮扬运河北段水源由湖水变为黄、淮。

黄、淮水流都含泥沙，但黄水含沙量较大，是浊流，淮河泥沙较少，是清流。淮扬运河在水源的选择上，倾向于淮水。隆庆以来，清口淤塞，淮水受阻，运河水源不足时，便在清口以上开分水口引淮济运。运口位置直接关系引水，但运口的选择并非完全按照避黄就清的原则，还要兼顾“蓄清刷黄”和漕运利益，因此潘季驯治河以来，运口并未完全趋向淮河，而是位于黄、淮之间。当淮河水位较低时，黄水就成为济运水源。潘季驯治河时期，淮安人士就指出运河淤高和引黄济运的关系：“运渠高垫，舟行地面……自开天妃闸后，专引黄水入闸，且任其常流，并无启闭。”[3]引黄济运是水源短缺时的无奈之举，在大部分情况下还是引淮济运。万历五年（1577年），运道淤浅，“不得已开朱家口引清水灌之，方得通舟”。[4] 潘季驯治水时，还曾提出引范家湖之水济运：“臣等乃决意开复通济闸，以引范家湖清流。”[5]范家湖在武家墩以西，引湖入运的举措实际是引淮济运。清江浦运道淤浅难行，万历十年（1582年）河漕总督凌云翼提出另开支河通漕：“清江浦河堤夹邻黄河，迩来水势南趋，淤沙日被冲刷，恐黄河决啮，运道可虞。欲于城南窑湾，自马家嘴历龙江，至杨家涧，出武家墩，另开新河，以通运道。”[6]对此，兵科给事中尹瑾以开凿支河不利于堤岸稳固且易引黄南趋为由，提出反对意见。武家墩地

---

1 （明）朱国盛：《河工条议原详》，（明）朱国盛：《南河志》卷8《条议》，陈雷主编：《中国水利史典·运河卷》，第1册，第1094页。

2 （明）胡应恩：《淮南水利考》卷下，陈雷主编：《中国水利史典·淮河卷》，第1册，第196页。

3 （明）潘季驯：《河防一览》卷8，“查复旧规疏”，陈雷主编：《中国水利史典·黄河卷》，第1册，第454页。

4 （明）潘季驯：《河防一览》卷8，“查复旧规疏”，陈雷主编：《中国水利史典·黄河卷》，第1册，第454页。

5 （明）潘季驯：《河防一览》卷8，“查复旧规疏”，陈雷主编：《中国水利史典·黄河卷》，第1册，第454页。

6 《明神宗实录》卷122，“万历十年三月辛巳”条，第2285页。

势较高，既不便于引水，也不利于船只停泊，还对蓄清刷黄不利："至武家墩出口尤为可虞，盖本墩地势高亢，天将设之以屏障淮河者。墩内地高，难为挑挖。墩外湖阔，难以湾泊。冬春之交，粮运紧急，则苦浅涸。伏秋之候，淮水泛滥，又苦奔冲。且武家墩与高家堰共为一堤，相去甚近，开武家墩，是即开高家堰，则又害全河矣。"[1] 凌云翼提议的河道最终开凿，称为"永济河"。武家墩是淮水分泄南下的一条通道，永济河接武家墩，即是引淮济运。永济河开浚后不久，废置不用。天启三年（1623 年），清江浦淤浅，官方疏浚永济河，通回空漕船。天启四年（1624 年），清江浦疏浚，永济河筑坝闭塞。[2] 虽然黄、淮相较之下，淮水是济运水源首选，但是朱家口和武家墩都在要冲，淮湖盛涨，水流易决破堤防分泄南下，加剧清口淤积和淮扬水患。因此，淮扬运河北段水源并非以淮水为固定水源，而是黄、淮并用。在这种情况下，运道淤高成为必然趋势。

二、黄、淮消落与运河水源短缺：万历三十年清口淤浅事件

淮河、黄河对淮扬运河的影响是双面的。一方面，淮、黄南泛，倒灌运口，带来运道淤高、运岸坍圮等负面影响。另一方面，它们是运河不可或缺的水源。由于泥沙自北向南沉积，运道地势北高南低，运河流向也呈现由北向南的局面。需要指出的是，明代后期运口地势高于黄河河床，黄、淮内灌入运只发生在汛期水涨之时，平常黄、淮水流不会自流入运。黄、淮是季节性河流，水位起伏大，随着运河淤高，水源短缺成为淮扬运河北段的重要问题。明代后期，清口淤浅，漕船阻滞事件时有发生，但是万历三十年（1602 年）淤塞程度之重、牵涉范围之广却实属罕见。围绕黄、淮水位消落和淮扬运河北段流向的一系列变化，堪称"异常大变"。[3]

（一）反常之变：万历三十年清口淤浅与黄、淮、运水情

万历三十年（1602 年）十月八日，清口水深七八尺，淤沙甚少，但连日西风大作，每日水位消落一尺多。霜降之后，黄、淮合流，畅出清口后疾驰入

1 《明神宗实录》卷 122，"万历十年三月辛巳"条，第 2285—2286 页。
2 （清）张廷玉等：《明史》卷 85《河渠志三》，第 2098—2099 页。
3 （明）曾如春：《部覆曾总河题报清口淤浅疏》，（明）朱国盛：《南河志》卷 4《奏章》，陈雷主编：《中国水利史典·运河卷》，第 1 册，第 1024 页。

海。十月二十一日，清口淤浅，运河可褰裳而渡，千余只回空船阻滞。[1] 此时正值漕运回空船南返之际，清口浅涩阻滞了回空船南下，直接影响来年漕粮北运。隆冬时节，清口水位本就低浅，但如万历三十年（1602年）那般淤浅程度之重、牵涉范围之广却实属罕见。“隆冬水落沙淤，虽亦其常，然不过量加挑挖，便可通舟，不意今岁淤浅干涸一至此极。”[2] 面对清口淤浅、回空船阻滞的危机，官方首先采取挑挖清口淤沙的措施。“从来黄河止辟浮沙，今则河心老土垦辟三四尺矣。顾内深一尺，外亦消一尺，计今运河之水比平时消一丈五尺，挑浚之功终不胜其消落之势。”[3] 往年清口淤浅只是开辟浮沙，而万历三十年（1602年）即使开辟清口旧土层三四尺，也不能缓解淤浅局面。

明代后期，伴随清口浅涩的水情多是黄强淮弱、黄水倒灌。例如，隆庆六年（1572年），黄河大涨，淤塞清口，梗塞运道。[4] 万历二十二年（1594年），“黄水大涨，清口沙垫阻遏，淮水不能东下，于是挟上源阜陵诸湖，与山溪之水，暴侵祖陵，泗城渰没”。[5] 与之相反，万历三十年（1602年）清口淤浅呈现的水情是淮河、黄河水流外倾：“会看得，清口外河二渎所会，涓滴并无旁泄。第以水面观之，昔也外水内灌，今也内水外倾，高下之势，今昔相反。”[6] 此前清口淤浅多因黄河倒灌、门限沙淤长，而万历三十年（1602年）清口淤浅的原因却是黄、淮水流外泄太快，“且前此淮、黄势盛，海口宣泄不及，类多内灌，为运河患，则有之。固未有淮、黄消落，反令内水外出为运艘梗如今日者，此诚从前未睹闻之事也”。[7] 黄、淮水流外泄，清口水位低浅，运船阻塞，这是黄、淮、运水情前所未有的变局。

伴随清口淤浅的还有洪泽湖水面缩减以及淮扬运河北段水流外泄。洪泽湖原是淮河南岸众多湖泊所在地，湖与湖之间分界明显。潘季驯“蓄清刷黄”时期，高家堰抬升湖泊水位，湖群逐渐合一。万历七年（1579年），潘季

---

1 （明）曾如春：《部覆曾总河题报清口淤浅疏》，（明）朱国盛：《南河志》卷4《奏章》，陈雷主编：《中国水利史典·运河卷》，第1册，第1024页。

2 （明）曾如春：《部覆曾总河题报清口淤浅疏》，（明）朱国盛：《南河志》卷4《奏章》，陈雷主编：《中国水利史典·运河卷》，第1册，第1025页。

3 （明）曾如春：《部覆曾总河题报清口淤浅疏》，（明）朱国盛：《南河志》卷4《奏章》，陈雷主编：《中国水利史典·运河卷》，第1册，第1024页。

4 （清）方瑞兰等修，江殿扬等纂：《安徽省泗虹合志》卷3《水利志上》，第238页。

5 （明）朱国盛：《南河全考》，《中国水利志丛刊》，第32册，第196页。

6 （明）曾如春：《部覆曾总河题议建闸浚渠济运疏》，（明）朱国盛：《南河志》卷4《奏章》，陈雷主编：《中国水利史典·运河卷》，第1册，第1027页。

7 （明）曾如春：《部覆曾总河题报清口淤浅疏》，（明）朱国盛：《南河志》卷4《奏章》，陈雷主编：《中国水利史典·运河卷》，第1册，第1025页。

驯考察清口,“得河湖相连处所,汇为巨浸,万顷茫然,中间深浅不等,自一丈五尺以至四五尺。一入清口,淮水方有归束,以四丈之绳系石投之,未得其底,盖水散则浅,水聚则深,其理然也”。[1] 潘季驯所指的清口是黄河入淮处,由于得到黄、淮水流合力冲刷,水深达四丈以上。在此上游水深“一丈五尺以至四五尺”的地方,则是门限沙和洪泽湖口。门限沙阻滞淮水,但只有适度的壅滞与高家堰的拦截相互协同,才能助力淮水和洪泽湖存蓄水源,这是清口济运的保障。潘季驯治水时期,清口地区的黄、淮水流动态维持在相对平衡的状态,门限沙被限定在合理范围,既不会淤塞清口,也能保证水源长存。万历二十年(1592 年)后,随着黄河泥沙淤积,门限沙对洪泽湖的阻滞作用愈加明显。但万历三十年(1602 年)清口淤浅时,洪泽湖水面出现大幅缩减:“又上之勘至高堰一带,昔也涨与堤平,落犹浸淫堤根,今水去堤根且十余里矣”。[2] 这一情形与此前洪泽湖发育趋势相背。洪泽湖承担冲刷清口、蓄水济运的功能,当湖面大幅缩减后,水源不足,会加剧清口淤浅。

淮扬运河北运口与黄、淮交汇于清口。明代初期,平江伯陈瑄开凿清江浦,引管家湖入淮济运,可见彼时淮扬运河北段的流向是自南向北、由湖入淮。明代中期以后,淮河南岸地势逐渐被黄河泥沙淤高,管家湖之水无法北上济运,淮南运河北段不得不借助淮河、黄河:“但细查淮郡之外别无支流可引,欲通漕舟,不得不资两河,欲资两河,必难免其内灌。”[3]“两河”即淮河和黄河。万历三十年(1602 年)清口水位急剧下降,运河处于高屋建瓴的形势。官方开挖清口的单一举措,不仅无法使运河获得黄、淮水源补给,反而加大了运口和清口间的高差,甚至出现运河之水倒流入清口的情形,加剧了漕运危机。治水官员惊于环境之变,视这一现象为黄、淮、运水情剧变:“窃照运河之水本借资于淮、黄,今内水反向外流,此淮、黄异常大变也。”[4]

(二) 门限沙刷深和清口水文动态失衡

万历三十年(1602 年)清口淤浅的原因首先是天干雨少。明人曾如春疏

1 (明)潘季驯:《河防一览》卷 9,“高堰请堪疏”,陈雷主编:《中国水利史典·黄河卷》,第 1 册,第 479 页。
2 (明)曾如春:《部覆曾总河题议建闸浚渠济运疏》,(明)朱国盛:《南河志》卷 4《奏章》,陈雷主编:《中国水利史典·运河卷》,第 1 册,第 1027 页。
3 (明)潘季驯:《河防一览》卷 11,“查议通济闸疏”,陈雷主编:《中国水利史典·黄河卷》,第 1 册,第 518—519 页。
4 (明)曾如春:《部覆曾总河题报清口淤浅疏》,(明)朱国盛:《南河志》卷 4《奏章》,陈雷主编:《中国水利史典·运河卷》,第 1 册,第 1024 页。

云："河涸病根，由于八月至今未有雨泽，亢旱既久，百川皆竭，人力竟无如之何耳。"[1]然而，更深层的原因在于清口门限沙被刷深。

> 清口积沙旧号门限，岁岁挑辟，深不及丈，今深且五丈，而日冲日下，未已也。通济闸外河底化为河岸，深藏岂是不足？盖水以沙壅而内灌，沙以河、淮交辟而成河。黄、淮合为一家，则来也专而有力，去也直而无停，故其高下形局一旦变迁乃尔。[2]

清口门限沙底深此前不足一丈，经过刷深后深达五丈。门限沙是淮水和洪泽湖水畅出清口的一道障碍，但适当的拦截却是济运水源存蓄的保障。当门限沙被大规模刷深后，淮河和洪泽湖水流外泄过快，致使原本济运的水源也大量流失，这正是万历三十年（1602年）清口淤浅的原因。据载，"水涸之故，大都因淮、黄交会，河底冲刷，深且五丈，外低内昂，势不能伏溢而上，陡涸病根皆原于此"。[3]

清口刷深由来已久。万历初年潘季驯实行"蓄清刷黄"，最重要的一个目的便是以淮会黄，冲刷门限沙，使淮水畅出清口济运。当时，工科给事中尹瑾对此有一定疑虑，认为黄、淮合流后，清口刷深，大量水流奔驶入海，会影响淮南运口的水源供给。"得堤成之后，淮水悉出清口，里河水由地中，第恐外河日深，内河日浅"。[4] 潘季驯治水时期，黄河下游堤岸稳固，黄河全流入海。清口地区黄、淮水流的对抗处在一个相对平衡的位置，门限沙也在淤积、冲刷之间保持一个平衡点，能够起到壅滞淮水、存蓄水源的作用。另一方面，尹瑾针对淮扬运河提出"三年两浚"的挑挖制度[5]，使运河和清口之间的水位差保持在可以控制的范围，不会因高差过大而影响引水济运。

万历十九年（1591年）以后，黄、淮、运治理向"分黄导淮"转变，官方对黄河、淮河分而治之的举措，为万历三十年（1602年）清口水情剧变和漕运危

1　（明）曾如春：《部覆曾总河题议建闸浚渠济运疏》，（明）朱国盛：《南河志》卷4《奏章》，陈雷主编：《中国水利史典·运河卷》，第1册，第1029页。

2　（明）曾如春：《部覆曾总河题议建闸浚渠济运疏》，（明）朱国盛：《南河志》卷4《奏章》，陈雷主编：《中国水利史典·运河卷》，第1册，第1027页。

3　《明神宗实录》卷382，"万历三十一年三月丁丑"条，第7189页。

4　（明）潘季驯：《河防一览》卷9，"覆议善后疏"，陈雷主编：《中国水利史典·黄河卷》，第1册，第470页。

5　（明）潘季驯：《河防一览》卷9，"覆议善后疏"，陈雷主编：《中国水利史典·黄河卷》，第1册，第471页。

机埋下了隐患。虽然“分黄导淮”通过黄、淮分流缓解了清口的壅水形势，但也削弱了冲刷河道淤沙的水势，下游河道泄水不畅，致使上游水流壅塞、堤岸溃决。万历二十四年(1596年)四月，黄河冲决黄堌口，一支由夏邑、永城至宿州符离桥出宿迁新河口入黄河，一支由徐州入小浮桥济运，其后小浮桥一脉水流微弱，徐州、邳州运道浅涸。[1] 杨一魁不堵闭决口，而是挑浚黄堌口以上的埽湾、淤嘴二处和黄堌口以下的浊河，建闸节制汶水、泗水，来缓解徐、邳运道浅涸。杨一魁主张黄河改道南徙，由夏邑、永城、符离入淮，而对挽河至泗水一线的方案持质疑态度。他的理由有二：其一，黄堌口以下的黄河河道已被淤高，而经夏邑、永城至符离的南线河道深阔，黄河由黄堌口决口南徙是水性避高就下使然[2]；其二，由黄堌口挽河至泗水一线，须挑浚已经淤高的四百里河身，筑黄河南岸三百里长堤，工程耗费巨大[3]。自黄堌决口后，由韩家道口至赵家圈的百余里被冲刷成河。万历二十七年(1599年)三月，刘东星提议疏浚赵家圈至两河口的四十里河道，上接被刷深的河道，下经三仙台入小浮桥济运。这一挽河南徙方案被官方采纳，万历二十七年(1599年)十月，工程完工。[4]

不堵黄堌决口及挽河南徙的治河举措加剧了黄河下游水系崩溃。黄河南徙后，李吉口以下的黄河河道淤高，但是赵家圈一路的新河道水流弥漫、泥沙淤积：“河既南徙，李吉口淤淀日高，北流遂绝，而赵家圈亦日就淤塞，徐、邳间三百里，河水尺余，粮艘阻塞。”[5] 黄河下游河道淤塞，下壅上决，致使黄河在河南境内频繁决口。“以黄河之分而不挑，黄堌之决而不塞，致令水涸沙壅，下流淤而上流溃，运道阻而陵寝危。”[6] 万历二十九年(1601年)秋，前总院刘鉴主持筑塞黄堌口，工程进行到一半时，却因下游黄河河道未疏浚，导致黄河由蒙墙寺段决口南徙。[7] 黄河决口后，在文家集以上、平台集以下分为三四股。西南一股经石榴堌、马肠河、龙焕集、固镇驿入浍河，至五河县入淮；东南一股即白河，经桑堌集、何家营，离夏邑城西南七八里，至胡家

1 (清)张廷玉等:《明史》卷84《河渠志二》,第2064—2065页。
2 (清)张廷玉等:《明史》卷84《河渠志二》,第2065页。
3 《明神宗实录》卷313,“万历二十五年八月丁卯”条,第5856页。
4 (清)张廷玉等:《明史》卷84《河渠志二》,第2066页。
5 (清)张廷玉等:《明史》卷84《河渠志二》,第2066页。
6 《明神宗实录》卷366,“万历二十九年十二月壬午”条,第6860页。
7 (清)顾炎武撰,黄坤等校点:《天下郡国利病书》,第1406页。

桥、永城，出白洋河；东北一股为响水河，至桑堌集与白河汇合。[1] 万历三十年(1602年)三月，多股水流汇归一路，全数由涡河、浍河入淮："其始也，尚由符篱桥与黄堌下流相合；其继也，尽由沙冈、涡泡、浍河与淮河合而为一矣。"[2]

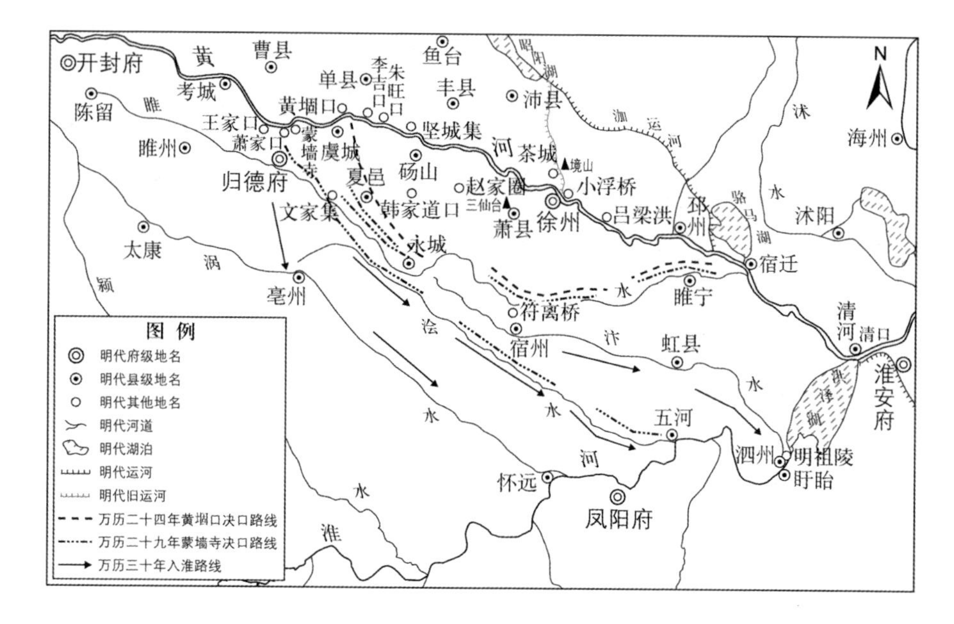

图5-2-1　万历二十四年至万历三十年黄河决口示意图

资料来源：底图为《中国历史地图集》第7册《元·明时期》"明·南京(南直隶)"图，第54页。

黄河由涡水、浍水入淮和由泗水一线入淮，对清口水文形势和门限沙的影响是不同的。对此，明代人士有清晰的认识：

> 夫以黄正派合淮上流，则淮挟黄而强，其势如悬瀑，而下海也易，此陈、亳、颍、寿之黄，非惟不足以碍淮，而适足为淮助也；以黄支派合淮下流，则黄力分而弱，其势如附枝，而下海也亦易，此清河县北之黄，虽非有助于淮，而亦不足为淮碍也；以黄全派合淮下流，则势如交衢、如对垒，而清不敌黄，主不胜客，其下海也实难，此清河县南之黄，非惟无助

1　(清)顾炎武撰，黄坤等校点：《天下郡国利病书》，第1401—1402页。

2　(清)顾炎武撰，黄坤等校点：《天下郡国利病书》，第1406页。

于淮，而适足以为淮碍矣。[1]

上文中第一种情况指黄河由颍水、涡水入淮，与淮水合力；第二种情况指黄河由清河县以北的老黄河入淮，虽然不会与黄河合力冲刷河道，但是也不会倒灌清口、壅滞淮水；第三种情况即黄河汇归泗水小清河一线后，与淮河相汇于清口，壅滞淮水。自杨一魁分黄以来，黄河频繁决口、南徙入淮，对清口门限沙的影响对应上述第一种情况。万历三十年（1602 年），黄河沿涡水、浍水入淮，与淮水合力冲刷清口门限沙。清口被大规模刷深，没有门限沙拦截，清口以上的湖水疾驰入海。“查勘淮、黄消涸之原，病根何在、果否天时亢旱、有无旁溪走泄……往以黄涨，口恒积沙，水多倒灌，通济闸名为节水者，直以御涨而已。比全河由涡、浍入淮，淮乘河力而流益迅，宁独口无积沙哉？中泓冲深五丈有奇，淮可幸不洄潴、不泛滥。”[2]

由此可见，万历三十年（1602 年）清口淤浅的缘由在于杨一魁“分黄导淮”以来，黄河频繁由黄堌口、蒙墙寺等处冲决南徙，进入淮河中游后与淮河合力刷深清口门限沙，致使黄、淮全流入海，清口水位消落。总而言之，淤浅根源在于杨一魁分而治之的治水方略使黄河下游水系结构紊乱，清口地区黄、淮水流动态平衡被破坏。

（三）“以水治水”的水利调试

清口淤沙无法单纯依靠人力疏浚或混江龙滚刷来解决，通过构建黄、淮、运治水格局，干预清口以上黄河、淮河或分流或归一的状态，改变清口处黄、淮水势，维持水流动态平衡，才是解决清口问题的关键。这种以水治水的清口整治理论，早在万历初年就被总河万恭总结提炼出来：“然浚浅有二法，有漕河、黄河之浅，有二水交会之浅。浚漕、黄者，或逼水而冲，或引水而避，此以人力胜之者也。乃浚二水交会之浅则不然，如黄水与闸水相会，则在茶城；与淮水相会，则在清河，茶城、清河之浅，无岁无之，良以二水互为胜负，黄河水胜则壅沙而淤，及其消也，淮、漕水胜则冲沙而通。要之，人力居二三，而水力居其七八。此浚浅之大概也。”[3]潘季驯治理黄、淮下游，通过束

1　（明）黄承玄：《河议》，《明文海》卷 79，中华书局 1987 年，第 763—764 页。

2　（明）曾如春：《部覆曾总河题议建闸浚渠济运疏》，（明）朱国盛：《南河志》卷 4《奏章》，陈雷主编：《中国水利史典・运河卷》，第 1 册，第 1026 页。

3　（明）万恭著，朱更翎整编：《治水筌蹄》，“勘报淮、河、海口疏”，第 140—141 页。

水攻沙、蓄清刷黄，构建起黄、淮、运三位一体的治水格局。[1] 黄、淮全流汇归清口，水流对抗处在一个相对平衡的位置。淮水既能适当地冲刷清口淤沙，也能在黄河适度的顶托作用下存蓄水源、供给运河。万历十九年（1591年）淮水倒灌泗州城，侵及祖陵。[2] 万历二十四年（1596年），杨一魁实行"分黄导淮"之策，开黄坝新河分泄黄水入海，建高家堰减水闸分泄淮水，对黄、淮采取各自分流、分而治之的举措，以此缓解祖陵受淹问题。[3] 尽管杨一魁也与潘季驯一样，力求通过构建黄、淮、运格局来调控清口水文动态，但与潘季驯三位一体的治水模式相比，杨一魁分而治之的举措导致了黄、淮下游水系结构崩溃与水环境紊乱。

万历三十年（1602年）清口淤浅事件再一次印证了黄、淮、运格局对于清口水流平衡的重要性。彼时治水者已经认识到清口淤浅的原因在于"分黄导淮"以来黄河频繁南徙，清口地区黄、淮水文动态失衡。因此，治水者提出"引河水内灌"[4]，即在挽黄河重归泗水的基础上，重构潘季驯治水格局，以此恢复黄河壅淮的局势，维持清口黄、淮水势相对平衡。

其实在万历三十年（1602年）清口淤浅事件之前，围绕黄河的治水方略已提上日程，但当时的治理目标主要是保漕和护陵。万历二十九年（1601年）黄河决口南徙，徐、邳段黄、运合一的运道趋于浅涸，全河奔溃入淮，侵及祖陵。御史高举主张堵塞黄堌决口，疏浚黄堌口以下河道，挽黄河归泗水一道。[5] 万历三十年（1602年），以曾如春为代表的治水者提出开王家口、挽河归泗的治水举措，理由有二。其一，王家口出现"套湾迎溜之势"，黄河有回归泗水故道的可能。[6] 其二，王家口以下存留的黄河河形及堤岸，为挽河归泗提供了条件。[7] 在此基础上，曾如春主张高筑堤岸以防水流南逸，或兴筑拦河堤坝逼黄河东流归泗。[8] 另一方面，山东巡抚黄克缵反对王家口工程，他认为泗水一线已被黄河淤泥垫高，王家口地势高亢，不利于引河东流，同

1 姚汉源：《黄河水利史研究》，黄河水利出版社2003年，第266—272页。
2 （清）张廷玉等：《明史》卷84《河渠志二》，第2056页。
3 （清）傅泽洪主编，郑元庆纂辑：《行水金鉴》卷64，第2315—2317页。
4 （明）曾如春：《部覆曾总河题议建闸浚渠济运疏》，（明）朱国盛：《南河志》卷4《奏章》，陈雷主编：《中国水利史典·运河卷》，第1册，第1027页。
5 （清）张廷玉等：《明史》卷84《河渠志二》，第2067页。
6 （清）顾炎武撰，黄坤等校点：《天下郡国利病书》，第1404页。
7 （明）冯奕垣：《治河议》，（明）陈子壮：《昭代经济言》卷11，中华书局1985年，第236—237页。
8 （明）周之龙：《周司农集》卷1，"漕河说"，《明经世文编》卷478，《四库禁毁书丛刊·集部》，第29册，第402页。

时提出挽河南徙，以增筑堤防的方式将黄河主流固定在归德、永城、宿州一线，出白洋河与泗水故道相接，同时引汶水、泗水，为徐、邳运段提供水源。[1]

挽河归泗和挽河南徙都是针对保漕护陵的一种治水构想，但是其间掺杂的地方利益增加了治河工程的复杂性。总河曾如春主张挽河归泗，与河南地方利益有关。万历三十年（1602年）黄河南徙入淮，时任河南巡抚的曾如春唯恐患及祖陵而问责河南，主张开浚王家口。[2] 黄克缵指出曾如春治水是出于河南地方利益："曾公开王家口全为归德一郡，不为祖陵。今人力胜天，已将旧河强塞，而水亦大半复入徐州矣。河南患水视昔已减，而兖地水患则倍于河南矣。"[3]挽河东行后，河南所受水患减少，但山东频遭水患，运道屡被冲决。山东巡抚黄克缵反对王家口工程、主张黄河南徙，也是出于地方利益的考量。官方最终确立挽河归泗的治水方案，并于万历三十年（1602年）十月九日兴工。[4] 但因治水者犹疑不定，加上地方利益牵扯，工程进展迟缓。据曾如春疏言，"总河前疏议开王家口者，虽以挽南流为陵寝计，实以复故道为漕运资也。两经本部照议覆请，至今未蒙简发，以致河臣疑虑未决，人心观望稽延"。[5]

万历三十年（1602年）清口淤浅引发的漕运危机为推进王家口工程提供了契机，由清口淤浅所引出的治水诉求也使官方将黄河治理升级为重构黄、淮、运格局。万历三十年（1602年）清口淤浅后，总河曾如春勘察清口，强调王家口工程是清口漕运通畅的保障。

> 不知王家口之开且未刻期成功，则上流之水未能源源而至，即清口日加挑浚，终何益哉？伏乞皇上并将臣部所覆总河议开王家口之疏速赐检发，俾河臣得一意鸠工，上源既达，则淮、黄之安流无恙，清口之仰受如故，而运艘之来可保其永无他虑矣。[6]

1　（明）周之龙：《周司农集》卷1，"漕河说"，《明经世文编》卷478，《四库禁毁书丛刊·集部》，第29册，第402—403页。

2　（清）顾炎武撰，黄坤等校点：《天下郡国利病书》，第1400页。

3　（明）黄克缵：《数马集》卷35，"柬尹春寰中丞"，《明别集丛刊》第3辑，第97册，第424页。

4　（清）顾炎武撰，黄坤等校点：《天下郡国利病书》，第1400页。

5　（明）曾如春：《部覆曾总河题报清口淤浅疏》，（明）朱国盛：《南河志》卷4《奏章》，陈雷主编：《中国水利史典·运河卷》，第1册，第1025页。

6　（明）曾如春：《部覆曾总河题报清口淤浅疏》，（明）朱国盛：《南河志》卷4《奏章》，陈雷主编：《中国水利史典·运河卷》，第1册，第1025—1026页。

曾如春认为王家口工程完成后，黄河汇归泗水一线，黄河、淮河各自安流，清口水情恢复到“分黄导淮”之前的局面，漕运得以畅通。这一论述固然是曾如春为推进王家口工程所寻求的一种说辞，但却符合以水治水的逻辑。王家口工程作为重构黄、淮、运一体格局的关键环节，是恢复清口水流动态平衡的长远之计。“讨惟有俟大工告成，河来拥淮，将有内灌如故之理。”[1]万历三十年（1602年），清口深度已达五丈，将清口黄、淮水流动态恢复到之前的状态需要一个过程，短期内无法实现。

引高、宝诸湖之水北上济运成为缓解清口淤浅更直接的方案。万历三十一年（1603年）三月，总理河道侍郎曾如春提议引高、宝诸湖之水北上济运，建闸节制水流。引湖水济运的具体措施如下：

> 及查将高、宝、瓜、仪诸闸与沿河一带泄水涵洞尽数封闭蓄水，北引济运，期于通行无阻，不谓新岁冻解，淤浅益甚，河官智穷虑竭，工力靡施。臣私念开归上源，黄流漭沆之大势如故也，一旦淮、黄会合之处顿成浅涸，必有受病之源，而特不得其故耳。……及诸臣勘议水涸之故，大都因淮、黄会合，河底冲刷，深且五丈，外低内昂，势不能复溢而上河涸，病根实源于此。……今所恃淮南高、宝诸湖之水，臣檄行封闭甚早，不令旁泄，北引接运，颇有余资。以故司道诸臣议欲因便于高、宝湖水而建闸浚渠，节宣用之，正昔年陈平江已然之明效也。[2]

明代后期，黄、淮南泛，运道淤高，淮扬运河北段流向转为自北向南。但由万历三十一年（1603年）高、宝湖水北上济运来看，淮扬运河北段地势差还处在较小的范围。通过人为封闭运堤闸坝、抬升湖水水位，可使高、宝湖水和运口持平，实现北上济运。在人为调控下，高、宝湖水呈现短暂北流的局面。明初平江伯治理清江浦时引湖入淮，万历三十一年（1603年）引湖济运事件由此被认为是复平江伯旧制，甚至还有人提议，“复古平江节宣之制为

---

1 （明）曾如春：《部覆曾总河题议建闸浚渠济运疏》，（明）朱国盛：《南河志》卷4《奏章》，陈雷主编：《中国水利史典・运河卷》，第1册，第1027页。

2 （明）曾如春：《部覆曾总河题议建闸浚渠济运疏》，（明）朱国盛：《南河志》卷4《奏章》，陈雷主编：《中国水利史典・运河卷》，第1册，第1028页。

今第一议也。……信理闸如理财，惜水如惜金，高、宝诸湖自足济漕”。[1] 但是明初和明后期的黄、淮形势不同，清口淤积情形有异，万历三十一年（1603年）引湖济运只是一个应急举措，并不会持续。“特昔者淮、黄与高、宝水势相平，计诚为得。若今湖水凌二渎之上，悬流及仞，无闸为节，湖涸可倚而俟也？瓜、仪抵淮三百漕径，又将何寄？”[2] 万历三十一年（1603年）四月，漕运危机由于降雨才得以缓解。[3] 但是，清口淤浅引发的治水诉求仍推动挽河归泗工程。万历三十一年（1603年）七月二十一日，官方堵闭王家口工程龙口，其后两年又在王家口至徐、邳之间的黄河河道之侧加筑大坝、创筑长堤。万历三十三年（1605年）十一月至三十四年（1606年）四月，官方又挑浚朱旺口，使朱旺至小浮桥之间一百七十里“渠势深广，筑堤高厚，溃流复归故道”。[4] 挽河归泗工程使“分黄导淮”以来黄河决口南徙的局面得到控制，其实质是在恢复黄河泗水故道的基础上，重构黄、淮、运三位一体的治水格局。

综上所述，万历三十年（1602年）清口淤浅看似明后期一场漕运危机，实际上却是以黄、淮、运为中心的水文变局。淤浅根源在于杨一魁“分黄导淮”，以分而治之的治水方略代替潘季驯三位一体的治水格局。黄河下游分流削弱了冲刷淤沙的水力，下壅上决，致使黄河频繁在黄堌口、蒙墙寺等地决口南徙。黄河频繁决口入淮，清口原本相互平衡的水流动态被打破，门限沙被过度刷深，众水奔流入海。治水者为解决清口淤浅问题，提议以黄壅淮、重构治水格局，恢复清口水流动态平衡。开王家口是为了使黄河恢复泗水故道，既能保证徐州、邳州以下运道通畅，也能积蓄水源供给淮南运口，这是人为决定黄河走向的重要参照。明代后期淮扬运河北段水源取自淮、黄，而运口水源的存蓄在于黄、淮水流之间的动态平衡。在黄河全流顶托下，清口以上湖面扩展、水位抬升，为防高家堰溃决，导淮不可避免，淮水分泄局面进一步确立。另一方面，为应对黄、淮消落而采取的一系列举措，如引高、宝湖水北上济运，是缓解漕运危机的临时举措。这项应急措施表明，在运堤坚固、闸坝堵塞的情况下，运西湖泊的流向等水文形势会受到影响。

---

1 （明）曾如春：《部覆曾总河题议建闸浚渠济运疏》，（明）朱国盛：《南河志》卷4《奏章》，陈雷主编：《中国水利史典·运河卷》，第1册，第1027页。

2 （明）曾如春：《部覆曾总河题议建闸浚渠济运疏》，（明）朱国盛：《南河志》卷4《奏章》，陈雷主编：《中国水利史典·运河卷》，第1册，第1026页。

3 （清）傅泽洪主编，郑元庆纂辑：《行水金鉴》卷128，第4323页。

4 《明神宗实录》卷420，“万历三十四年四月癸亥”条，第7958页。

第三节　闸坝与南北、东西向水流的调控

淮扬运河运道上的闸坝，主要用来平水、蓄水，供船只通行，其控制的是南北向水流；运堤上的闸坝，则用来调节东西向水流。明代后期，在黄、淮南泛的大环境下，淮扬运河北段堤岸形态、水流方向发生改变，也引起运河闸坝制度的一系列变化。

一、运道闸坝的管理

明代前期，淮扬运河北段引湖水济运，水流方向自南向北。平江伯陈瑄在运河上置五闸，节制水源，便利漕运。嘉靖以来，黄河正流转由泗水入淮，清口淤塞，黄、淮南灌，运道淤高，运河流向变为自北向南，闸坝功能也由节制湖水向防御黄、淮倒灌转变。

> 但细核嘉靖以前，水由里河出清口而入外河，形势内高，故建新旧清江等闸，蓄高、宝诸湖清水济运。既而黄流淤垫，河身日高，水由外河进清口而入里河，故淮城、高、宝常患泛滥，而三闸反为塘水之关，是水反注而闸亦反用也。黄水漫衍，凡里河一带，渐致积淤。年勤捞浚，方能疏利。[1]

早在成化七年(1471 年)秋，淮河水涨，灌入新庄闸，从运口到清江闸的二十里运道淤塞不通。官方筑清江坝蓄水，运船由仁、义二坝车盘入淮，又在清江浦置东、西二坝。[2] 闭闸筑坝的目的，一是在运河淤高的情况下防止水源走泄，二为防止黄、淮水流继续南下倒灌淮安城。嘉靖八年(1529 年)，漕抚都御史唐龙提议重新使用清江闸月河，黄、淮水涨则闭闸，船只由月河过坝，黄、淮水落后，则开闸过漕船："近日水涨，坝埂倏决，往来船只径行。乞将河口一带淤沙挑浚疏通，仍将新庄闸增筑高广，伺来岁水涨，即便用土填塞，以遏流沙之入。船只照前俱由月河往来，水消仍复开行。自后凡遇水

1　天启《淮安府志》卷 13《河防志》，第 573 页。

2　(明)胡应恩：《淮南水利考》卷下，陈雷主编：《中国水利史典・淮河卷》，第 1 册，第 185 页。

涨则闭,水消则开,而以为常,则经久之计庶或在此。"[1]唐龙还开浚淮安城西北的乌沙河,筑方家坝,在坝内建闸。方家坝即景泰以前的淮安坝,故址在淮安城西北七里,是船只车盘入淮处。[2] 乌沙河缩短了运船入淮里程,但黄、淮盛涨时,水流也会由方家坝倒灌,黄、淮又增加了一条南下通道。新庄闸、清江闸、方家坝之间的地势逐级递减,新庄闸到清江浦闸间二十余里,水势低二尺;清江浦闸到方、信二坝间二十余里,水势又低二尺。[3] 当黄、淮消落时,新庄闸、清江闸和方家坝闸需应时启闭,防止水源走泄;黄、淮盛涨时,三闸也需关闭,船只车盘过坝,以防水流倒灌入运、淤塞运道。[4]

闸坝启闭有严格规定,但在实际运作中不免存在松弛懈怠的情况,如"延至嘉靖八年间,坝禁废弛,河渠淤塞"。[5] 黄、淮倒灌,淤塞运道。月河地势比清江浦低,更易被泥沙填淤。嘉靖三十二年(1553 年),淮安知府姚虞筑清江浦坝,开月河。"先是,都御史唐龙开方家坝河,时有以腹受沙之论。今坝外积沙数十百丈,岂可引之入内乎? 未几,唐有清江坝车盘之奏,而方坝自废。"[6]嘉靖八年(1529 年)唐龙开浚月河后,姚虞于嘉靖三十二年(1553 年)又疏浚,可见月河淤塞速度之快。

新庄运口直面黄、淮冲击。水流盛发时,闸外筑坝,闭闸车船;黄、淮水消,则开坝启闸。新庄运口自成化七年(1471 年)以来,一遇黄、淮盛发,就要筑坝挡水,但是贡船和官船往来,又需随时开坝。为解决运坝时筑时掘的烦扰,嘉靖十五年(1536 年)经总督漕运右都御史周金提议,官方在新庄闸添置一渠,"约长五丈,立闸三层,重加防护,水发即三板齐下,贴席封固,虽有渗漏,势亦微细,而挑浚不难"。[7] 嘉靖三十年(1551 年),新庄运口淤塞,时常处于关闭状态,船只车盘过坝,新运口设在三里沟,置通济闸。万历元年(1573 年),三里沟通济闸直当黄、淮冲击,启闭失常,胡效谟提议恢复新庄闸。万历六年(1578 年),潘季驯将运口移至甘罗城东,运口置通济闸。万历七年(1579 年),潘季驯等提议效仿平江伯陈瑄治水时的闸制,按时启闭诸

1 (明)胡应恩:《淮南水利考》卷下,陈雷主编:《中国水利史典·淮河卷》,第 1 册,第 194 页。
2 武同举:《淮系年表全编》,陈雷主编:《中国水利史典·淮河卷》,第 1 册,第 538 页。
3 (明)潘希曾:《竹涧奏议》卷 4,《景印文渊阁四库全书》,第 1266 册,第 805 页。
4 (明)潘希曾:《竹涧奏议》卷 4,《景印文渊阁四库全书》,第 1266 册,第 805—806 页。
5 (明)潘季驯:《河防一览》卷 8,"查复旧规疏",陈雷主编:《中国水利史典·黄河卷》,第 1 册,第 455 页。
6 (明)胡应恩:《淮南水利考》卷下,陈雷主编:《中国水利史典·淮河卷》,第 1 册,第 195 页。
7 《明世宗实录》卷 195,"嘉靖十五年闰十二月壬子",第 4119 页。

闸，并于闸外置坝，遏制黄水倒灌："淮安一带，黄、淮灌入，运渠高垫，且闸水湍发急，启闭甚难。查照平江伯陈瑄所建清江、福兴、新庄等闸，递互启闭，以防黄水之淤。又于水发之时，闸外暂筑土坝遏水头，以便启闭，水退即去坝，用闸如常。议欲修复旧规，并请特旨垂示各闸，使势豪人员不敢任情阻挠。"[1]闸的有效管理能防止浊流倒灌、水源走泄，但有豪强势力时常强制开闸。闸规日益松弛，加剧运道淤塞，为此官方设有严格的惩处措施："这筑坝盘坝事宜俱依，拟有势豪人等阻挠的，即便拿了问罪。完日于该地方枷号三个月发落干碍职官，参奏处治。钦此。"[2]工科都给事中常居敬与漕抚都御史舒应龙、工部主事黄日谨等申饬闸制管理，提议恢复旧有规制。《旧归》载："呈将三闸匙钥，送赴漕抚衙门收贮，每日请发，禁例始定。"[3]

运口闸坝阻挡黄、淮内灌，但因引黄济运的现实需求，运道不免淤塞。随着黄、淮南下范围扩大，清江浦南段运道日渐淤塞，针对淮安城西北十里处的板闸也有开凿月河的提议："淮清江浦，频年外河黄水漫入辄淤，浚治无已，运舟每为阻滞。询之父老，有云：'自板闸而下相度地形，中道别开一支河，河口亦建闸，各高其堤防，淤则浚其一，而开其一以行舟，可免停泊矣。'"[4]运道自北向南淤高，汛期水流湍急，漕船难以牵挽，官方于万历十六年（1588年）在板闸、清江闸、福兴闸、通济闸、新庄闸旁开月河："板闸、清江、福兴、通济、新庄各闸，上隔黄河倒灌之患，下便节宣之势。近来黄强淮弱，五坝不通，闸座不闭，以致泥沙内侵。伏秋水溜，漕舟上闸难若登天，每舟用纤夫三四百人，犹不能过，用力急则断缆沉舟，故是年于各闸旁俱开月河一道，避险就平，以便漕挽。"[5]开凿月河缓解了船只牵挽难题，但因月河地势较低，易受泥沙填淤，久而久之，月河河床也日渐淤高。万历十七年（1589年）建清江越闸后，福兴、通济、新庄等月河也相继建闸。诸闸之中，运口闸直面黄水，淤积更深，船只牵挽更为困难。万历二十二年（1594年），直隶巡按綦才提议疏浚闸左旧河，并在闸右增开一道新河，左右两道各置一闸。"三闸并出，获利而免害"。[6]

---

1 《明神宗实录》卷89，"万历七年七月己酉"条，第1838—1839页。

2 （明）潘季驯：《河防一览》卷9，"申严镇口闸禁疏"，陈雷主编：《中国水利史典・黄河卷》，第1册，第484—485页。

3 （明）潘季驯：《河防一览》卷9，"申严镇口闸禁疏"，陈雷主编：《中国水利史典・黄河卷》，第1册，第485页。

4 （明）刘天和著，卢勇校注：《问水集校注》卷2，南京大学出版社2016年，第37页。

5 （清）傅泽洪主编，郑元庆纂辑：《行水金鉴》卷125，第4244—4245页。

6 《明神宗实录》卷270，"万历二十二年二月癸亥"条，第5014—5015页。

综上所述，随着黄、淮南泛，运道自北向南淤高，淮扬运河北段闸制也发生改变。其一，在闸的功能方面，运河原本引湖水济运，水流自北向南，闸的设置主要为节制湖水。运河淤高、流向转变后，闸的功能以防止黄、淮倒灌为主。其二，在闸、坝设立上，明代前期平江伯陈瑄治水时以闸为主，盘坝只起辅助作用。随着闸制松弛，黄、淮倒灌，运道淤高，淮扬运河北段的水利工程形成闸、坝并用体系，兼顾蓄水、御黄功能。其三，月河的兴起一为闭闸后船只通行，一为水流湍急时方便牵挽。闸坝在一定程度上遏止了黄、淮南侵，但受漕运制约，闸坝无法完全按照水情启闭，豪强干预又加剧了闸坝管理松弛，淮扬运河北段淤高成为不可阻挡的趋势。

二、漕粮、鲜贡和闸坝控制的时节性

明代漕运制度经历了一系列改革。明初推行“支运法”，各地农民先将漕粮运至淮安、徐州、临清、德州四仓，再由运军运至通州、北京二仓。宣德五年（1430年），漕运实行“兑运法”，各地将漕粮运至淮安、瓜洲等处，兑与运军领运，并按路程远近由农民负担运军路费、耗米。成化七年（1471年），漕运推行“改兑法”，运军赴江南、南京附近水次交兑，农民承担路费、耗米和运军过江水次兑运费用“过江米”。在漕粮征收、交兑上，户部统一规定：每年十月初各州县开征漕粮，十二月底结束，交兑时间从本年十二月底到次年正月底。正统以后，交兑时间向后推迟一个月，延迟到二月底完毕。明中叶后，各地漕粮交兑时间往往拖延。兑粮结束后，开帮起运，有严格的水程期限，明初大致是正月起运，二三月过淮，三四月过洪，六月内尽数抵张家湾，再运至京仓。正统以后，水程期限也相应推迟。[1]

嘉靖以来，为使运粮漕船按时到达京师，官方对漕船过淮期限有严格规定。嘉靖八年（1529年），江北漕船被限定在十二月前过淮，南京、江南、南直隶漕船在正月内过淮，湖广、浙江、江西漕船则在三月前过淮。[2] 黄、淮水发多在五六月，漕船过淮偶尔延后影响并不大。但明代后期漕船延期过淮的情况时有发生，隆庆四年（1570年），提督漕运镇远侯顾寰称，江南、江北漕船

1 鲍彦邦：《明代漕运研究》，第54—59、161—162、165页。

2 （明）申时行：《大明会典》卷27，户部14，《续修四库全书》，第789册，第488—489页。

于六月十四已过淮，湖广等地的六十三只漕船还未到。[1] 漕船由淮扬运河入淮要过闸，若值黄、淮盛发，水流便会携带泥沙倒灌运口，淤塞运道。万历二年(1574年)，湖广、江西、浙江漕船过淮多值黄水盛发，官方提出恢复旧例，限定漕船在二月前过淮。[2] 但在实际执行过程中，征收、兑运、起运某一环节稍有延缓，漕船过淮日程便会推迟。“黄河二月有桃花水，三月有清明水，四月有麦黄水，然止弥滩或平岸而已，不害运。惟五月至秋九月为伏。秋水多者四次，少者三次；高者丈五余，下者丈余。此运船之所必避也。”[3]漕船过淮早晚关系到闸坝启闭时机，闸坝启闭又影响运道是否受黄、淮侵袭。随着漕运愆期现象加剧，黄、淮倒灌问题凸显，治运者对运口闸坝的启闭时节也有明确规定。万历七年(1579年)潘季驯规定，淮扬运河北运口在六月初至九月间闭闸用坝，九月至来年六月初开坝用闸。“及查每岁三月以前，粮运俱过，六月初旬，鲜贡已尽，其余船只，皆可盘坝，并无妨碍。……每岁于六月初旬，一遇运艘并鲜贡马船过尽，即于通济闸外暂筑土坝，以遏横流，一应官民船只，俱由盘坝出入。至九月初旬，仍旧开坝用闸，庶于国计民生两利之矣。”[4]万历十七年(1589年)左右，闭闸用坝的时间提前到五月。[5]

明代后期，官方规定载有漕粮、鲜贡的船只可按时过闸，其余船只需要在规定的时间内车盘过坝。万历《淮安府志》载，“一防北河黄流入口，不免泥淤；一防各闸启闭无时，不免浅涸。故运河只许粮船、鲜船应时出口，都漕遣官发筹，或三五日一放，运船过尽，口即筑塞。五闸匙钥掌之都漕，口之出入监之工部。其大小官民船只，悉由仁、义等五坝车盘，以出外河”。[6] 漕船数量多，运闸常开不闭，致使运道水源走泄。“初春水落，正当平缓之时，止因运艘昼夜放行，诸闸不便下板，传者遂谓不能启闭。”[7]对豪强势力强行开坝的行为，官方强力打压：“如有势豪人员恃强阻挠，应拿问者径自拿问，应参奏者径自参奏，毋得阿徇假借。庶人心知警，法不废格，而河渠有赖矣。”[8]

---

1 (明)查铎:《毅斋查先生阐道集》卷1《奏疏》,《四库未收书辑刊》第7辑,北京出版社2000年,第16册,第434页。

2 (明)申时行:《大明会典》卷27,户部14,《续修四库全书》,第789册,第489页。

3 (明)朱国盛:《南河志》卷7《旧条规》,陈雷主编:《中国水利史典·运河卷》,第1册,第1077页。

4 (明)潘季驯:《河防一览》卷8,“查复旧规疏”,陈雷主编:《中国水利史典·黄河卷》,第1册,第455页。

5 (明)潘季驯:《河防一览》卷11,“查议通济闸疏”,陈雷主编:《中国水利史典·黄河卷》,第1册,第517页。

6 万历《淮安府志》卷5《河防志》,《天一阁藏明代方志选刊续编》,第8册,第440页。

7 (明)潘季驯:《河防一览》卷11,“查议通济闸疏”,陈雷主编:《中国水利史典·黄河卷》,第1册,第519页。

8 (明)潘季驯:《河防一览》卷8,“工部覆前疏”,陈雷主编:《中国水利史典·黄河卷》,第1册,第456页。

漕运期间,商船、民船不能过闸,只能盘坝。[1] 明初平江伯治运时,并未规定民船由坝、官船由闸,可见当时水源比较稳定,闸的运作也相对有序。明代后期运河淤高、水路浅涸,为保证漕船按时过淮,将有限的水源供给漕运,则有漕船过闸、民商船只盘坝的规定。

鲜贡是漕粮以外的另一大物件。自永乐定都北京后,朝廷成立鲜贡船运送冰鲜物产至京师。每年派出一百只船,例如由尚膳监起运芥菜薹、鲜笋,内守备厅起运枇杷,内官监起运杨梅。[2] 冰鲜物产的保质期短,运载冰鲜的船只由运河入淮需过闸。万历七年(1579年)规定,每年六月初旬黄水将发时,通济闸外筑土坝,防止水流倒灌入运,官船、民船盘坝出入。鲥鱼、杨梅等冰鲜食品一般在六月运口筑坝前即可入淮,但也存在愆期延后的情况。《万历野获编》:"其最急冰鲜,则尚膳监之鲜梅、枇杷、鲜笋、鲥鱼等物。然诸味尚可稍迟,惟鲜鲥则以五月十五日进鲜于孝陵,始开船,限定六月末旬到京,以七月初一荐太庙。然后,供御膳。"[3] 运载鲥鱼的船只五月才由江南北上,稍有不畅,入淮时间便会推迟。

今岁遇闰五月二十二日,即已入伏,相应先期筑坝,诚恐鲜贡船只所至后期,预咨该部转行早发去后。今准前因,该臣会同漕抚右都御史江一麟议照,清江里河向因外河伏水,带入泥沙,致坫漕渠,应照先臣陈瑄旧规,先期筑坝。已经题奉严旨,通合遵守。今该监既谓冰鲜鲥鱼在五月初旬,杨梅在小暑之后,各采完。若肯较常早发,沿途无滞,计五月二十以前,二项鲜船俱可赶到。若至入伏之日,各船愆期不至,势难久待。随经咨覆该部,及延至入伏之日,定行筑坝外,但恐各监拘泥故常,逗遛不发,延至坝成,又以盘船不便推诿。臣等不无掣肘,况所进冰鲜不多,盘坝只须顷刻,即使车盘不便,亦可预拨马船停泊坝外,鲜到之日对船般剥,亦无妨碍。漕渠关系甚重,似当量从权宜。伏望皇上轸念国计,敕下该部申饬南京守备衙门,每岁冰鲜船只,较常催攒早发,务在伏前旬日抵淮,不至有碍筑坝。万一愆期,即从天妃坝车盘,或预拨马船

1 (清)顾炎武撰,黄坤等校点:《天下郡国利病书》,第1292页。
2 (明)倪涑:《船政新书》卷3,《续修四库全书》,第878册,第219页。
3 (明)沈德符:《万历野获编》卷17,第361页。

停泊外河船剥，著为定例。庶临期不致妨阻，而漕渠永无沙坫矣。[1]

部分年份黄水会发于六月前，通济闸外筑坝也相应提前，但是鲜贡船尚未到达。筑坝后，鲜贡船过闸还是车坝，治运者和各监之间时有争论。治运者如潘季驯倾向于闭闸用坝，防止浊流倒灌，但是鲜贡运送者在闸坝选择上往往有更大的话语权。鲜贡船过闸，会引黄水灌入运河，致使运口淤塞、运道淤高。

三、运堤减水闸和东西向水流的调控

淮扬地势西高东低，天然河道的流向多为东西向。南北向的运河形成后，对天然水系产生分流。运堤兴筑后，更对水流形成拦截，使运西湖泊潴积、水面扩展。运堤本身又是一道水利屏障，一旦被冲垮，便会造成漕运阻滞、农田受淹。直至明代中期，淮扬运河北段运堤还是单堤，堤上有减水闸坝分泄洪水。万历以来，运河双堤形成，对东西向水流的拦截作用加强，设立减水闸坝更有必要。

又谓郡城之南，漕渠之西，有泾河，有管家、西南诸湖，湖满则入漕渠，渠东岸堤自城南包家围至宝应界，可六十里，有涵洞，有平水闸，水满则过闸入洞。洞外有沟，接受闸洞余水，会诸圳洫，不妨田畴，且资灌溉，与泾河并横走而东，并入射阳湖，泊盐城县南，出濛泷口以入海。郡城之东有涧河，有马逻、建义诸港，各顺趋南下涧河，则盐城兑粮旧道，两县货物所通。[2]

上文提到的泾河在运河以西，在运河以东也有一条泾河。由此推之，运河东西两侧的泾河原本是一条天然河流，被运堤阻断后，水流需穿堤东流，运堤上的平水闸和涵洞就成为东西水流贯通的关键。运堤闸坝既是存蓄运河水位、稳固运堤的水利工程，也是运东农田灌溉的重要保障。明代后期，黄、淮南泛，运堤闸坝也出现新的转变。

1　（明）潘季驯：《河防一览》卷8，“申明鲜贡船只疏”，陈雷主编：《中国水利史典 · 黄河卷》，第1册，第456—457页。

2　天启《淮安府志》卷13《河防志》，第571—572页。

涧河是淮安地区一条重要的东西向河道，有分泄积水、资灌民田的作用。[1] 明初，涧河上设有调控水流的闸。“菊花沟，俗名涧河，临河有闸，启闭蓄水以济运船，有余则泄之。而东方诸乡及诸州县之米刍贽货亦由此通，俗号为柴米河。是时，诸凡船只由此车盘入淮，旧志谓一时为水陆之便者也。”[2] 明代中后期，黄河决破堤防南泛，部分水流沿涧河入海，致使涧河被淤。嘉靖十三年（1534 年）正月，总理河道副都御史朱裳等提议疏浚涧河。但黄、淮时常南泛，涧河屡受淤塞，不得不另辟河道泄水。

万历三年（1575 年），王宗沐主持开通新涧河，主要原因是西长堤修筑后，淮安城西、北泄水通道受阻。旧涧河从淮安新城东关起，经北涧、南涧，过下塘、寿河寺，至车家桥、泾口、流金沟，经射阳湖由庙湾入海。新涧河由淮安旧城外龙王庙起至寿河寺接车家桥，又在车家桥以东分为两支入射阳湖。[3] 万历年间，淮安知府邵元哲主持挑浚涧河。其中，龙王庙至寿河寺的一段深七尺、宽四丈，寿河寺以下一段深七尺、宽三丈，前者称大涧河，后者称小涧河。[4] 王宗沐开浚涧河时，在郭家舍置涧河闸调控蓄泄，“沿途建石畚土，为楔闸水，以时纵闭，其闸以座计者五十有奇”。[5] 但涧河与运堤并不相接，将其和运河东堤减水闸相连的是宝带河，由万历间邑人请求开浚，自杨家庙兴文闸承接运河分泄的水流，至淮安旧城东门外接涧河。[6] 兴文闸在淮安府城西南，万历五年（1577 年）由知府邵元哲主持兴建。“运河汛涨，则启兴文闸，由大、小涧河分流并泄。城中积潦，亦不患其停滞，下河之柴米鱼蔬源源而来，虽百世赖之可也。”[7] 兴文闸和涧河闸是淮安地区重要的泄洪通道，明人胡应恩称，“二闸最为泄水之冲，其工不宜苟且，无益反害也”。[8] 黄、淮南泛，涧河受淤，需不断疏浚。万历二十一年（1593 年），总漕李戴委派知府马化龙浚治涧河。其后知府刘大文重新挑浚，天启四年（1624 年）知府宋祖舜再次疏浚。[9]

1　光绪《淮安府志》卷 6《河防志》，《中国地方志集成・江苏府县志辑》，第 54 册，第 72 页。
2　（明）胡应恩：《淮南水利考》卷下，陈雷主编：《中国水利史典・淮河卷》，第 1 册，第 182 页。
3　（清）刘琨：《郡城风气根本图说》，《山阳艺文志》卷 3，成文出版社 1983 年，第 267 页。
4　（清）刘琨：《郡城风气根本图说》，《山阳艺文志》卷 3，第 267 页。
5　（明）胡应恩：《淮南水利考》卷下，陈雷主编：《中国水利史典・淮河卷》，第 1 册，第 187 页。
6　光绪《淮安府志》卷 6《河防志》，《中国地方志集成・江苏府县志辑》，第 54 册，第 73 页。
7　（清）刘琨：《郡城风气根本图说》，《山阳艺文志》卷 3，第 267 页。
8　（明）胡应恩：《淮南水利考》卷下，陈雷主编：《中国水利史典・淮河卷》，第 1 册，第 186 页。
9　光绪《淮安府志》卷 6《河防志》，《中国地方志集成・江苏府县志辑》，第 54 册，第 72 页。

兴文闸以南的泾河闸也是运河东堤上的减水闸，在淮安府城南五十里，景泰元年(1450年)建。“此闸泄山阳运河之涨，黄浦闸泄宝应湖之涨，涨时二闸必开其一以泄之，并开则下河之田尽浸矣。”[1]明代后期黄、淮南泛，高家堰冲决，上游来水增多，泾河闸和黄浦闸成为泄洪通道。每当开闸泄水，运河以东农田便会受淹。明代蔡翰臣《泾河放闸》描述了这一情形：“秋水汤汤灌百川，蓼汀蘋渚渺相连。黍苗历乱西风里，鸿雁哀鸣落照前。地辟龙门原赴壑，堤穿蚁穴亦滔天。何人为砥中流柱，碧海桑田总晏然。”[2]黄浦闸也是运堤减水闸，位于淮安、宝应交界处。“(万历)七年命官修筑(黄浦口)，改建减水闸四座，加高闸石九座，自是宝应诸湖堤岸相接。”[3]围绕运堤减水闸的纠纷时常发生，运河以东的下河地区请求关闭运堤减水闸：“嘉靖间，水势宜开黄浦，而宝应之民欲开泾河闸，督府总戎亲至黄浦开之，二县之田皆无伤。近因下河田户告塞二闸，水满而溢，以致黄浦决口，二年不能闭，下河田民实自贻害，苦至极矣。”[4]闭闸后水流潴积漫溢，冲决运堤，又给运东地区带来严重水患，因此减水闸的有序开启是必要的。

运河西堤上的减水闸有新路闸。新路是淮安城西门到板闸的沿湖运道，由明初平江伯陈瑄开凿。[5] 堤上有多个闸，平时运河之水不由闸入湖，天干水涸时则由闸引湖入运。[6] 万历时期新路闸不见记载，很可能已废弃，而废弃的原因则是黄、淮南泛，管家湖淤塞，新路闸没有了引水济运的作用。

明代后期，运堤减水闸坝总体上东岸多、西岸少。淮水由高家堰武家墩、高良涧、周家桥分泄南下，到达淮扬运西诸湖，再穿过运堤泄入运东。西堤减水闸坝缺失，加剧了运堤对东西向水流的拦截，大部分淮水无法穿过运堤，只能沿西堤南下，转而进入高、宝诸湖，加速了运西湖群的扩张。

本章小结

明代后期黄河主流由泗水小清河一线入淮，不仅淤塞清口、影响淮水出

---

1 (明)胡应恩:《淮南水利考》卷下,陈雷主编:《中国水利史典·淮河卷》,第1册,第186页。
2 (明)蔡翰臣:《泾河放闸》,《山阳艺文志》卷7,第457页。
3 (明)申时行:《大明会典》卷196,工部16,《续修四库全书》,第792册,第350页。
4 (明)胡应恩:《淮南水利考》卷下,陈雷主编:《中国水利史典·淮河卷》,第1册,第186页。
5 正德《淮安府志》卷1《建置》,第17页。
6 (明)胡应恩:《淮南水利考》卷上,陈雷主编:《中国水利史典·淮河卷》,第1册,第168页。

路，也使淮扬运河北段出现一系列变化。其一，明初，淮扬运河北段地势经陈瑄疏浚后南高北低，运道内水流自南向北流入淮河。明代后期，黄河南泛，泥沙灌入运道后自北向南沉积，运河地势向北高南低过渡，水流方向发生改变，由自南向北变为自北向南。这一变化自嘉靖年间开始，此后愈演愈烈。其二，在水源方面，明初淮扬运河北段引湖水济运，明代后期沿淮地势淤高，湖水无法北上，黄、淮成为运河北段的水源。其三，在运口变迁上，明初运口设在新庄，嘉靖以来运口经历数次变迁，先后由新庄运口移到三里沟运口，再移到甘罗城附近。三里沟运口偏南，新庄运口在北，甘罗城运口居中。避黄就清是运口设置的重要因素，但不是唯一动因。万历初期甘罗城运口开通后，有人提议将运口南迁，以便引淮济运，但运口迁移不仅是避黄就清的结果，更是治水方略和漕运利益综合影响的产物，潘季驯就从"蓄清刷黄"和漕运利益出发反对运口南移。其四，在运堤形态上，明代后期淮扬运河北段经历由单堤到双堤的演变。明代前中期，淮扬运河北段有一道东堤。万历年间，一为防止黄、淮侵袭淮安城，一为防止运河水源走泄，官方修筑运河西堤，双堤由此形成。双堤束水、拦沙，泥沙沉积在运道，淤高河床，加上时常引黄水济运，运河淤高明显。其五，为防止黄、淮倒灌，闸坝启闭有严格的规定。黄水盛发时通常闭闸用坝，但受人为因素干扰，闸规松弛、启闭失时，漕粮和鲜贡运输也使运闸处于常开不闭的状态，加剧了黄、淮的倒灌。淮扬地区的天然河道以东西向为主，南北向的运堤兴筑后，对水流形成拦截。运堤由单堤发展到双堤后，拦截作用更加强烈。随着运道淤高，运河对东西向水流的影响更大。运堤上的减水闸坝可调节水流平衡，但随着运河淤高，为维持漕运水位而引发的闸坝失调现象时有发生，加剧了运堤对水流的拦截。这种拦截对整个淮扬地区有着深远影响。原本黄、淮分泄南下的水流以涧口、白马湖、黄浦一线为主，受运河双堤拦截后，大部分水流无法穿过运河排向运东，反而顺着西堤南下进入高、宝诸湖，致使湖泊扩展。运河流向改变预示着江淮关系进入新层面，江淮关系逐渐由宋元时期的分隔走向黄河扰动和运堤闸坝干预下的人为沟通。

第六章 明代嘉靖以后运西湖群扩张和运湖关系的演变

淮扬运河沿线地貌整体上呈现出西高东低、南北高、中间低的局面，地势低洼的中部，包括高邮和宝应在内，是容易潴水的区域。淮扬运河以西湖泊众多，自运堤兴筑以来，运西新湖群加速扩展，宋代已形成湖荡密布的“三十六湖”景观。明代后期随着黄河扰动，淮河下游水环境发生剧变，运西湖泊又迎来发育机会。

> 诸河不过南北一衣带耳，南河则为万水之所终，又为全漕之所始，陵寝、民生所关尤巨。而复东达海滨，西虚淮堰，南沦江汉，北受淮黄，中为三十六湖、七十二涧之壑，稍疏经理，则东南泛滥可虞，而修河、速运、固陵、保氓，盖惴惴乎难之已。[1]

这里的“南河”指淮扬运河。它和其他运河的不同之处，既在于明代漕运、护陵、民生等利益的交织，也体现在周边江、淮、黄、海水环境的交错，其中淮扬运河与沿线湖泊的互动关系更是在京杭大运河中独树一帜。本章主要以明代嘉靖以后淮扬运河中段的湖泊为研究对象，探讨明代运西湖群的扩展过程及驱动因素，复原淮扬运河双堤渠系运河开凿和运、湖分离的动态过程，分析运堤闸坝对水流的反作用，揭示运河对淮扬水环境和河湖地貌的深远影响。

第一节　运西湖泊扩张的历史过程和影响因素

明代后期随着黄水南泛、淮水南泄，湖泊来水增多，水面扩展，湖群合并，高邮湖类似现代一般的大水面形态已初具雏形。

关于湖群统一的时间，已有研究指出是在公元1600年前后，高邮湖粘天无涯，诸小湖不复存在。[2] 这一结论所依据的文献主要有三条。

万历二十三年（1595年），顾云凤《开施家沟周家桥议略》：“好事者倡为浚辟武家墩、高良涧、周家桥诸闸之议，先实诸湖之腹，水无所受，故一雨而

1　（明）徐标：《严饬河防事宜疏》，（明）朱国盛：《南河志》卷6《奏章》，陈雷主编：《中国水利史典·运河卷》，第1册，第1067页。

2　廖高明：《高邮湖的形成和发展》，《地理学报》1992年第2期。

即盈耳。……昔白马、氾光、甓社、邵伯诸湖，始何尝不分，而今安辨其为某某湖也？则泛滥之明验也。”[1]

万历二十五年（1597年），黄日谨《辩开周家桥疏》：“夫淮出清口也，是并黄入海而以海为壑也。若开周桥而注之湖，是以湖为壑矣。夫高、宝之湖受天长、六合二十四塘并诸山溪之水，毋论伏秋，即四时，满望连天，已不可支，所恃一线湖堤为之保障，故运道赖以无虞。若引淮入湖，则淮水之浩荡无涯，湖面之容受有限，势不至决裂湖堤而奔溃四出……”[2]

《天下郡国利病书》：“自是以后，黄入淮，沙泥垫淤，势渐高于里河。淮入海，滋不利，时破高家堰而南，又挟黄入新庄闸，黄水内灌，而扬州陈公、句城诸塘久浸废。附塘民或盗决防，种莳其中，诸水悉奔注高、宝、邵伯三湖，漭瀁三百余里，粘天无畔。每伏秋水发，西风驾浪，砰訇若雷鼓，舟触堤辄碎。”[3]

从上述文献来看，运西诸湖扩张的原因主要是淮水由高家堰分泄南下所致，但还有两点存疑。其一，一些文献证据表明高邮湖由小湖群形成统一水面的时间要早于万历时期。其二，淮水南下不是湖群统一的唯一原因，运堤对湖泊的影响至关重要。运堤对东西向水流形成拦截，尽管运堤上有闸坝调控水流蓄泄，但其运作受人为因素干扰，弊端丛生，启闭失时，加剧运堤的拦截作用。运堤的阻隔作用越强，运西湖泊的扩展就越明显。此外，淮扬南部地势高昂，也会阻碍水流南下入江。本节拟在前人研究基础上，进一步探究高邮湖、宝应湖等统一水面形成的时间，剖析运西诸湖扩张的驱动因素。

一、从《三十六陂春水图题咏》看运堤阻隔和湖群合并

明代前中期，高邮湖还是众多小湖群密布的地区。弘治九年（1496年）成书的《漕河图志》记载，这些湖群较大的有新开湖、张良湖、七里湖、五湖、姜里湖、武安湖、石臼湖、塘下湖、甓社湖等。明代张旭《高邮湖遇大风》：“百里湖光一镜开，西风吹浪拥山来。半空晴洒三冬雪，平地俄惊六月雷。”[4]

1　（清）傅泽洪主编，郑元庆纂辑：《行水金鉴》卷64，第2309—2310页。

2　（明）黄日谨：《辩开周家桥疏》，（明）朱国盛：《南河志》卷3《奏章》，陈雷主编：《中国水利史典·运河卷》，第1册，第1006页。

3　（清）顾炎武撰，黄坤等校点：《天下郡国利病书》，第1219页。

4　（明）张旭：《梅岩小稿》卷10，《四库全书存目丛书·集部》，齐鲁书社1997年，第41册，第170页。

可见，湖泊大水面已初具规模。高邮湖群发生重大转折的时间在嘉靖年间，这方面资料较少，从《三十六陂春水图题咏》中能找到一些线索。

《三十六陂春水图》是明代嘉靖年间高邮知州金贤所作，原图已佚。三百年后，清代道光年间，金贤后代辑有《三十六陂春水图题咏》，以此纪念金贤治理高邮、兴修水利的功绩，成为探索高邮湖发育和治水策略的重要资料。

> 盖公莅是州，在嘉靖之末。河高淮壅，实起于斯时，取淤厚堤，渐违乎旧法。白侍郎凿渠通漕，废为夷涂。平江伯陈瑄置闸宣流，堙成死障，百里有荡析之虞，五湖成混一之势。公乃沿原溯源，股引脉散，导石臼，浚秦兰，以杀其力。障洪泽，开康济，以舒其波。港汊遂分，宛如环玦，田庐无恙，不碍耕渔。[1]

"五湖成混一之势"暗示了高邮诸湖统一的趋势，其间原因在于运堤闸坝废弃后，堤岸成为阻滞湖水的"死障"。明初平江伯陈瑄在淮扬运堤上设立的闸坝至嘉靖初期就已湮废，其"南起邵伯，北抵宝应，长堤计三百四十里而遥，嘉靖以前未有闸也，建自万历三年始"。[2] 这里说嘉靖以前运堤无闸，并非是真的无闸，而是闸已废弃。因此，运堤阻隔是嘉靖年间高邮诸湖潴水发育、湖群合一的决定性因素。

《三十六陂春水图题咏》："吾闻楼泉金公之刺高邮也，使者星明，仁人利溥，国有春气，民多颂声。时以五湖诡流，一望蔑畛，珠川甓社东西相混，樊梁平阿南北弥漫，譬洞庭之集众水鼓厥狂澜，比彭蠡之汇诸江郁为巨浸。"[3] 东西相混、南北弥漫是对湖群合一过程的生动描述，其中"东西相混"是丘陵来水自西向东、与分泄南下的淮水综合作用的结果，"南北弥漫"是水流在运堤拦截下沿堤岸自北向南流动的体现。随着运西湖面扩展，运堤决口、农田被淹的风险增加。面对水情变化，高邮知州金贤采取疏河导湖的治水措施。"前明嘉靖间，仁和金公楼泉出刺是州，虑其混一，请于巡按，分泄湖流，开石梁，导石臼，浚秦兰，障洪泽，增堤顺轨，筑堰分支，淮流既清，湖涨亦靡，此

1 （清）金应麟：《三十六陂春水图题咏》，"三十六陂春水图后记"，《扬州文库》，第43册，第651页。
2 （明）陈应芳：《敬止集》卷1，"论减水堤闸"，《泰州文献》，第17册，第165页。
3 （清）金应麟：《三十六陂春水图题咏》，"书三十六陂春水图后"，《扬州文库》，第43册，第653页。

《三十六陂春水图》所为作也。”[1] 石梁溪在高邮州治西北，自天长县发源入新开湖。[2] 秦兰河在高邮州西六十里，源出天长县野山，东北流入武安、新开二湖[3]，直至清代仍是高邮湖一大水源。[4] 石梁溪和秦兰河都发源自高邮以西的丘陵地区，金贤导石梁、浚秦兰实际是分导丘陵来水，减少湖泊水量。“石臼”是高邮运西诸湖之一，指代高邮湖群；“导石臼”指的是分泄运西湖水，减轻湖泊潴滞。“障洪泽”指巩固上游堤堰，减少汛期黄、淮泛滥入湖的水量。在金贤的治理下，高邮地区的湖泊险情得到缓解，呈现出“镜澜澄空，洪涨若砥，淀渎绵邈，葑蒲蔓延，蛟鼍不惊，凫鸟咸若”[5] 的安澜景象。

除了高邮湖，宝应湖的统一也发生在嘉靖年间。明代前期，宝应湖群有清水湖、范光湖、洒火湖、津湖等。嘉靖《宝应县志》：“水之湖有清水湖，在县南。范光湖，在县南十五里。洒火湖，在范光湖之西，近衡阳。又西为津湖，接连高邮。四湖汇而为一，俗总呼为范光湖，道路人称宝应湖，所谓铁宝应者是已。西望浩渺无际，东障以堤，西风间作，怒涛卷地，相推而直奔东岸，横激堤石，掀涌喷薄，漕舟一触而碎，堤之东地卑，皆民腴田，岁每有湖决之患。”[6] 从环境变迁视角来看，宝应水情转折也在嘉靖年间。“八宝古称沃壤，弘、正时犹为江、淮望县，户口繁盛，盈八万焉。嘉靖辛亥后，岁多水沴，饥馑仍之。迨隆万之间，十室而空其九矣。”[7] 来水增多致使湖泊扩张，运堤阻隔加剧湖群合一，湖患频发。明代前中期船只行经宝应湖的里程只有十七八里[8]，嘉靖年间“往来运粮等船入湖三十余里”[9]，也暗示了宝应湖的发育。

嘉靖年间是运西湖群扩展、合并的过渡时期，此时促使湖泊发育的关键因素不是淮水南下，而是运堤阻隔。隆庆四年（1570年），淮水决高家堰南下。由于此前湖泊已经历扩展，湖盆蓄水量有限，高、宝诸湖极易泛滥。需要指出的是，由高家堰分泄南下的水流是季节性的，它引起的湖水泛涨也是

1　（清）刘嗣绾：《尚䌹堂集》骈体文卷2，“金楼泉三十六陂春水图序”，《续修四库全书》，第1485册，第411页。
2　隆庆《高邮州志》卷2《水利志》，《原国立北平图书馆甲库善本丛书》，第304册，第87页。
3　乾隆《江南通志》卷14《舆地志》，广陵书社2010年，第331页。
4　民国《三续高邮州志》卷1《舆地志》，《中国地方志集成·江苏府县志辑》，第47册，第266页。
5　（清）彭兆荪：《小谟觞馆诗文集》续集卷1，“三十六陂春水图记”，《续修四库全书》，第1492册，第708页。
6　嘉靖《宝应县志略》卷1《地理志》，《天一阁藏明代方志选刊》，第19册。
7　万历《宝应县志》卷4《水利志》，《南京图书馆藏稀见方志丛刊》，第65册，第380页。
8　（明）从兰：《防盗决疏》，（明）朱国盛：《南河志》卷3《奏章》，陈雷主编：《中国水利史典·运河卷》，第1册，第983页。
9　（明）陈毓贤：《开越河疏》，（明）朱国盛：《南河志》卷3《奏章》，陈雷主编：《中国水利史典·运河卷》，第1册，第985页。

间歇性的，但运堤的拦截作用是长久的。由于堤岸阻隔，积水外泄不畅，运西诸湖进一步扩展。

二、淮水南下对高、宝诸湖形态的影响

明代隆庆以来，淮水分泄使运西诸湖进一步扩展，并影响着各大湖泊的形态。现代运河以西有白马湖、宝应湖、高邮湖、邵伯湖，就水域大小而言，高邮湖最大，邵伯湖、白马湖次之，宝应湖已成为滩荡。湖泊大小格局是长期叠加的结果，各个时期水文形势不同，湖泊发育的情况也不尽相同。明代后期受淮河分泄南下影响，高、宝诸湖呈现的形态与现代湖泊完全不同。

隆庆四年(1570 年)，淮河决破高家堰大涧口，经白马湖、黄浦、射阳湖一线入海。[1] 这一线是古淮河南支河汊的一部分，在隆庆年间至万历初年成为淮水分泄南下的主要通道。由高家堰分泄南下的淮水沿东西向河道进入白马湖，促使湖泊扩展，也在一定程度上造就了白马湖东西长、南北狭的形态特征。万历《宝应县志》："白马湖，在县治北十五里，东西长十五里，南北阔三里，西连三角村，东北会运河，北接黄浦。"[2] 由此可见，明代后期白马湖的形态和现代东西狭、南北长的形态完全不同。明代白马湖是淮扬运道的一部分，万历年间白马湖双堤形成前，船只行于湖中。陈烓《舟经白马湖》："湖光百里接长天，白马遥看宝应连。"[3] 在运、湖一体的情况下，湖堤即运堤。欧大任《泛白马湖怀吴道南陆长庚》："一片征帆白马堤，射阳西更博支西。"[4] 与现代白马湖远离运河的状态不同，明代白马湖紧靠运堤，运河沿线设有一系列浅铺，其中"白马浅"因在白马湖沿岸而得名，"八为白马浅，离城十里"。[5] 由高家堰分泄的水流经白马湖至运堤，受到拦截，潴水发育。白马湖东西长、南北狭的形态，是东西向水流和运堤交互影响的结果。

除了高家堰泄水口外，淮扬运河也是淮水南下的一条通道。明代嘉靖以来，运河流向由自南向北变成自北向南。汛期黄、淮泛涨，由运口灌入，沿运河南下。在白马湖尚未与运河分离时，白马湖即是运道，黄、淮水流进入

---

1 武同举:《淮系年表全编》，陈雷主编:《中国水利史典·淮河卷》，第 1 册，第 553 页。

2 万历《宝应县志》卷 1《疆域志》，《南京图书馆藏稀见方志丛刊》，第 65 册，第 255 页。

3 (明)曹学佺:《石仓历代诗选》卷 441，《景印文渊阁四库全书》，第 1392 册，第 821 页。

4 (明)欧大任:《欧虞部集》之《浮淮集》卷 7，《北京图书馆古籍珍本丛刊》，书目文献出版社 1991 年，第 81 册，第 258 页。

5 万历《宝应县志》卷 4《水利志》，《南京图书馆藏稀见方志丛刊》，第 65 册，第 376 页。

运口南下，再流入白马湖，成为湖泊潴积扩张的一个原因。由高家堰倾泄而下的东西向水流和自运口灌入的南北向水流相遇，不仅带来水流潴积，也会冲垮堤岸，造成黄浦决口。万历七年（1579年），潘季驯主持堵塞黄浦决口，运堤得到巩固，拦截作用加强，运西湖泊加速发育。

淮水南下也推动了高邮湖、宝应湖的发育。万历初年，吴桂芳指出："近日淮水南注，转为高、宝，则其去江密迩矣。但扬州、仪真地形甚高，故高、宝五湖向来蓄而不泄。至我朝乃汇之以通运，常年湖水泛滥。如近年淮水南注，水甚加增，则扬州、仪真之间亦可开闸开坝，稍泄逾额之水。"[1] 淮水南下对高、宝诸湖的影响包含直接和间接两个层面。隆庆至万历初期，由高家堰大涧口至白马湖、黄浦一线是淮水分泄的主要通道，水流过白马湖后，受运堤阻隔，转而南下入湖，这是淮河南下水流进入高、宝诸湖的间接途径。高家堰南端的周家桥有支河直通宝应，淮水可由此进入湖区，这是淮水对高、宝诸湖的直接影响。《河防一览》："有谓高家堰南周家桥原有泄水支河一道，下接草子湖，尚有二十五里未曾挑完，可接挑，由白马湖达宝应漕河，经高邮、邵伯分流瓜仪，出通江闸而注之江者，俱为用力简易，劳费无多。"[2] 需要指出的是，上文记载有出入，周家桥支河直通白马湖以南的宝应湖而非白马湖。淮水从周家桥分泄，是高、宝湖群扩张的重要原因。

从淮水分泄南下的途径来看，高、宝诸湖的发育首先自北向南沿运堤进行。和高邮湖相比，宝应湖直接承接淮水，在明代后期的扩展也比高邮湖强烈。此外，由高家堰分泄的水流与南北向的运河水流相冲，加剧了湖水潴积，也增大了湖堤溃决的风险。漕运都御史周金《保湖堤疏》："况此堤南接众湖，东连大海，逼近黄、淮二河，水易泛溢。兼以旧埂低薄，桩石颓坏，西风一起，巨浪拍天，酥蚀之土，岂能抵此重势？……验得淮入闸口，东至城下，析而南向，与里河众流相敌，仓卒泄泻不前，未免合势冲决。"[3] 明代后期，宝应湖水面大于高邮湖，"淮南运道全赖诸湖，邵伯湖差小，高邮湖大，宝应湖更大，每苦风涛覆溺患"。[4] 就淮水对高、宝湖的影响而言，这种说法存在一定的合理性。

---

1 （清）顾炎武撰，黄坤等校点：《天下郡国利病书》，第1103—1104页。

2 （明）潘季驯：《河防一览》卷14，"祖陵当护疏"，陈雷主编：《中国水利史典·黄河卷》，第1册，第608页。

3 （明）周金：《保湖堤疏》，（明）朱国盛：《南河志》卷3《奏章》，陈雷主编：《中国水利史典·运河卷》，第1册，第986页。

4 （明）黄景昉著，陈士楷、熊德基点校：《国史唯疑》卷12，上海古籍出版社2002年，第358页。

万历六年(1578年)到万历二十年(1592年)潘季驯治水时期,在“蓄清刷黄”的治水方略下,由高家堰分泄南下的水流并不多,运西诸湖的扩张进程较为缓慢。万历二十年(1592年)以来,随着清口淤积、洪泽湖扩展,淮水分泄南下的趋势无法阻挡。万历二十四年(1596年),杨一魁实行“分黄导淮”,开高家堰武家墩、高良涧、周家桥三座减水闸,进入运西诸湖的水流增多。宝应知县陈烇认识到淮水南下对运西湖群的影响,强调高家堰对宝应地区的重要性:“运堤迤西有氾光、白马诸湖,四时受水,一望连天,每遇水溢,湖不能容,小则渰田荡舍,大则决堤溺民,故修筑高堰无非障淮水、全运道,而卫民生也。”在此基础上,他提议堵闭周家桥,减少分泄南下的淮水。[1]总之,明代后期淮水南下的趋势不可阻挡,高、宝诸湖扩展成为必然趋势。

三、陂塘废弛、入江不畅和湖泊扩展

淮扬西部是低山丘陵,水源易走泄,汛期水流湍急。在丘陵地区的开发中,陂塘不可或缺。“又论维扬大势,其地则江、淮之交,西北皆高,东南皆下,诸山之水自高来者,势必趋卑。古人急治诸塘以蓄之,平时用之以溉田,水涸决之以通运。”[2]江都有句城、小新、大雷、小雷、鸳鸯五塘,仪真有陈公、北山水柜、茅家山、刘塘四塘,高邮有白马、毛、拓三塘,宝应有白水、羡塘二塘。[3] 陂塘有灌溉、济运的功用,平时积蓄水源、灌溉田禾,旱季开塘放水、接济运河,汛期还能积潦蓄洪、削弱水流对运堤的冲击。“是时田多垦治,坝堰具存,北不泄于诸湖,东不泄于运河,故湖平水浅,河堤鲜冲决之患,舟行无风波之险。”[4]

明代中期以来,陂塘管理松弛,部分陂塘被占垦成田。嘉靖年间,大、小雷塘和小新塘被豪强垦占,“诸塘攘臂侵占尽矣”。[5] 临塘居民薛钊等围垦句城塘六千四百余亩,每亩租银二分五厘。后塘田因修闸事宜被官方追回,其后又被薛钊等七十二家盗种,拖欠租银二千六百五十余两。[6] 嘉靖三十年(1551年),将军仇鸾占据诸塘,塘制被废。嘉靖三十一年(1552年),仇鸾事

1 万历《宝应县志》卷4《水利志》,《南京图书馆藏稀见方志丛刊》,第65册,第384页。
2 (清)顾炎武撰,黄坤等校点:《天下郡国利病书》,第1326—1327页。
3 (明)章潢:《图书编》卷53,第1962页。
4 (明)章潢:《图书编》卷53,第1962页。
5 (明)章潢:《图书编》卷53,第1966页。
6 (明)郑晓:《郑端简公奏议》卷8,“议变塘田凑筑瓜洲城疏”,《续修四库全书》,第476册,第653页。

败,临塘居民佃塘为田,每年向官府缴纳塘租。嘉靖三十三年(1554年),为抵御倭寇重建瓜洲城,都御使郑晓和扬州知府吴桂芳提出变卖塘田作为筑城费用。郑晓从三方面对变卖塘田、凑筑瓜洲城的合理性进行论证。其一,陂塘遇旱即涸、塘身填淤,对济运无益。[1] 其二,近塘居民占垦塘田,极易引发纠纷。其三,筑瓜洲城利于维护运道:“今照建筑瓜洲镇城,虽云保障居民,实系堤防运道,盖该镇五坝乃高邮、宝应、邵伯三湖水源所从泄处,若此坝失守,则漕河断流,为患莫测。”[2] 瓜洲筑城需银二万九千两,变卖塘田可得银一万五千两。[3] 管工官高守一拆毁陂塘闸坝,移运石料造瓜洲城。[4] 此外,官方雇民佃种,陈公塘被佃一万一十六亩,每年额征租银三百多两,作为挑河、护岸、修闸的费用。[5] 仪真将塘田纳入田赋,升租纳官:“有滩塘堰荡田地,如陈公塘、雷塘、运河北荡及城濠水防余地,系军民告佃,升租纳官。”[6] 陂塘被垦占后,汛期无法积蓄雨潦,一部分水流顺势流入地势较低的高、宝湖区,加速湖面扩展。万历《扬州府志》:“盖西来诸水,由天长、六合而下,有诸塘以蓄之,旱则泻入漕渠以济运,潦则南注之江。一经隳坏,西水径迫三湖,涨湖溃堤,为运道忧,乌可不复?”[7] 运西高、宝诸湖既要容纳黄、淮水流,还要承接原本蓄积在陂塘的山涧众水,加速了潴积、扩展。

在淮扬地区,丘陵、运西诸湖和运东在地势高程上逐级递减,山涧众流以运西湖群为壑,运西诸湖以运东为壑。在淮水尚未分泄南下之时,陂塘尚存,运堤坚固,水环境平稳。明代后期,淮水南泛,陂塘荒废,运西诸湖和运东下河地区常受水患。“昔之塘坝蓄水,其泄少;近塘礨堰废,其泄大,何也?水无潴制,即充溢浩渺,主者不知以渐而泄于闸洞、输于海口,惟务增筑加锸,毋论旱潦障之,其与昔人设铺捞浅、平水蓄泄,深虑远眺,异矣。失今不治,是使冈陆千五百里之水,悉以运河为壑,湖阔增险,势必溃决,又以下河为壑也。”[8] 运堤减水闸坝和入江水道是高、宝诸湖分泄的两路通道,但近江地势高昂,湖水入江不畅。万历初年,运河是主要的入江水道,要想泄湖入

---

1 (明)郑晓:《郑端简公奏议》卷8,“议变塘田凑筑瓜洲城疏”,《续修四库全书》,第476册,第653页。
2 (明)郑晓:《郑端简公奏议》卷8,“议变塘田凑筑瓜洲城疏”,《续修四库全书》,第476册,第653页。
3 (明)郑晓:《郑端简公奏议》卷8,“议变塘田凑筑瓜洲城疏”,《续修四库全书》,第476册,第654—655页。
4 (清)顾炎武撰,黄坤等校点:《天下郡国利病书》,第1325页。
5 隆庆《仪真县志》卷6《田赋考》,《天一阁藏明代方志选刊》,第18册。
6 隆庆《仪真县志》卷6《田赋考》,《天一阁藏明代方志选刊》,第18册。
7 万历《扬州府志》卷5《河渠志》,《北京图书馆古籍珍本丛刊》,第25册,第85页。
8 (明)章潢:《图书编》卷53,第1962页。

江,就要浚深运道,但随之也带来运河水源走泄问题。吴桂芳以此为由,反对淮水南下入江:"若泄至二尺以上,则扬、仪河道遂渐就干涸,而高、宝之水涓滴不南。昨者高邮告急,大辟扬、仪通江诸途,可谓无余力矣。乃高邮湖仅减二三尺之涛,而扬州湾头、钞关遂涸,回空及官民船只阻塞者三十里,遂复亟行闭闸塞港筑汊,而后胶舟具通。此其明验矣。故淮河入江之途,不可于扬、仪求也。"[1]吴桂芳反对淮水分泄南下,本意是主张全淮敌黄。他提出淮水不可入江,是出于漕运利益的考虑,但是沿江地势高昂,淮水南下入湖易、湖水入江难也是客观事实。沿江地势高亢,是因为长江北岸沙嘴的存在,而沙嘴历史悠久,是江、淮水系的天然分水岭。此外,黄、淮泛滥时多值江水泛滥,长江水位上涨、潮水顶托加剧湖水入江不畅。万历二十三年(1595年),杨一魁"分黄导淮"时期,主持疏通芒稻河等入江通道,仍不能阻止高、宝诸湖的扩展和泛滥。

扬州陂塘废弃也对湖水入江起到阻碍作用。隆庆《高邮州志》:"自后扬州之五塘尽废为田,而湖水不得入江。以山水散溢,奔流于前,而湖水为东关口所扼也。黄河之道频年淤塞,而淮水不得入海,千流万派,毕会于邮,而高邮遂成巨浸矣。"[2]陈公塘之水经太子港泄入运河,句城塘之水经乌塔河入运河,上、下雷公二塘水流由怀子河入运,小新塘之水经雷公上塘转注雷公下塘后由怀子河至湾头入运河。"盖以邮应五塘之水,尽奔诸湖,则漕渠乌得不溢,诸湖乌得不险哉?"[3]运河是陂塘之水分泄的路径,也是湖水入江的通道。汛期山涧水流入运,运河水位抬升,势必对湖水产生顶托,致使湖水入江不畅,湖泊潴积泛滥。

综上所述,运堤阻隔、淮水南下和入江不畅是明代后期高、宝诸湖扩展的三大因素。淮河分泄南下和诸塘废弃,增加了湖区的来水量。运堤阻隔和入江通道不畅,拦截了水流归海、归江去路,加剧了湖水潴积。淮河南下和高、宝诸湖扩张是因果关系,但运堤拦截、入江水道不畅和湖泊扩展之间不能单纯地用因果关系来解释,因为湖泊发育过程伴随着运堤和入江水道的演变。由于淮河沿岸被泥沙淤高,湖水只能穿过运堤东流入海或沿运河南下入江。在湖泊扩展的水环境下,官方围绕湖水分泄出路实施了运道疏

---

1 (清)顾炎武撰,黄坤等校点:《天下郡国利病书》,第1103—1104页。
2 隆庆《高邮州志》卷2《水利志》,《原国立北平图书馆甲库善本丛书》,第304册,第95页。
3 (明)章潢:《图书编》卷53,第1962页。

浚、运堤整治和闸坝兴修等一系列治水举措，对淮扬运河的水流方向、堤岸形态和闸坝制度都产生了重要影响。

第二节　运、湖分离：从单堤到双堤的转变

淮安到扬州之间的运道被称为“湖漕”，其“本非河道，专取诸湖之水，故曰湖漕”。[1] “湖漕”名称暗示了淮扬运河和湖泊的密切联系。宋代至明初的单堤时期，运、湖一体，船只取道湖泊。明代中后期，高、宝诸湖水面扩张，不仅加剧了淮扬水患灾情，也影响了运堤形态。为保障行船安全，官方筑堤岸、开越河，分离运、湖，使淮扬运河湖漕段由运、湖一体向运、湖分隔的渠系越河转变，明代诸如高邮康济河、宝应弘济河、白马湖越河、邵伯湖越河、界首越河都属于渠系越河。关于明代后期淮扬运、湖分离和越河开凿等问题，无论是传统考据还是现代研究都有关注。清代刘文淇《扬州水道记》对明代越河的形成进行了详细的考证，刘宝楠《宝应县图经》指出越河的开凿是邗沟历史演进中的重大变革，“自是西境诸湖与东境诸湖相隔，运河贯其中”。[2] 在现代研究中，徐炳顺《扬州运河》、彭安玉《明清苏北水灾研究》等对越河开凿的过程也有细致的探究。[3] 这一问题之所以长期受到关注，是因为淮扬运湖关系的独特性和复杂性都在京杭大运河历史演变中独树一帜。尽管前人对明代淮扬运河和湖泊的演变已有梳理和考证，但仍有探讨的空间。其一，开凿越河和分离运、湖的直接动因是保障行船安全，但是明代后期淮河下游水环境的变迁和运西湖群的扩张，才是运河由单堤转为双堤的深刻原因。以往研究虽对此有所关注，但还需进一步复原湖泊水环境变迁中越河动态演变的进程。其二，由于自身条件有异，加之受黄、淮影响程度不同，运西各大湖泊发育、扩展的过程也不尽相同，这在一定程度上导致越河形成时间和堤防形态的差异。因此，厘清水环境变迁背景下运、湖分离的动态过程和堤防具体形态，成为探究淮扬运河水文形势的重要内容（见图6－2－1）。

1　（清）张廷玉等：《明史》卷85《河渠志三》，第2079页。

2　（清）刘宝楠：《宝应县图经》卷3《河渠》，第365页。

3　徐炳顺：《扬州运河》，第61—77页；彭安玉：《明清苏北水灾研究》，第261页。

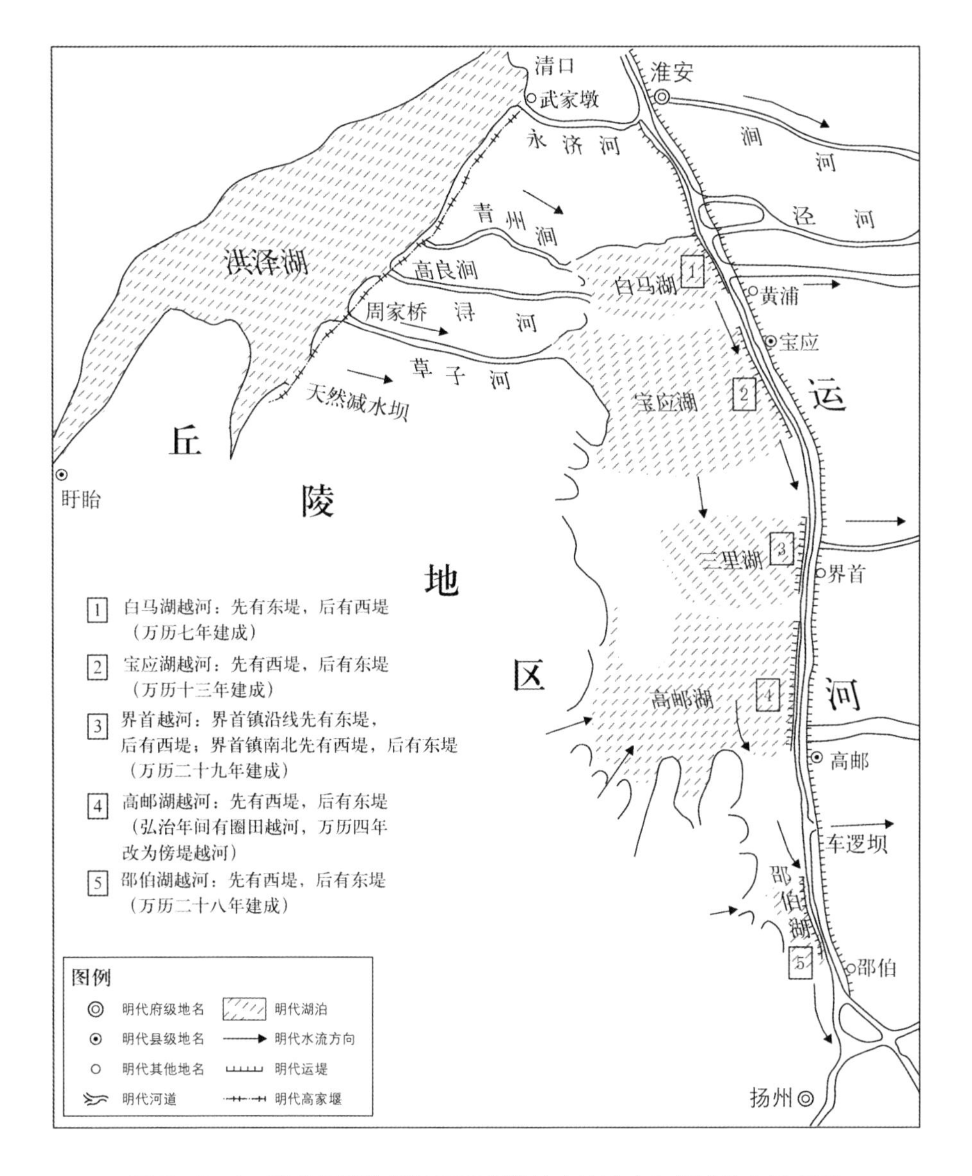

图 6-2-1　明代后期淮扬运河西部湖泊水流动态和堤岸分布示意图

资料来源：底图为姚汉源《京杭运河史》"明后期淮安至扬州运河示意图"，第 303 页。参照武同举：《淮系年表全编》，"淮系历史分图七十二·淮安至扬州六(明)"，陈雷主编：《中国水利史典·淮河卷》，第 1 册，第 316 页。

一、由三堤到双堤：高邮湖圈田越河的废弃和傍堤越河的形成

明初高邮湖区运、湖一体，运堤即湖堤。弘治年间，白昂在湖堤以东三里开康济河，两岸拥土为堤。这样，高邮湖以东便形成三道堤岸。明代后

期，黄、淮南泛，高邮湖水面扩展，冲决堤岸。据记载，“嘉靖三十年以来，有司狃于故常，当道惮于区画，遂使淮、泗长奔，三堤残坏，民田庐舍长为鱼虾之穴，而高邮遂狼狈而不可收拾矣”。[1] 水环境发生变化，运堤形态也有所改变。

万历三年（1575年）八月，淮水冲破高家堰南下，高邮西堤坍圮，清水潭决口。[2] 清水潭在运堤以东，地势低洼，历来最易受大水冲决。西堤即湖堤，自康济河开凿后，船不再由湖中行走，湖堤也不再是运堤，人力管理集中在中堤和东堤，湖堤的维护日渐松弛，易被大水冲决。“查先年侍郎白昂开康济越河，去老堤太远，河成之后，人心狃于目前越河之安，而忘老堤外捍之力。年复一年，不复省视，遂致老堤与中堤俱坏，而东堤不能独存。”[3] 西堤坍圮后，湖水冲决中堤、东堤，圈田沦为一片水泽。《明史》载：“河湖相去太远，老堤缺坏不修，遂至水入圈田，又成一湖。而中堤溃坏，东堤独受数百里湖涛，清水潭之决，势所必至。”[4] 万历三年（1575年）西堤冲决后，高邮州守吴显主持重修，但旋即坍圮。“显于万历三年八月来牧是州，适清水潭大决，漂物畜不可数计。当道彷徨，遂谓于朝，括税银一万二千两，并筑是堤……三日乃堤完，未十日又复大决，巨万之费付于东流。”[5] 由此可见，单纯修复西堤并不能有效地抵御湖水东决。

西堤坍圮后，水流冲击康济河运堤，漕运随之阻滞。万历四年（1576年），督漕侍郎张翀以清水潭决口尚未堵塞为由，提议漕船暂时由圈田行驶。御史陈功认为圈田浅涩，难以牵挽，如从湖中航行，则湖泊宽四十余里，有风涛险患。[6] 同年三月，河漕侍郎吴桂芳提议依傍老堤开越河，理由是，“就老堤为月河，但修东、西二堤，费省而工易举”。[7] 吴桂芳的提议被采纳，康济河西移，东堤废弃，老堤成为新运河西堤，新筑中堤作为东堤。嘉庆《高邮州志》载：“淮决高堰，圈田淹没，老堤倾圮，至是修复老堤，傍老堤为越河，废东

1 （明）吴显：《老堤记》，（明）朱国盛：《南河志》卷11《碑记》，陈雷主编：《中国水利史典·运河卷》，第1册，第1139页。
2 （清）张廷玉等：《明史》卷85《河渠志三》，第2093页。
3 《明神宗实录》卷59，“万历五年二月己卯”条，第1361页。
4 （清）张廷玉等：《明史》卷85《河渠志三》，第2093页。
5 （明）吴显：《老堤记》，（明）朱国盛：《南河志》卷11《碑记》，陈雷主编：《中国水利史典·运河卷》，第1册，第1139页。
6 《明神宗实录》卷46，“万历四年正月己酉”条，第1036页。
7 （清）张廷玉等：《明史》卷85《河渠志三》，第2093页。

堤改筑中堤，以便牵挽，即以中堤为东堤云。”[1]西移后的运河靠近老堤，但不紧挨堤岸：“今宜仿侍郎王恕之议，挨老堤十数丈，取土成河，使堤上往来，共由人得照管，不致蹈前颓圮。”[2]《扬州水道记》：“云‘傍老堤数十丈取土成河’，是改挑之月河，虽傍老堤，实则去老堤数十丈，不紧靠堤也。”[3]老堤以西是浩渺的高邮湖，老堤和运道之间空出数十丈距离，主要是留作日后取土固堤之用。万历五年（1577 年）冬，高邮湖土、石二堤，新开漕河南、北二闸及老堤加石巩固。[4] 土、石二堤分别指中堤（新东堤）和老堤（新西堤），早在正统三年（1438 年），高邮湖沿岸就筑有石堤四百二十五丈[5]，万历初所加石层在原石堤基础上增筑，中堤（新东堤）仍是土堤。

潘季驯“蓄清刷黄”时期，全淮畅出清口入海，很少分泄南下，高邮湖扩展进程缓慢，堤岸较少受到冲决，但是堤岸受湖水侵蚀，日渐残破。“高邮靠堤月河，在老堤纯用砖石，其虑至深长矣。此虽斜其根基，固其桩笆，窃恐岁月浸淫，不至于再用砖石不已，淮扬之民息肩未有日也。”[6]万历十九年（1591 年）以后，清口淤塞，淮水由高家堰分泄南下，高邮湖水面扩展，堤岸屡被冲决。万历十九年（1591 年）十月，淮水、洪泽湖大涨，高邮中堤坍圮，清水潭决口，郎中黄日谨主持筑塞。万历二十一年（1593 年），淮、湖再次大涨，高邮、宝应运堤决口，“湖水漫过西老堤，冲决东堤”。[7] 高邮中堤即新运河东堤，彼时还是土堤，易受湖水冲决，“且东南一带，万艘鳞集，纤挽北渡，只靠一线长堤，关系最大。况兴、盐、通、泰七州县民田庐舍保障捍御，全凭一堤为永赖之基，势不得不并加修砌”。[8] 万历二十三年（1595 年），高邮中堤再被冲决，郎中詹在泮堵塞决口，砌砖石加固。

高邮越河南北有闸调控水流进出，每到汛期闭闸保堤，船由老堤以西的湖中航行。“夫中堤，南起城外金门闸，北抵陆漫沟闸，长四十余里。堤久不修，倾缺颇多。每年夏秋水发之后，恐堤力不支，农田受没。南坝金门、北坝

---

1 嘉庆《高邮州志》卷 2《河渠志》，《中国地方志集成 · 江苏府县志辑》，第 46 册，第 129 页。
2 《明神宗实录》卷 59，“万历五年二月己卯”条，第 1361 页。
3 （清）刘文淇著，赵昌智、赵阳点校：《扬州水道记》，第 74 页。
4 （清）张廷玉等：《明史》卷 85《河渠志三》，第 2093 页。
5 《明英宗实录》卷 45，“正统三年八月己未”条，第 870 页。
6 （明）陈应芳：《敬止集》卷 2，“议湖工疏”，《泰州文献》，第 17 册，第 178 页。
7 （清）顾祖禹撰，贺次君、施和金点校：《读史方舆纪要》卷 129《川渎六》，第 5467—5468 页。
8 （明）李若星：《淮扬河工高邮中堤石工疏》，（明）朱国盛：《南河志》卷 6《奏章》，陈雷主编：《中国水利史典 · 运河卷》，第 1 册，第 1060 页。

陆漫，骚扰民间不赀。而各船俱由大河，风涛澎湃，屡见飘没，所伤人命岁不下数十百人。此堤之修，势不容已。”[1]这里的“大河”实际指高邮湖，船由湖中航行，风涛险情迭生。天启三年（1623年），朱国盛主持修筑高邮中堤，包石砌砖，长六百四十四丈。

高邮中堤石工根据险情程度，分轻重缓急进行，“某段低洼极险应首先包石若干丈，某段稍险应次第砌石”。[2] 最初根据高邮州管河官的勘察，中堤长三千一百零九丈，其中应包砌石工的极险段共十二段，总长六百四十四丈；稍险段长二千四百六十五丈，可稍后包砌石工、帮筑高厚。[3] 但是限于费用、物力，官方对高邮中堤勘察评估后，又在极险堤工六百四十四丈中，选择至险堤段包砌石工，总长二百四十丈，其余四百零四丈留作下年依次包砌。[4] 高邮中堤极为险要的二百四十丈，也不似老堤一般全用石砌，而是砖石并用：“原估砌高八层，今一概砖石相兼，上下用石，中间河砖，费省工坚，可恃经久。”[5]砖石并用的主要原因在于工费匮乏。“及查高、宝诸堤，凡砌石工一丈，大约用银十两有奇。淮属王公堤砌石一丈，用至二十余两。今此堤以砖石兼用，每丈仅及七两之数，似为省费，委属可行。”[6]在用砖方面，砖的形制也比此前略小，费用相应削减。此前高邮以南小湖口堤工所用河砖每块长一尺四寸，宽六寸，厚四寸，值银八厘，而高邮堤工施行时，每块河砖长一尺六寸，宽五寸三分，厚三寸，折算银两六厘五丝七忽一微五纤。[7] 高邮中堤修筑后，越河南北闸汛期可不用关闭，方便船只往来。据明人描述，“逸罢金门之筑，民之踯躅讴歌者载道。估客昼眠于浪静，舟人夜语于涟漪矣”。[8]

综上，高邮湖段运河较早实现运、湖分离，其堤岸形态变化也在淮扬运

---

1 （明）朱国盛：《河工条议原详》，（明）朱国盛：《南河志》卷8《条议》，陈雷主编：《中国水利史典·运河卷》，第1册，第1095页。

2 （明）朱国盛：《中堤估计详文》，（明）朱国盛：《南河志》卷14《文移》，陈雷主编：《中国水利史典·运河卷》，第1册，第1185页。

3 （明）朱国盛：《中堤估计详文》，（明）朱国盛：《南河志》卷14《文移》，陈雷主编：《中国水利史典·运河卷》，第1册，第1185页。

4 （明）朱国盛：《中堤估计详文》，（明）朱国盛：《南河志》卷14《文移》，陈雷主编：《中国水利史典·运河卷》，第1册，第1185页。

5 （明）朱国盛：《中堤估计详文》，（明）朱国盛：《南河志》卷14《文移》，陈雷主编：《中国水利史典·运河卷》，第1册，第1185页。

6 （明）朱国盛：《中堤估计详文》，（明）朱国盛：《南河志》卷14《文移》，陈雷主编：《中国水利史典·运河卷》，第1册，第1186页。

7 （明）朱国盛：《中堤估计详文》，（明）朱国盛：《南河志》卷14《文移》，陈雷主编：《中国水利史典·运河卷》，第1册，第1185页。

8 （明）朱国盛：《修中堤记》，（明）朱国盛：《南河志》卷11《碑记》，陈雷主编：《中国水利史典·运河卷》，第1册，第1154页。

河中最为明显。从单堤到三堤再到双堤，由运、湖一体到圈田再到傍湖，运堤形态的变迁与湖泊水情息息相关。单堤时期，湖泊即运道，湖堤即运堤。湖面宽广，风起涛涌，船行其间有覆溺之险，于是便在湖堤以东三里开越河、筑双堤，形成康济河，并塑造了西、中、东三堤并立的景象。隆庆以来，淮水分泄南下，高邮湖水面进一步扩展，湖堤缺乏修缮和管理，日剥月蚀。万历初年，湖堤被冲决，清水潭决口，运河圈田形制宣告失败，高邮越河由圈田向傍堤转变，堤岸也采取砌砖垒石的方式加以巩固。从高邮中堤石工修建过程来看，工费、物力缺乏，堤工只能集中在险情极为严重的少数运段，大部分运段只能以置桩设板的方式抵挡水流冲击。即使是至险堤段，也并非全部采用石工，而是砖石并用。这样形成的高邮中堤不似老堤稳固，成为日后堤岸坍圮和清水潭决口的隐患所在。

二、宝应弘济河：傍堤和圈田的争论与选择

宝应湖是淮扬运河的湖漕，在运、湖一体的单堤时期，船由湖中行走。湖面宽广，每当风涛骤起，船便有触堤倾覆之险。堤身单薄，湖水散漫，又会阻滞漕运，浸没农田。正德年间，工部都水司郎中杨最提出仿照高邮康济河，筑双堤，分离运、湖。“请如昔年刑部侍郎白昂修筑高邮康济河例，专敕大臣一员加修内河，仍将旧堤增石，积土以为外堤，一劳永逸，可保百年无患，是为上策。其次莫如照湖坨密次桩栅数层，以为备塘，砥障风波，而旧堤重加修葺，亦可支持数年。若但如年例修补漏缺，苟冀无事，一遇淫潦骤发，即无所措其手足，策之下也。疏下工部议覆，用其次策。”[1]“加修内河”指开凿越河，官方认为其在解决湖患方面属于上策，用树木栅栏屏障湖水是中策，单纯修漏补缺是下策。杨最提出建议后，官方只采取了用木栅拦障湖水的策略，并未兴筑越河。

嘉靖年间，宝应湖已是淮扬运河的第一险段。“宝应范光湖，往来运粮等船入湖三十余里，湖堤旧基俱是土石筑成，仅高湖面不过三尺许，堤西湖身势高，堤东田势下，惟赖一堤障水而已。且西有天长、六合、泗州等处，地势高阜，一遇雨积水发，即时弥漫。加以黄河水涨，又由淮口而横奔，数年水患不时冲决，非惟运粮有防，而宝应、盐城、兴化、通、泰等州县，民田渰没，饥

1 《明世宗实录》卷 3,“正德十六年六月丙戌”条，第 121 页。

荒随至。此江北之第一患也。”[1] 湛若水《过宝应湖》:“疾风吹洪涛,汹汹起春天。天际浩无涯,极目空茫然。千艘与万艘,对之不敢前。回飙一借力,犯险互争先。何哉利害心,人命相轻轩。”[2] 嘉靖五年(1526年),工部管河郎中陈毓贤提议于湖堤以东筑月河。[3] 嘉靖七年(1528年),巡按御史王鼎提议“开内河行舟以保漕运,建闸座以固河防”。[4] 嘉靖八年(1529年)大水,嘉靖九年(1530年)宝应湖决口,嘉靖十年(1531年)曾任宝应知县、时任御史的闻人诠针对性地指出,官员频繁调动、地方官因循守旧是宝应湖双堤难成、水情险象迭生的原因:“抚按诸臣迁代不常,守土之官侥幸无事,遂皆因循废阁,久而无成。”[5] 户部员外郎范韶提议兴筑越河二十里,使漕船免于湖险。[6] 陕西按察使仲本是宝应人士,致仕居家时,见宝应湖险情迭生、运堤每年被水冲决,强调官员因循守旧是阻碍宝应越河的重要原因。[7] 《大明会典》:“(嘉靖)十年,又自宝应湖东筑月堤,长二十一里。”[8] 但从此后越河开凿方案屡被提及来看,嘉靖十年(1531年)宝应湖越河并未修筑。嘉靖十九年(1540年)九月,运粮千户李显陈述“修筑运河三事”,其中之一便有“议于范光湖堤迤东开筑月河,以免水患”。[9]

隆庆以来,黄、淮南泛,宝应湖水面加速扩展,湖堤趋于崩坏。隆庆三年(1569年)九月,淮水涨溢,清河县至通济闸及淮安府城西淤积三十余里,水流决破淮安方、信二坝,“平地水深丈余,宝应湖堤往往崩坏”。[10] 隆庆四年(1570年),高家堰崩溃,“淮湖之水洚洞东注,合白马、氾光诸湖,决黄浦八浅,而山阳、高、宝、兴、盐诸邑汇为巨浸”。[11] 同年三月,御史杨家相提议开宝应湖越河。[12] 越河提议往往出现在湖水泛滥、堤岸冲决的灾年,随着宝应湖险情加剧,开凿宝应越河的提议也愈加强烈。

在越河形制上,有傍堤和圈田的纷争。傍堤指依傍宝应湖堤开凿越河,

---

1 嘉靖《宝应县志略》卷1《地理志》,《天一阁藏明代方志选刊》,第19册。
2 嘉靖《宝应县志略》卷4《附录诗文》,《天一阁藏明代方志选刊》,第19册。
3 《明世宗实录》卷65,“嘉靖五年六月丁卯”条,第1497页。
4 嘉靖《宝应县志略》卷1《地理志》,《天一阁藏明代方志选刊》,第19册。
5 嘉靖《宝应县志略》卷1《地理志》,《天一阁藏明代方志选刊》,第19册。
6 嘉靖《宝应县志略》卷1《地理志》,《天一阁藏明代方志选刊》,第19册。
7 嘉靖《宝应县志略》卷1《地理志》,《天一阁藏明代方志选刊》,第19册。
8 (明)申时行:《大明会典》卷196,工部16,《续修四库全书》,第792册,第350页。
9 《明世宗实录》卷241,“嘉靖十九年九月辛丑”条,第4878页。
10 《明穆宗实录》卷37,“隆庆三年九月丙子”条,第936页。
11 (明)潘季驯:《河防一览》卷2,“河议辨惑”,陈雷主编:《中国水利史典·黄河卷》,第1册,第387页。
12 《明穆宗实录》卷43,“隆庆四年三月壬申”条,第1077页。

将湖堤作为越河西堤，在越河以东新筑一道堤岸。圈田指仿照弘治年间白昂所开的高邮湖越河，在湖堤以东开沟渠、筑双堤，三堤并立，湖堤和运河西堤之间圈土为田。圈田方案早在正德年间就由杨最提出，嘉靖七年（1528年），宝应知县闻人诠“虑湖为患，仿高邮康济河例，奏开越河”。[1] 但随着高邮湖扩展、运堤决口，圈田的弊端逐渐显露。由于湖堤缺乏维护，日剥月蚀，难以抵御湖水冲击。湖水决堤，继而冲决高邮中堤和东堤，危及漕运，侵及农田，傍堤方案随之提出。万历元年（1573年），总河万恭总结了高邮康济河圈田的缺陷在于老堤失修。[2] 在宝应越河的开凿方案上，他提议傍堤开河，并从九个方面阐述傍堤之制的好处。

> 臣今循宝应老堤而为之东堤，老堤加重关焉，有所恃而不恐，一利也。东堤成，即引水注其中，舟楫由之，是以重堤为月河，一举而两得之，二利也。吾直于平土中筑护堤耳，原不为月河，而月河之费藏其中，费省而用博，三利也。老堤得月河牵挽之便，东西并行，孰不保惜，非若高邮弃老湖于四五里之外者，则老堤增固，四利也。官民舟楫由月河中，坐视槐角楼上下之风涛，直秦人视越人之瘠肥耳，患安能及之？五利也。二堤并恃，一堤损复有一堤，高、宝、兴、山诸州县亡决堤之虑，亡凛凛之危，六利也。臣为此计，使月河成耶，国计民生幸甚，即不成耶，亦即护堤之安，费而无失，七利也。护堤之间设平水闸者三，闸之下为支河，引水以入射阳湖，东注于海，取支河之土，而筑月河之堤，事省而工集，八利也。或曰：“东堤成，为月河，则老堤夹二水中，不固。”独不曰高邮老堤夹二水中，西当大湖，东当八万亩巨浸者乎？高邮中堤，又不西当八万亩之巨浸，东挟月河者乎？月河广不逾六丈，风涛不兴，但有护老堤之力，而无啮老堤之害，九利也。夫兴九大利，而除其湖之所大害，由国计言之，皇上大智也；由民命言之，皇上至仁也。[3]

总而言之，傍堤开越河在巩固湖堤、引水济运、船只牵挽、节省工费等方面较圈田更有优势。万历四年（1576年），高邮湖堤岸垮塌，清水潭决口，高

1　万历《宝应县志》卷5《灾祥志》，《南京图书馆藏稀见方志丛刊》，第65册，第407页。
2　（明）万恭著，朱更翎整编：《治水筌蹄》，“创设宝应月河疏”，第167—168页。
3　（明）万恭著，朱更翎整编：《治水筌蹄》，“创设宝应月河疏”，第168页。

邮越河由圈田向傍堤转变，使宝应越河方案偏向傍堤。万历五年（1577年），御史陈世宝提出傍堤开宝应越河，“请于宝应湖堤补石堤以固其外，而于石堤之东复筑一堤，以通月河，漕舟行其中”。[1] 但圈田提议并未停息，万历十年（1582年），圈田、傍堤争论不决，“一主圈田以防夹攻，一主靠堤以省修筑”。[2] 吏科给事中陈大科、总督漕运李世达主张傍堤之说并最终得到朝廷认可，傍堤、圈田之争才有定论。万历十二年（1584年），宝应越河得以开工。万历十三年（1585年），宝应越河工成，皇帝赐名“弘济河”。[3] 宝应越河自宝应城南至三官庙，袤延三十六里，实现运、湖分离。[4]

由正德肇始，自嘉靖以后，围绕宝应越河的提议从未停息，但是直到万历十三年（1585年）完工，此间相隔近百年，历时之久、提议之多，都说明宝应湖运段双堤运河兴筑之难，其间原因错综复杂。其一，湖东地势低洼，取土困难，工费短缺：“盖谓东地洼下，取土难；工费繁巨，计财难。”[5]水灾频发，人力、物力短缺。万历八年（1580年），盐城知县杨瑞云、宝应知县李贽提议创立宝应越河，但因劳费甚多、人力有限而搁置。[6] 其二，官员迁任无常。明代后期，漕臣、河臣职权变动频繁，地方官屡屡变迁，重大漕运工程无法集中力量实施。“定开河之议，与经开河之费，其责在总督漕运一人而已。顷因九卿员缺数多，卿贰不得不以次迁补，故漕运抚臣，数代迁不常。夫前一人之见闻如此，而后一人之见闻如彼，一人之耳目易，则百十人之耳目尽易矣。前一人之擘画如彼，而后一人之擘画如此，一人之心志易，则百十人之心志尽易矣。”[7]其三，工役不足。万历十二年（1584年），礼部仪制司主事陈应芳提出宝应越河的兴工给淮扬州县带来繁重的负担：“牌票追呼之扰遍于闾阎，锁项牵连之众满于街衢，呼号怨谤之声盈于道路，逮系棰楚之人布于公庭，其状有不可胜言者矣。此籍名之苦，一也。”[8]繁重的劳役使人们陷入变

1　（清）张廷玉等：《明史》卷85《河渠志三》，第2093页。
2　《明神宗实录》卷152，“万历十二年八月丙辰”条，第2820页。
3　（明）吴敏道：《新开弘济河诸公生祠记》，万历《宝应县志》卷10《艺文志》，《南京图书馆藏稀见方志丛刊》，第65册，第644页。
4　（明）沈一贯：《新开弘济河记》，万历《宝应县志》卷10《艺文志》，《南京图书馆藏稀见方志丛刊》，第65册，第638—639页。
5　（清）顾炎武撰，黄坤等校点：《天下郡国利病书》，第1296页。
6　（明）潘季驯：《河防一览》卷9，“遵奉明旨计议河工未尽事宜疏”，陈雷主编：《中国水利史典·黄河卷》，第1册，第483页。
7　万历《宝应县志》卷4《水利志》，《南京图书馆藏稀见方志丛刊》，第65册，第401页。
8　（明）陈应芳：《敬止集》卷2，“议湖工疏”，《泰州文献》，第17册，第177页。

卖产业、卖子鬻女的境地:“一夫远者,月有一两二钱之值。近者,月有九钱之值。有称是而计月以安家之值,以一家为办。夫五名则月几十金之费矣。……往往倾资以偿其费,不足则鬻产以佐之,鬻产不足则卖子女以佐之。数月之间,闾阎一空,其状有不可胜言者矣。此雇夫之苦,二也。”[1]雇夫逃逸加剧了人力短缺,影响工程实施,虽然官府对逃逸者有告谕州县逮捕的管制措施,但重新雇佣工役和逮捕逃逸人员的费用,无疑又加剧了经费负担。此外,佐贰、胥吏的盘剥使工费短缺。“以故官徒有募夫之名,而害归于籍名者之家,利入于管工者之手,此赴役之苦,三也。”[2]陈应芳是泰州人,他基于淮扬地方诉求,关注民生疾苦。宝应越河的开凿是适应水环境变迁的结果,也是对漕运诉求的响应。越河开凿后,对稳定漕运有益,但越河给地方带来的沉重负担也是需要关注的。

三、白马湖越河、邵伯湖越河和界首越河

(一) 白马湖越河:先有东堤,后有西堤

白马湖是明代湖漕的一部分,运、湖一体,湖堤即是运堤。明初陈瑄在宋代单堤基础上修筑运堤,以便牵挽船只。嘉靖二十四年(1545年),归有光乘船南下,途经白马湖。《壬戌纪行》:“淮阴六十里至黄浦口,出马湖三四里,入内堤行,至宝应。出湖四十里,内堤行,至露筋庙。出邵伯湖,十八里至三百子,内行三十里,至驿。”[3]白马湖漕里程只有三里,相较宝应湖、高邮湖短得多,但是船只行于湖中仍有风涛之险。王宠《阻风白马湖简朱振之》:“白日狂风啸,青天退鹢翻。浪高湖色怒,乡近客心燔。烟火疏淮甸,云霾蔽海门。故人一水隔,愁绝浣花村。”[4]雨天湖水泛涨,“时(白马湖)一望巨浸,而诸村树错立其间,宛然湖中葭苇也”[5]。随着湖面扩展,湖水对运堤的冲击有所加剧。

白马湖在古淮河南汊一线,明代仍有河道连通高家堰。“青州涧,去治西南七十里,东由双沟入白马湖,西入高良涧。”[6]明代后期,黄河南泛,淮水

1　(明)陈应芳:《敬止集》卷2,“议湖工疏”,《泰州文献》,第17册,第177页。
2　(明)陈应芳:《敬止集》卷2,“议湖工疏”,《泰州文献》,第17册,第177页。
3　(明)归有光撰,严佐之等主编:《归有光全集》,上海人民出版社2015年,第7册,第935页。
4　(明)王宠:《雅宜山人集》卷1,《明别集丛刊》第2辑,第44册,第744—745页。
5　(明)顾清:《东江家藏集》卷11,《景印文渊阁四库全书》,第1261册,第413页。
6　正德《淮安府志》卷3《风土一》,第19页。

南泄,白马湖堤和黄浦堤时常决口。嘉靖四十一年(1562年),"秋,大水,决八浅之运堤,水势澎驶,塞之"。[1] 隆庆四年(1570年),高家堰大溃,决黄浦、八浅。[2] 明代设立浅铺,宝应有九处浅铺,其中"八浅"是白马湖口浅,"九浅"是黄浦浅。[3] 白马湖堤和黄浦堤处在淮水南下通道上,最易受水流冲击。万历五年(1577年),淮水冲决黄浦口,石堤崩坏。[4] 此时白马湖堤还是单堤,非湖区的黄浦运段也只有一道东堤。万历七年(1579年),官方堵闭黄浦决口的同时,筑白马湖越河,分离运、湖。

> 宝应县之西十余里有白马湖,其当湖心而东,即所谓八浅堤也。往岁堤决,湖水奔逸,建瓴而下,舟楫过者,少遇西风,辄沉溺不可救。其决处阔八十余丈,深且二丈五六尺,而水势湍急,莫可名状,虽不惜费,宁能与水角力哉!屡筑无功,覆辙可鉴也。乃议从湖心浅处先筑西堤一道,以捍其外,仍于河之南北,截坝二道,暂令运艘越湖而行。堤坝成,则八浅正决潴水不流,捧土而塞之矣。是筑西堤者,若乃所以塞东决也。[5]

白马湖越河和宝应湖、高邮湖越河堤岸形成过程不同。后两者先有西堤、后有东堤,而白马湖越河则是先有东堤、后有西堤,这可能与湖泊发育进程不同有关。宋代以来高、宝湖运堤都沿湖或在湖中修筑,决定了运堤傍湖形态。从宋代运河文献中未见白马湖来看,当时白马湖在运河以西,和运河并非一体。随着湖泊扩展,白马湖在东西方向上延长,与运河逐渐合一。明初白马湖成为湖漕一部分,但湖泊发育进程表明,湖堤根处水位不深,有在堤西湖中筑堤的基址。万历初年,白马湖处在淮水分泄南下的通道上,所受冲击最大。在旧运堤以西筑堤,利于堵住黄浦决口。白马湖越河形成后,船只不再行经湖泊,免受湖患,堤防得以巩固,可有效对抗南下淮水的冲决。

宝应以北湖漕只有白马湖,其他非湖区运道自宋代以来已有一道东堤。

---

1 (明)吴敏道:《新建碧霞元君庙碑》,万历《宝应县志》卷10《艺文志》,《南京图书馆藏稀见方志丛刊》,第65册,第625页。

2 万历《扬州府志》卷5《河渠志》,《北京图书馆古籍珍本丛刊》,第25册,第83—84页。

3 万历《宝应县志》卷4《水利志》,《南京图书馆藏稀见方志丛刊》,第65册,第376页。

4 (明)申时行:《大明会典》卷196,工部16,《续修四库全书》,第792册,第350页。

5 (明)潘季驯:《河防一览》卷3,"河防险要",陈雷主编:《中国水利史典·黄河卷》,第1册,第395—396页。

随着黄水南灌，运道淤高，只有一道堤防的运河难以约束水流。万历十六年（1588年），勘理河道科臣常居敬、督臣舒应龙请筑宝应西堤。万历十七年（1589年），潘季驯以运河水旁溃入湖致水流减缓、泥沙淤积为由，提议兴筑黄浦至三官庙西的堤岸："筑西土堤，长三千六百三十五丈，束水由漕，以省挑浚之费。"[1]西土堤兴建后，从黄浦到宝应县城的二十里非湖区运道也形成双堤。

（二）邵伯湖越河：先有西堤，后有东堤

邵伯湖位于高邮以南，是明代淮扬运河湖漕的组成部分。和高邮湖、宝应湖一样，邵伯湖运堤也经历了从无堤到有堤、从单堤到双堤的演变。唐代以前，邵伯湖一带的运河和湖泊是分离的，当时湖泊称为"武广湖"。[2] 直到唐宋之交，运、湖状态依然如此。徐铉《邵伯埭下寄高邮陈郎中》中"河湾水浅翘秋鹭，柳岸风微噪暮蝉"[3]，即是对运河河湾形态的描述。北宋初年，邵伯运河已有堤岸，这在晁补之《出城三首视邵伯埭新堤》"堆案文书无了毕，并堤船舫且萦回"[4]中有所体现。此时运堤还是单堤，在运河东岸。南宋陈损之主持修筑淮扬运堤时，邵伯运堤得到巩固。明初，邵伯湖已与运道合一，船只往来江、淮之间，取道邵伯湖。文彭《早发扬州至邵伯湖》："早发扬州路，行行邵伯湖。轻舟随社鸟，落日下平芜。"[5]此时邵伯湖运堤是单堤，由土筑成。陈瑄治理淮扬运河时，修筑白马湖、宝应湖、高邮湖堤岸，并包砌石工，但邵伯湖不在其中。成化年间，陈濂主持兴建邵伯湖石堤。邵伯湖水面比高、宝湖小，但船行湖中仍有触堤碰岸的风险。屠隆《邵伯湖》："天风下来洪波起，触石排空一何猛。"[6]在这种情况下，运、湖分离的诉求也日益强烈。

避免湖涛险患、保证行船安全是运、湖分离的动因，而水环境的变迁是运、湖分离的催化剂。明代后期，黄河南泛，淮水南下，运西湖群加速扩张。邵伯湖位于南端，所受影响最小，运、湖分离过程也很缓慢。万历时期邵伯湖石堤多已损毁，据潘季驯所说，"惟邵伯湖堤正当湖面宽广之所，一遇西风

1　道光《重修宝应县志》卷6《水利志》，成文出版社1983年，第269页。
2　（北魏）郦道元注，杨守敬、熊会贞疏，段熙仲点校：《水经注疏》卷30《淮水》，第2557页。
3　（唐）徐铉：《邵伯埭下寄高邮陈郎中》，《全唐诗》卷754，第8574页。
4　（宋）晁补之：《鸡肋集》卷20，《景印文渊阁四库全书》，第1118册，第541页。
5　（明）文洪等撰：《文氏五家集》卷7，《景印文渊阁四库全书》，第1382册，第512页。
6　（明）屠隆：《白榆集》诗集卷2《七言古诗》，"邵伯湖"，《四库全书存目丛书·集部》，第180册，第40页。

则兼天震撼，势若排空，中有包石者原无地钉衬石，年久塌卸甚多”。[1] 万历十七年（1589年），潘季驯治水时期，修建邵伯湖石堤一千八百九十八丈八尺，其中新筑石堤一千二百八十五丈五尺，修补旧石堤六百一十三丈三尺。[2] 由此可见，万历初期即使运堤时被冲决，治湖措施也只是补修、加固，运、湖仍是一体。万历二十年（1592年）以来，洪泽湖水面扩展，泗州受淹。清口淤塞使淮河难以顺畅入海，淮水分泄南下成为必然趋势，对邵伯湖的影响也日渐显现。万历《江都县志》："昔年论漕河之险者，先高、宝交邵伯，而今之水大者，莫如邵伯。"[3] 万历二十一年（1593年）大水，邵伯湖堤决口二十七处。其后，伍越潭等处决口九处。石堤被冲决后，并未及时修补，而是以木桩加以拦护。泰州人士陈应芳对邵伯湖进行了实地观察，看到石堤破败的景象："忆予自束发，从先人北宦往来其地，亲见湖堤不过护以木桩。已尔先人指示，予而叹曰：土木之费至此乎？不谓后且加之砖矣。砖未已也，寻又砌之石矣。石未已也，纯取酒米汁和之，以灰而弥缝其阙矣。帑金縻于岁修，民力殚于塞决，曾不能保一年之无事者。"[4] 随着黄、淮南泛，邵伯湖水面扩展，湖田受淹："迩者黄淮交横，五塘并废，水无所纳，湖复涨漫，濒湖田皆沉水数尺。"[5] 此时，单堤已无法维持漕、农需要，逐渐向双堤方向发展。

万历二十八年（1600年），总河刘东星令中河郎中顾云凤、扬州府知府杨洵主持开凿邵伯越河，引河行舟，以避湖险。[6] 邵伯越河傍堤而建，"邵伯河堤直从旧堤以东，买取民田筑之，迤逦宛然，势如常山之蛇"。[7] 越河南起三沟铺，北至露筋庙止，长十八里，宽十八丈。西堤即旧湖堤，东堤是新堤防。

邵伯湖和运河分离进程迟缓，一方面因湖泊受淮水影响相对迟缓，一方面由于工费短缺，这一问题在宝应越河的兴建中同样存在。开凿邵伯越河之前，"事言邵伯越河者，而计算金钱非二十余万不可，度无所出，议格不行

1 （明）潘季驯：《河防一览》卷14，"钦奉敕谕查理河漕疏"，陈雷主编：《中国水利史典·黄河卷》，第1册，第600页。

2 （明）潘季驯：《河防一览》卷11，"河工告成疏"，陈雷主编：《中国水利史典·黄河卷》，第1册，第524页。

3 万历《江都县志》卷7《提封志》，《四库全书存目丛书·史部》，齐鲁书社1996年，第202册，第73页。

4 （明）陈应芳：《敬止集》卷1，"论减水堤闸"，《泰州文献》，第17册，第165—166页。

5 万历《江都县志》卷7《提封志》，《四库全书存目丛书·史部》，第202册，第75页。

6 （清）张廷玉等：《明史》卷85《河渠志三》，第2097页。

7 （明）李植：《总河尚书晋川刘公祠记》，（明）朱国盛：《南河志》卷11《碑记》，陈雷主编：《中国水利史典·运河卷》，第1册，第1146页。

者数矣"。[1] 工费无着落,邵伯越河计划一直停滞,有人甚至提议以土堤代替石堤。顾云凤对此坚决反对,他认为这种随修随补的土堤并不能保障漕运和农田。[2] 靡费现象是工费短缺的重要原因,为此顾云凤提出挖河取土、简化流程、强化监督等举措来节省费用。[3] 顾云凤的提议得到落实,邵伯越河得以开凿。邵伯湖与运道实现分离,"迂者直之,漫者收之"[4]的原则也使越河更加顺直。邵伯越河形态与宝应湖越河、万历四年(1576年)以后的高邮湖越河类似,都是傍湖运河。

(三) 界首越河:东堤、西堤的交错

界首镇是运河沿线的重镇,位于宝应南端,南邻高邮。镇西的三里湖是明代淮扬运河的湖漕通道,明代后期运西湖泊扩展,运河与三里湖分离,形成界首越河。

万历十三年(1585年),宝应知县耿随龙主持修建界首三里湖石堤八百四十丈。[5] 这时三里湖和运河仍为一体,湖堤即运堤。万历二十八年(1600年),邵伯越河修筑后,界首越河的开凿也被提上日程。总督河漕刘东星令郎中顾云凤等主持开挑界首越河,南起永兴港口,北至双桥口,共一千八百九十丈。[6]

界首越河和其他越河不同。越河双堤的形成,或于旧湖堤以东傍堤添筑东堤,如宝应湖越河、高邮湖越河、邵伯湖越河;或于旧湖堤以西的湖中筑西堤分割湖面,形成双堤渠系河道,如白马湖越河。界首越河虽然不长,却包含了上述两种情形,这是因为界首镇紧靠三里湖堤,堤外有农田、民居和驿站。"界首之为堤者,与民之跨而室者相半。河成则民居以一线之土,孤悬波涛中,无虞溃决,即出入安置焉?"[7] 如在旧湖堤以东筑新堤,原有农田和

1 (明)顾云凤:《邵伯越河碑铭》,(明)朱国盛:《南河志》卷11《碑记》,陈雷主编:《中国水利史典·运河卷》,第1册,第1144页。
2 (明)顾云凤:《邵伯越河碑铭》,(明)朱国盛:《南河志》卷11《碑记》,陈雷主编:《中国水利史典·运河卷》,第1册,第1144页。
3 (明)顾云凤:《邵伯越河碑铭》,(明)朱国盛:《南河志》卷11《碑记》,陈雷主编:《中国水利史典·运河卷》,第1册,第1144页。
4 (明)顾云凤:《邵伯越河碑铭》,(明)朱国盛:《南河志》卷11《碑记》,陈雷主编:《中国水利史典·运河卷》,第1册,第1144页。
5 (明)潘季驯:《河防一览》卷11,"河工告成疏",陈雷主编:《中国水利史典·黄河卷》,第1册,第524页。
6 (明)李植:《总河尚书晋川刘公祠记》,(明)朱国盛:《南河志》卷11《碑记》,陈雷主编:《中国水利史典·运河卷》,第1册,第1146页。
7 (明)李思诚:《顾公界首越河祠记》,(明)朱国盛:《南河志》卷11《碑记》,陈雷主编:《中国水利史典·运河卷》,第1册,第1147页。

聚落得不到保障，居民和驿站的迁移也会耗费大量人力、物力。“界首镇界居民千有余家，皇华馆驿隶焉。如堤直建旧堤之东，本镇弃之新堤之西，则千家井灶、百年邮亭不免丘墟。”[1] 受界首镇区位限制，越河堤岸的兴筑要根据不同运段的具体情况进行。

界首越河自万历二十八年（1600 年）十一月兴工，万历二十九年（1601 年）八月完工。“其自界首镇南北者为河于田以避湖，其与镇值者为堤于湖，以避镇居民之庐井，坟墓无动，而行者得乘安流矣。是役也，为河身长十五里，阔二十余丈。筑东堤一千七百二十余丈，阔六丈，高可五之一。筑湖心大坝一百二十五丈，阔五丈，高可三之一。筑土埂一道，长一百三十七丈，阔二丈五尺，高可五之一。”[2] 由此可见，界首镇南北越河在旧湖堤以东傍堤开凿、添筑东堤，而界首镇越河在旧湖堤以西的湖中筑西堤，将渠系运道从湖中分离。双堤越河形成后，船行其中如履平地。据载，“自此重堤夹卫，舟行中流，积水汪洋虽如故，而风涛化为安澜，舟楫往来虽不殊，而涉湖如履康衢”。[3] 界首越河的形成，标志着淮扬运河全线湖漕实现了运、湖分离。“今界首越河成，而淮扬之间始不复知有湖，民有安流，国有全漕，则三河皆得界首始完哉！”[4]

需要指出的是，明代后期淮扬运河并非都是双堤，在一些非湖区运段和湖口地区，堤岸仍是单堤。例如，由宝应湖南至三里湖北，由新镇到界首之间的非湖区运段，至少有十余里单堤。宝应至界首六十里间，其中由县治到新镇的宝应湖堤岸长三十六里，新镇到界首之间有二十四里。刘宝楠在《宝应县图经》中认为，槐楼、新镇至界首的运河早在明初宝应直渠开凿时就已形成双堤渠系河道：“洪武中所开越河，槐楼以南、界首以北四十里。嘉靖时所议越河，城南至新镇三十六里。案：槐楼至新镇十余里，新镇至界首二十余里。新镇以南，柏丛桂所开河，未废；新镇以北至槐楼，柏丛桂所开河，成化时已湮，故渡汜光湖者至新镇始出口，志文殊混。”[5] 前文第三章已经论述

---

1 （明）李植：《总河尚书晋川刘公祠记》，（明）朱国盛：《南河志》卷 11《碑记》，陈雷主编：《中国水利史典・运河卷》，第 1 册，第 1146 页。

2 （明）顾云凤：《界首越河记》，（明）朱国盛：《南河志》卷 11《碑记》，陈雷主编：《中国水利史典・运河卷》，第 1 册，第 1145—1146 页。

3 （明）李植：《总河尚书晋川刘公祠记》，（明）朱国盛：《南河志》卷 11《碑记》，陈雷主编：《中国水利史典・运河卷》，第 1 册，第 1146 页。

4 （明）顾云凤：《界首越河记》，（明）朱国盛：《南河志》卷 11《碑记》，陈雷主编：《中国水利史典・运河卷》，第 1 册，第 1146 页。

5 （清）刘宝楠：《宝应县图经》卷 3《河渠》，第 305—306 页。

过，宝应直渠是在旧堤以西开凿的河道，不是双堤运河。明代后期，运西诸湖扩张，一些低洼的陆地逐渐潴水成湖，有一些地方仍保持陆地形态。非湖区的运河堤岸，有一些是单堤，有一些则是双堤，如淮安运段和宝应城至黄浦的运段，集中在淮扬运河北段。另外，邵伯越河北端的露筋庙一段，运堤也是单堤。朱国盛《露筋堤记》："庙之傍三里许曰'小湖口'，曩所通湖而未堤者也。口之外漭沆数百里，未有测其垠锷者，新开甓社，诸湖之所汇也。"[1]天启三年（1623 年）、四年（1624 年），朱国盛主持筑露筋堤。"天根始见，水落滩出，投土以实其基，树茭柳以固其筑。然后徐下桩木，外滨大湖磊以石，内薄通津葺以板，费节而工可举也。浅船运土，巨舰载石，相属于道，旬日一省视焉。"[2]原本小湖口连通西部湖群，单堤形成后，加强了对水流的拦截，东西向水流受阻，西部洼地进一步潴水扩展。

明代后期，运西湖群扩张，加剧了船只触岸覆溺的险情。水环境变迁推动了单堤湖漕向双堤渠系运河转变。黄、淮水流自北向南，山涧水流自西向东，在水流交错影响下，诸湖发育有先后，运、湖分离有急缓。在湖面较大的高邮湖、宝应湖，越河形成时间较早，而在湖面较小的邵伯湖和三里湖，越河形成时间较晚。各大越河在东、西堤防形态上也有差异：在旧湖堤以东添筑东堤、形成双堤渠系运河的，有宝应湖弘济河、高邮湖傍堤越河、邵伯湖越河；在湖堤以西湖中筑堤分隔湖面、形成夹河的，有白马湖越河；以上两种情形都有的，如界首越河。越河形制是综合湖泊水情、工程管理的结果，而越河开凿形式不一，体现了淮扬运河沿线地理环境的多样性和复杂性。明代后期开凿的越河虽然带有折中性质，却是彼时所能采取的最合时宜的方案，对维持漕运稳定、防止农田被淹都有意义。但从长远角度来说，双堤运河的修建对湖泊的反作用也是巨大的。运河东、西湖泊的隔绝从宋代单堤修筑后就已存在，并非始自明代。明代运河双堤形成后，无疑加剧了淮扬运河东、西水环境的隔绝，尤其在黄、淮南侵的背景下，运河双堤对淮扬水环境的影响更为强烈，对区域河湖地貌的塑造更加突出，甚至奠定了明代以来淮扬运河东、西河湖分化的基本格局。

---

1 （明）朱国盛：《露筋堤记》，（明）朱国盛：《南河志》卷 11《碑记》，陈雷主编：《中国水利史典・运河卷》，第 1 册，第 1153 页。

2 （明）朱国盛：《露筋堤记》，（明）朱国盛：《南河志》卷 11《碑记》，陈雷主编：《中国水利史典・运河卷》，第 1 册，第 1154 页。

第三节　运堤维护和闸坝调控

运堤维护和闸坝控制是京杭大运河水利工程的重要议题，也是水环境和运河互动演变的生动体现。淮扬运堤对高、宝湖水形成拦截，双堤的兴筑更使运河东、西水环境加速分隔，闸坝成为调控湖水蓄泄的枢纽。运堤稳固、闸坝有序是维护水环境动态稳定的关键，但随着运道淤积，闸坝调控更加复杂，运堤阻隔作用加强，对淮扬水环境产生深刻影响。

一、运堤的维护：生物护岸工程

水之于运河的作用是双面的，一方面运河需要河湖蓄水行船，另一方面水流侵蚀运堤、危及运道。在与水抗争的过程中，人们采取一系列手段加固运堤。淮扬运河沿线湖泊密布，西有丘陵来水，北有黄、淮水流，南部入江不畅，东部运堤拦截。多种因素综合，使运西湖群经历了扩展，这是淮扬运河所独具的水文形势。明代后期，黄、淮南泛，运堤坍圮风险加剧，维护工程相应增多。除了填土砌石等常用手段外，生物护岸也被广泛应用。生物护岸，即以树柳、种茭、植苇的方式巩固运堤，与填土砌石相比，更好地体现了对外界环境的适应。前人对古代运堤维护有所研究，但对淮扬运河生物护岸工程关注较少，只有《明清苏北水灾研究》对“植树护堤制度”进行了探讨。在此，有必要结合区域水环境，复原淮扬运河生物护岸工程的演变历程，探究生物护岸工程在水环境和运河互动过程中的地位和影响。

弘治年间，宝应县主簿张隆于白马湖种茭护岸。据道光《重修宝应县志》，“（张隆）又以白马湖逼近城闉，广植茭葑，以捍风浪，士民德之”。[1] 由高家堰大涧口起，经白马湖、黄浦、射阳湖一线，是古淮河南支分汊河道，也是汛期淮水南泄的主要通道。这种自西向东的水流受运堤拦截后，潴积在白马湖，加速湖面扩展。与此同时，水流对堤岸的冲击和侵蚀有所加剧，湖面种茭能减少水流对堤岸的负面影响。嘉靖以来，运西诸湖扩展，运堤所受威胁加剧。运堤崩塌后，不仅妨碍漕运，更浸没大片农田。嘉靖二年（1523

1　道光《重修宝应县志》卷15《名宦》，第595页。

年）秋大水，宝应湖堤岸溃决，官方组织在湖中种茭护堤。茭草蔓延湖中，犹如蛟龙，又称“青龙港”。明人朱应辰作《青龙港记》，其中有：“命去堤之西，如运渠之广，缘之以茭，长尽湖，广二十丈许。七阅月而工成，葱葱茸茸，蝼蜿湖中，若蛟龙，然公便来视，喜曰：此其状如龙，当以青龙港名之”。[1] 万历十三年（1585 年）宝应双堤越河形成前，宝应湖堤即运堤，船行湖中，常有触堤风险。种植茭草不仅能削弱水流对堤岸的冲击，还能在船只和堤岸之间形成一个缓冲带，减少船只触堤沉溺现象。在湖堤以西的水中植茭还有很多益处，明代将此概括为“三宜”“四节”“五利”。

> 今兹之役有三宜焉，有四节焉，有五利焉，兹可记也。夫何谓三宜？旱而涸为易植茭，于天时宜；植茭无难为，于人宜；植茭于湖之隈，于物性宜。是故三宜，顺而有以获乎天矣。何谓四节？无帑藏之发，节乎财；无征调之扰，节乎力；无采石伐木之费，节乎工；无留时愒日之久，节乎时。是故四节谨而有以裕乎民矣。何谓五利？庇风捍流，其于堤防也利；远险去害，其于商贾也利；浚渠之中以便漕舟，其于转运也利；多张水门，时蓄泄之，浸溉田苗，其于农功也利；罢岁缮堤，省大费，其于丁也利。是故五利兴而有以益于时矣。[2]

在以上内容中，尤其值得关注的是“旱而涸为易植茭”和“多张水门”，这两点与水环境关系极为密切，更有生态学意义。运西诸湖在汛期相连成片、暴涨泛溢，但是水位季节变化幅度大，天干水涸时，运西靠近堤根的水面涸出，露出一片沼泽浅滩。这种季节性的湖泊适合茭草生长。“茭，水草也，性易植，又澶衍繁，植可以制水有功。”[3] 换言之，茭草体现出对运西水环境极强的适应性。运西湖中沿堤密植茭草，无疑是一道护堤保船的天然屏障，且不会对东西向水流形成拦截。茭草护持的单堤对水流的拦截和阻滞要比双堤小得多，东西水流的沟通也更为顺畅。运西湖水能够通过单堤上的闸坝供给运东灌溉，既便漕，也利农。种茭护岸是以柔克刚原理的生动应用，刘文

1　（明）朱应辰：《青龙港记》，万历《宝应县志》卷 10《艺文志》，《南京图书馆藏稀见方志丛刊》，第 65 册，第 585 页。
2　（明）朱应辰：《青龙港记》，万历《宝应县志》卷 10《艺文志》，《南京图书馆藏稀见方志丛刊》，第 65 册，第 585—586 页。
3　（明）朱应辰：《青龙港记》，万历《宝应县志》卷 10《艺文志》，《南京图书馆藏稀见方志丛刊》，第 65 册，第 585 页。

淇在《扬州水道记》中曾将此和杨最“缘湖树杙”的方案对比，肯定种茭护岸的积极意义：“前杨最所建之中策，缘湖树杙数重以护堤，此则于湖种茭，取其柔而制水，舟行其中，一若港然，故名曰青龙港也。”[1] 此外，茭草和湖面交相辉映，构成了明代淮扬运河“青满长堤绿满陂”[2] 的独特景观。

嘉靖十四年（1535年），高邮湖堤崩坏，治水者“画策树木、实茭楗以代，石堤无坏”。[3] 这种以植树种茭代替石堤的方法，也是以柔克刚的典型案例。石堤坚硬，短时间内能抵御水流冲击，但是石堤和水流之间的互动是单向的，长此以往，石堤易被冲塌。与石堤相比，茭草等具有生命力的植物与水环境和谐互动，能持久地削弱水流对堤岸的冲击。

除了种茭外，植树也是生物护岸的一大工程，最为常见的就是种柳。明代后期，淮扬运西湖面扩展，汛期湖泊水位暴涨，船行其中屡遭覆溺，开凿越河的建议屡被提及。高邮湖、宝应湖越河傍堤修建，但湖堤和越河之间要保留些许空间，以便填土固堤、拥土培柳：“支河至湖塘岸须多留隙地，密栽深柳，每浚河淤泥，即以培之，塘岸永固矣。”[4] 柳树根长须密，织结成网，能稳固土层，达到护堤固岸的目的。柳树所具有的生物稳定性，使其能承受较长时期的水淹，被广泛应用于运堤维护。明代刘天和总结出一套系统的植柳固堤理论，称为“植柳六法”。“植柳六法”包括卧柳、低柳、编柳、深柳、漫柳和高柳。在“植柳六法”中，卧柳、低柳、编柳应用于水流冲击不大的堤岸，“盖将来内则根株固结，外则枝叶绸缪，名为活龙尾埽，虽风浪冲激，可保无虞，而枝梢之利，亦不可胜用矣”。[5] 但在水流湍急、湖水满溢的堤岸，卧柳、低柳、编柳的作用有限，深柳、漫柳和高柳应用较多。刘天和总结的“植柳六法”，不仅是固堤护岸的经验总结，更是生物抗洪经验的实践升华。例如，“漫柳”多应用在水流漫堤的区域，利用水涨水退、泥沙淤积的环境特点种植柳树，不仅能起到抗浪防冲的作用，还能减少水流对堤根的侵蚀。“深柳”多用于水急波险的堤段，柳树根部扎入土中，根须盘根错节、交织如网，能起到固堤护岸、保持水土的作用，柳树枝条繁密，还可抵挡水流冲刷、洪水浸漫。刘天和的“植柳六法”虽在中原治水实践中总结，但同样适用于淮扬运堤的

---

1 （清）刘文淇著，赵昌智、赵阳点校：《扬州水道记》，第102页。

2 （明）何庆元：《何长人集》，《明别集丛刊》第3辑，第60册，第192页。

3 万历《扬州府志》卷17《人物志》，《北京图书馆古籍珍本丛刊》，第25册，第300页。

4 （明）刘天和著，卢勇校注：《问水集校注》卷2，第37页。

5 （明）刘天和著，卢勇校注：《问水集校注》卷1，第20页。

维护。

隆庆以来，黄、淮南泛，运西诸湖险情迭生。万历年间，栽柳种茭越来越多地用于维护淮扬运堤上。万历初，自张家湾到仪真、瓜洲的两千余里运道普遍植柳固堤。“植至七十余万株，后来者踵行之，则柳巷二千里，卷埽者有余材，挽运者有余荫矣。”[1]万历十七年（1589年），白马湖双堤越河筑成后，为防止西堤被湖水侵蚀，“仍密种橛柳茭苇之类，使其能当涛浪，则东堤不守而自固矣”。[2] 明代后期，淮扬运堤很多地方都种有柳树。运堤上的柳树形成一道天然屏障，不仅有固堤护岸、保持水土的作用，柳、岸、水面三者合一，也构成了运河沿线独特的景致，如赵鹤《过邵伯湖》写道：“送行最爱长堤柳，直到官河绿未休。”[3]越到后期，柳树护岸制度越松弛。虽栽种柳树，但杂乱无章，作用有限。据朱国盛《六柳议》，“唯今之栽柳者，止云栽植而不知所以栽植之法。堤虽有柳，而栽于旷野芦苇中者，既失浇灌之方，又无芟薙之力。其间植于沿堤者，又多采折枯损而莫适”。[4] 在植柳护堤松弛的情况下，朱国盛以种柳为整治运堤的“第一议”，重提刘天和的“植柳六法”。他又指出，“卧柳”“低柳”可沿堤种植；“编柳”在要害处，根部盘绕错节，可防水流漫溢；“深柳”则位于河水要冲，可作为堤堰木桩，防止堤岸溃决，出土部分还可当作扎束堤埽的柴草；此外，“漫柳”聚土，“高柳”成荫，均于河防有利。[5] 朱国盛《六柳议》是对刘天和“植柳六法”的发展和深化。尤其值得注意的是，朱国盛对植柳生境的论述，强调植柳应因地制宜，体现出其对生物护岸的生态学认知。

淮扬运河的生物护岸不仅是京杭运河工程史上的经典案例，更有生态学和景观学上的意义。与石堤相比，植物所具有的生命力能以柔克刚，与水环境形成良性互动关系，从而更持久地护持堤岸。明代后期，淮扬运堤生物护岸工程的时空分布特点是：在湖漕单堤时期，生物护岸工程，尤其是茭草护岸应用较广；双堤越河形成后，生物护岸较少。在运、湖一体的单堤时期，湖中种茭、岸边植柳不仅能固岸护堤，还能减少水流对堤岸的侵蚀。当双堤

1　（明）万恭著，朱更翎整编：《治水筌蹄》，“运河植柳护堤兼备埽料”，第103—104页。

2　（明）潘季驯：《河防一览》卷3，“河防险要”，陈雷主编：《中国水利史典·黄河卷》，第1册，第396页。

3　万历《江都县志》卷7《提封志》，《四库全书存目丛书·史部》，第202册，第75页。

4　（明）朱国盛：《六柳议》，（明）朱国盛：《南河志》卷10《杂议》，陈雷主编：《中国水利史典·运河卷》，第1册，第1129页。

5　（明）朱国盛：《六柳议》，（明）朱国盛：《南河志》卷10《杂议》，陈雷主编：《中国水利史典·运河卷》，第1册，第1128—1129页。

越河形成后，运、湖分离，船只航行的安全性提高，栽柳种茭的生物护岸工程有所减少，像“青龙港”那样的运河景观再未出现。面对湖水冲决、漫溢，人们更多地以堆石砌砖的方式巩固堤防。这种转变对水环境的影响是剧烈的。生物护岸的单堤时期，柳树和茭草虽然对水流产生一定拦截作用，但并不妨碍东西水流沟通。双堤时期，运堤对水流的拦截和阻滞加强，不仅加速运西湖泊潴水扩展，还会改变水流方向，增强湖水沿运堤自北向南流动的趋势。无论如何，明后期运河的生物护岸工程在整个京杭运河史上都具有代表性，即使在今天京杭大运河的堤岸维护上，也有重要的借鉴意义。

二、闸坝调控与湖水蓄泄的互动

（一）泥沙淤垫与湖漕闸坝废弛

运西诸湖的泄水通道以东、南向为主。向东，由运堤闸坝分泄，经运东入海；向南，经扬州水道泄水入江。扬州地势稍高，水道狭窄，湖水入江不畅，运堤减水闸坝才是湖水排泄的主要通道。明初平江伯陈瑄在高、宝湖运堤上置数十个减水闸调控湖水蓄泄，但到嘉靖初期这些减水闸因长期管理松弛而废弃。湖水蓄泄既影响漕运是否顺通，也关涉农田灌溉。嘉靖、隆庆以来，运西湖面扩展，运堤闸坝的重要性愈加凸显。“高、宝诸湖，夏秋泛滥，至高城数尺。万曰：‘此其要在闸。’”[1]随着淮扬运堤由单堤向双堤转变，闸坝调控趋向复杂。

嘉靖年间，高邮、宝应官员屡次提议恢复平江伯闸制。嘉靖七年（1528年），宝应知县闻人诠提议开凿宝应湖越河时提出设减水闸。他说：“就中建减水闸五座，浚赴海渠五条，使行舟皆由越河，湖水减于五闸，闸水下于五渠，则舟免风波之险，水得潴泄之宜。”[2]嘉靖十三年（1534年），陈毓贤提议在宝应湖和高邮湖堤岸置平水闸，“如粮运用水五尺，则闸限以六尺为挚，水高则听其自泄，水平则听其自止。自泄自止，随长随消，虽有水涝，备之有素，减之有渐”。[3] 嘉靖十七年（1538年），都御史周金提议置五座平水闸，“测量湖水七尺，以容行舟，即平所测水则，铺筑闸底，以石甃之，不施金门。

1 （明）张大复著，李子綦点校：《梅花草堂笔谈》卷下，浙江人民美术出版社2016年，第339页。
2 （明）胡应恩：《淮南水利考》卷下，陈雷主编：《中国水利史典·淮河卷》，第1册，第194页。
3 嘉靖《宝应县志略》卷1《地理志》，《天一阁藏明代方志选刊》，第19册。

随水高下，任其行止，堤可保其永固，诚善制也”。[1] 平水闸和减水闸不同。减水闸是设有活动板的减水工程，由管理人员根据水位适时启闭。平水闸名为闸，实际类似滚水坝，不设活动板，不借助人力即可让水流自行蓄泄。由于减水闸启闭由人，弊端丛生，治运者更倾向于置平水闸。

在运、湖一体的单堤时期，漕船行于湖中畅通无阻，闸坝调控相对单一。但随着黄、淮南泛，泥沙湖盆淤塞，湖泊蓄水量减少。“往年黄河厥淤粮运，阻绝河道，诸公惜水如金，移檄宝应，悉加固闭，必待湖溢方开，骤难宣泄，堤岸屡崩，因噎废食，其蔽固如是乎。乃迩年运河之水又多患有余，当事者每以开闸泄水，绳下乡农苦之，相率而告塞焉。”[2] 湖漕供水和蓄水的矛盾突出，运堤闸坝时常处于失控局面。为保证船只航行水深，治运者往往闭闸不启，致使湖水泛涨，水位抬升，冲决运堤，妨碍漕运，侵害农田。“比年畏修闸之劳，每坏一闸即堙一闸，岁月既久，诸闸尽堙，而长堤为死障矣；畏浚浅之苦，每湖浅一尺，则加堤一尺，岁月既久，湖水捧起，而高、宝为盂城矣。”[3] 鉴于湖漕淤浅带来的影响，周金提议在恢复闸制的同时培筑堤岸、疏浚运道。[4]

浚河、筑堤是保障运道水位的两大举措。在运、湖合一时期，疏浚湖漕比筑堤难度大。明初平江伯陈瑄“但许深湖，不许高堤”的治湖方略被忽视，治运者一味增高堤岸而不捞浅、疏浚。“盖先是洪水为灾，黄淮内涨，沙停水积，湖身顿高。主漕计者不得不增堤上新土以御之，增者愈高，新者愈危，西风怒涛，震撼排空，虽欲无决，不可得已。嘉、隆、万历之际，其颠末固如此，甚矣哉。水之为害，而堤之难守也。”[5] 运堤越高，对湖水的拦截作用就越强。“湖险为患，实由堤高，堤高则水大，水大则澎湃汹涌，加之积润土酥，西风触浪，高崖丈许，即更加数尺，水亦随满。”[6] 闸坝废弛，运堤增高，致使湖水抬高。正如万恭所言，“一闸坏，辄堙一闸；一堤圮，辄崇一堤。势乃湖日以高，堤日以败，饷道大坏”。[7]

闸坝是调控湖水蓄泄的关键，尽管嘉靖年间恢复闸坝的呼声此起彼伏，

1 万历《宝应县志》卷4《水利志》，《南京图书馆藏稀见方志丛刊》，第65册，第377—378页。
2 万历《宝应县志》卷4《水利志》，《南京图书馆藏稀见方志丛刊》，第65册，第378页。
3 （明）万恭著，朱更翎整编：《治水筌蹄》，“创复诸闸以保运道疏”，第147页。
4 嘉靖《宝应县志略》卷1《地理志》，《天一阁藏明代方志选刊》，第19册。
5 （明）陈应芳：《敬止集》卷1，“论减水堤闸”，《泰州文献》，第17册，第166页。
6 （明）章潢：《图书编》卷53，第1962页。
7 （明）万恭：《平水闸记》，（明）朱国盛：《南河志》卷11《碑记》，陈雷主编：《中国水利史典·运河卷》，第1册，第1137页。

但始终未见实施，直至隆庆年间仍处于湮废状态。彼时淮水决破高家堰泄入高、宝诸湖，黄河紧随其后，泥沙沉积，加快湖盆抬升。“至谓湖黄淤垫，与堤并高，淤者日浅，筑者日增，浅则水溢，增则土危，此则数十年诸湖切害，其机正在于此。”[1]隆庆六年（1572年），万恭治水，乘船沿运河一线勘察，看到“湖駸駸且沉堤”[2]的局面。这一局面产生的根源在于黄、淮南泛背景下闸坝失调、撩浅废弛。“仪真至淮安，河不浚也久矣！止务高堤，不务深河，势拥诸湖。”[3]万恭治运，秉持平江伯陈瑄“但许深湖，不许高堤”的宗旨，疏浚运道，恢复闸坝，在仪真至山阳之间设二十三座平水闸，置五十一处浚浅点，每处设两只捞浅船和十名浅夫。[4] 平水闸以四尺为标准，不设板，不借助人力即可使水流自行蓄泄。“又闸欲密欲狭，密则水疏，亡胀闷之患；狭则势缓，亡啮决之虞。”[5]平水闸建成后，“盖长堤蛇连，诸闸洞开，上之湖水灌输无恐，下之膏腴旱涝有备”。[6] 运西湖水既能东泄入海，又能积蓄于西，东、西水流贯通，便漕利农。

（二）双堤运河的闸坝控制和湖水南流入江的趋势

万历时期，宝应湖、白马湖、邵伯湖湖漕等经历了由单堤到双堤的转变，高邮湖越河也在万历四年（1576年）由圈田转为傍堤。运、湖分离后，运河和湖泊的关系被比作瓮和瓯。

窃尝譬之，诸湖犹瓮也，运河犹瓯也。瓯以内阏，无所容矣。吾去瓯之阏，而以瓮水注之，瓯辄盈，而减瓮之水，能几何哉？大都湖水盈，而河水亦盈。河可浚，而湖不能浚。设非堤以障河，彼骤涨骤决，水漫则东田陆沉。迨水涸，则运道浅涩矣。故河之不可不深浚者，为容受之地备寻常之水也。堤之不得不高厚者，防漫决之患、御非常之水也。必兼举而始得焉。[7]

1 （明）陈应芳：《敬止集》卷2，“与王盐法文轩”，《泰州文献》，第17册，第194页。
2 （明）万恭：《平水闸记》，（明）朱国盛：《南河志》卷11《碑记》，陈雷主编：《中国水利史典·运河卷》，第1册，第1138页。
3 （明）万恭著，朱更翎整编：《治水筌蹄》，“淮安、仪征（真）间运河水深及治理”，第92页。
4 道光《重修宝应县志》卷6《水利志》，第266页。
5 （明）万恭：《平水闸记》，（明）朱国盛：《南河志》卷11《碑记》，陈雷主编：《中国水利史典·运河卷》，第1册，第1138页。
6 （明）万恭：《平水闸记》，（明）朱国盛：《南河志》卷11《碑记》，陈雷主编：《中国水利史典·运河卷》，第1册，第1138页。
7 万历《宝应县志》卷4《水利志》，《南京图书馆藏稀见方志丛刊》，第65册，第389—390页。

瓮大瓯小，以湖注运，运河无法容纳，致使堤岸崩坏。由此可见，运、湖分离后，湖泊泄水难度增大，闸坝在湖水蓄泄上的作用愈加重要。双堤越河的闸坝调控和湖漕单堤时期不同：单堤阶段，运、湖一体，闸坝调控的是湖水兼运河水，难度较小；双堤阶段，堤岸对湖水的拦截作用更强，湖水先排入运道，再经运东入海，闸坝调控更为复杂。

另一方面，在堤岸由单堤转向双堤的过程中，运堤闸坝数量明显减少。明初，仅高、宝湖漕就置有数十处减水闸。[1] 弘治年间，高邮湖圈田越河形成后，湖水先由南北二闸进入运河，再通过越河东堤的减水闸泄入运东地区，泄水难度增大。《淮南水利考》："高邮减水砳十五座，在州南，沿官河塘岸三。在州，沿湖堤六。在州东，沿运河塘岸六。"[2]《淮南水利考》记载的高邮越河仍是圈田形态，减水砳即石砳，也称平水闸。由上可见，高邮湖堤和越河东堤均有六座平水闸，而越河西堤(中堤)减水闸坝未见记载，只有三座涵洞自西向东穿过康济河底部，排泄圈田积水。[3] 万历四年(1576年)，高邮湖越河由圈田改为傍堤，运堤闸坝调控也发生改变。《大明会典》记载："新中堤四减水闸，万历五年建。"[4]新中堤指高邮湖新越河的东堤。运西湖水向东入海，首先穿过西堤进入运道，再由东堤上的减水闸坝泄入运东。查阅万历年间高邮相关文献，较少发现傍堤越河西堤的闸坝记载。这不能说明高邮西堤无减水闸坝，但在一定程度上反映了西堤闸坝少之又少。由于高邮湖浩渺广阔，运河以东清水潭地势低洼，汛期湖水泛涨，大量水流由湖堤闸坝孔道泄入运河，运河宣泄不及，反而造成运堤溃决。因此，湖堤上减水闸坝较少有一定合理性。总之，双堤时期与单堤时期相比，高邮湖运堤减水闸坝数量减少；傍堤越河与圈田时期相比，减水闸坝数量也有所减少(见表6-3-1)。与此同时，治运者将减水工程重点放在越河东堤，西堤少有减水闸坝，致使湖水蓄多泄少。湖水东泄受阻，一部分水流沿运堤继续南下。汛期湖水漫溢，水流又会漫入漕渠，冲决运堤，威胁漕、农。

1　(清)张廷玉等：《明史》卷85《河渠志三》，第2091页。

2　(明)胡应恩：《淮南水利考》卷下，陈雷主编：《中国水利史典·淮河卷》，第1册，第188页。

3　(明)刘健：《高邮州新开湖修筑记》，(明)杨宏、谢纯撰，荀德麟、何振华点校：《漕运通志》卷10《漕文略》，第302页。

4　(明)申时行：《大明会典》卷197，工部17，《续修四库全书》，第792册，第360页。

表6-3-1 明代高邮湖运堤闸坝数量

资料来源	滚水坝/平水闸	减水闸
《明史》		高、宝湖漕置有数十处减水闸
《淮南水利考》(下限为万历五年)	州南官河塘岸3个,西湖堤6个,运堤6个	
《登坛必究》(下限为万历二十七年)	蛤蜊坝	观桥上下二闸、车逻、王琴
《吴文恪文集》	蛤蜊坝、五里坝、新河一浅、十里桥、张家湾、青龙铺	遐观桥上下二闸、车逻、王琴

资料来源:《明史》卷85《河渠志三》,第2091页;(明)胡应恩:《淮南水利考》卷下,陈雷主编:《中国水利史典·淮河卷》,第1册,第188页;(明)王鸣鹤:《登坛必究》卷31,《续修四库全书》,第961册,第403页;(明)吴文恪:《吴文恪文集》卷8,《明别集丛刊》第4辑,第13册,第362页。

宝应湖运道在由单堤到双堤的转变过程中,减水闸坝数量也有所减少(见表6-3-2)。万历十二年(1584年)宝应湖双堤越河形成以前,宝应湖单堤有减水闸坝十三座,“江桥北等八减水闸,嘉靖、万历年间建。旧有七里沟、菜桥口、鱼儿沟三减水闸,白马湖、七里沟、槐角楼滚水坝,今俱废”。[1] 其中,白马湖不属于宝应湖,应排除在外。宝应越河“两堤又皆筑滚水坝三,以时疏泄”。[2] 滚水坝即平水闸,湖水盛涨时,水流先从西堤滚水坝坝顶滚落入运道,再由东堤的滚水坝泄入运东。长沙沟减水闸、朱马湾减水闸、刘家堡减水闸是宝应湖双堤运河上的减水闸,建于万历十二年(1584年)。[3] 现代对明代刘家堡减水闸的考古发掘证明,其位于宝应湖越河、弘济河的东堤[4],与上文“两堤又皆筑滚水坝三”的说法稍有出入。由此推断,宝应湖越河形成之初,越河东堤所设的三座减水工程是减水闸,而西堤受湖泊、运河夹攻,设平水闸更为合理。就明后期越河东堤、西堤闸坝数量而言,东堤要多于西堤。湖水先后穿过西堤和东堤才能泄入运东,如果减水闸西堤多、东堤少,

1 (明)申时行:《大明会典》卷197,工部17,《续修四库全书》,第792册,第360页。

2 (明)沈一贯:《新开弘济河》,万历《宝应县志》卷10《艺文志》,《南京图书馆藏稀见方志丛刊》,第65册,第639页。

3 (明)申时行:《大明会典》卷197,工部17,《续修四库全书》,第792册,第360页。

4 印志华、张敏、倪学萍等:《江苏扬州宝应明代刘堡减水闸发掘简报》,《东南文化》2016年第6期。

那么湖水穿过西堤进入运道后,东堤减水闸宣泄不及,容易造成运堤崩塌。西堤减水闸坝数量减少,湖水东流受阻,蓄多泄少。

表 6-3-2 明代宝应湖运堤闸坝数量

	滚水坝	减水闸	通湖闸
万历《宝应县志》	子婴、泰山殿后、黄浦	江桥、氾水、瓦淀、朱马湾、刘家堡、三里沟、五里铺(民置)、七里沟(民置)、十里铺(民置)	窑沟、九浅
《天下郡国利病书》	子婴沟、三里沟、黄浦、五里铺	江桥、氾水、瓦淀、朱马湾、刘家堡、七里沟、十里铺	瓦窑、九浅
《吴文恪文集》		江桥、氾水、长沙、刘家堡、三里、民建小闸	南北金门闸

资料来源:万历《宝应县志》卷4《水利志》,《南京图书馆藏稀见方志丛刊》,第65册,第377页;(清)顾炎武:《天下郡国利病书》,第1241页;(明)吴文恪:《吴文恪文集》卷8,《明别集丛刊》第4辑,第13册,第362页。

宝应湖越河双堤对湖水而言是两道拦截堤,减水闸坝数量减少进一步强化了拦截作用。治运者不以疏导湖水为宗旨,反而以增高运堤为首要任务。"今者率以增堤障遏为上策,欲堤无溃得乎?堤溃欲无害田,不可得矣。"[1]运堤闸坝管理松弛,加剧了堤岸对运西湖水的拦截,致使湖面扩展、水位抬升。万历二十年(1592年)以后,清口淤塞,洪泽湖扩张,淮水分泄南下,高、宝诸湖加速扩展。"治河者但知筑堤为要,以堤日高,而河身亦与之俱高,矧堤土之版筑,一经风之淋,则即此堤上之土又反为填河之害矣。"[2]治运者只知增筑运堤,不知修复运堤闸坝,随之导致运道淤高、闸坝废弛,形成恶性循环。

黄、淮南泛既带来大量水流,也携有很多泥沙。双堤运河既蓄水,也拦沙,泥沙沉积速率要远远大于运河两侧的平原湖荡。随着泥沙淤积,运道高于运西湖区。"或问宝应越河淤泥日高,不能潴水,何也?今议大挑,何如?曰:按越河于万历甲申岁开挑,迨五六年后,而沙垫底高,由通济等闸黄水内

1 万历《宝应县志》卷4《水利志》,《南京图书馆藏稀见方志丛刊》,第65册,第379页。
2 (明)王圻:《续文献通考》卷39《国用考》,现代出版社1991年,第585—586页。

灌，沙壅之耳。”[1]运道淤高，湖水东泄更不顺畅。万历二十二年(1594年)，宝应湖越河设立窑沟通湖闸和九浅通湖闸。二闸名为通湖闸，却为汛期将多余水流泄入湖泊所设，与排泄运西湖水没有直接关系。“盖因弘济河上接黄流，闸口水溜，每粮船引二百夫，不能挽拽，故建二闸泄水入湖，弘济闸口水势赖以平缓，湖水大则闭之。”[2]在湖水盛发时，反而要关闭窑沟通湖闸和九浅通湖闸，以防止湖水漫溢运道。

运西湖水原是运东农田重要的灌溉水源。运道淤高后，运河蓄水量减少，官方为使漕运畅通无阻，往往堵塞闸洞，蓄水济运，如徐标疏言，“岁内拮据，淮、扬间或严督捞浚，蓄水之深，或密塞港洞，防水之泄，滴水如金之时，盈溢若伏秋，漕固不病滞矣”。[3] 运堤闸坝调控以漕运利益为标杆，无暇顾及农田灌溉，加剧了官方和民间的闸坝之争。“至于高堰大堤，及淮南沿堤各减水闸洞，原为上河尾闾之泄，非为民间灌溉设也。近年士民不察初意，每遇天旱，则苦恳放闸，引水救苗。潦则惟恐开放致妨己业，甚且阻挠河官，贿通夫□，图便一己，而漕运之梗、堤岸之溃，均所不顾。”[4]汛期湖水泛涨，东堤减水闸又处于开启状态，水流直泄运东，侵害农田。由此可见，双堤运河形成后，运堤淤高，闸坝失控，阻断了东、西水流贯通，运西湖水蓄泄无时，加剧了漕运和灌溉的矛盾。

运堤闸坝失控，湖水东泄受阻，而从高家堰分泄的淮水不减反增，南下入江在湖水出路问题上愈加重要。万历二十三年(1595年)以前，湖水以东流入海为主要通道，杨一魁“分黄导淮”时期，“犹虑淮水宣泄不及，南注各湖为患，又开高邮西南之茆塘港，通邵伯湖，开金家湾，下芒稻河入江，以杀淮涨”。[5] 在茆塘港开凿之前，高邮湖和邵伯湖之间仅有运河相通，但是运河容量有限，高邮湖水南下困难，新开凿的茆塘港成为湖水南泄的另一通道。万历二十八年(1600年)，邵伯湖越河开凿后，运堤对湖水的拦截作用加强，湖水南下分泄入江的趋势更加明显。

1　万历《宝应县志》卷4《水利志》，《南京图书馆藏稀见方志丛刊》，第65册，第392页。

2　万历《宝应县志》卷4《水利志》，《南京图书馆藏稀见方志丛刊》，第65册，第377页。

3　(明)徐标：《条议速运疏》，(明)朱国盛：《南河志》卷6《奏章》，陈雷主编：《中国水利史典·运河卷》，第1册，第1066页。

4　(明)朱国盛：《河工条议原详》，(明)朱国盛：《南河志》卷8《条议》，陈雷主编：《中国水利史典·运河卷》，第1册，第1092页。

5　(清)傅泽洪主编，郑元庆纂辑：《行水金鉴》卷160，第5392页。

本章小结

历史时期淮扬运河与湖泊互动演变的复杂程度在京杭大运河史上首屈一指。自开凿以来,淮扬运河一直是河湖连缀的状态。直到明代万历以前,运河还未形成完整的渠系河道,湖泊即运道,运堤即湖堤。明代后期,随着越河开凿,运河与湖泊分离,其间湖泊扩展和堤岸形态的互动演变,为探讨历史时期运湖关系提供了一个经典案例。开凿越河既是保障行船安全使然,也是应对运西湖泊水环境变迁的结果。运堤阻隔、黄淮南泛和入江不畅是湖泊发育的三大因素。嘉靖年间,运堤阻隔占主导因素,由于减水闸坝湮废,运堤成为一道纵贯南北的"死障",湖水东泄不畅,潴积在运西洼地。隆庆以来,淮水由高家堰分泄南下进入运西地区,致使湖泊扩张,高邮湖、宝应湖水体统一。单堤时期,运堤卑薄难支,湖水冲决,损坏运道,侵及农田。为缓解湖水对堤岸的冲击,古人采用种茭、植柳等护岸措施,实为京杭运河生物护岸的典型。万历以来,淮扬运河沿线先后开凿越河,形成双堤渠系运道,运、湖逐渐分离。但是,这些湖泊水情复杂,越河的开凿方式和堤岸形态有所差异:先有西堤,再有东堤,即在湖堤以东添筑东堤的,有宝应湖弘济河、高邮湖越河、邵伯湖越河,其中高邮湖越河形态经历了由圈田转为傍湖的过程,演变最为复杂;先有东堤,后有西堤,即在旧湖堤以西湖中筑堤、分隔湖面形成夹河的,有白马湖越河;以上两种情形都有的,如界首越河。越河开凿形式的不同,体现了淮扬运河沿线地理环境的多样性。明代运河双堤形成后,对运西湖水的拦截更加强烈,对河湖地貌的塑造更加突出。宋代以来运河两侧河湖地貌的分异进一步强化,明清以来运西湖泊密布、运东农田纵横的基本格局由此奠定。另一方面,明代后期运西湖泊和堤岸形态的演变不仅关涉运湖关系,更对江淮关系有深远影响。湖泊是连接长江、淮河的纽带,湖水流向决定了江、淮之间的水流方向。当淮河沿岸地势抬高后,湖泊泄水通道以东、南方向为主。向东,通过运堤减水闸泄入运东后,沿支河入海;向南,沿运河经扬州地区入江。其中东向泄水通道一直是湖水倾泄的主要通道。双堤越河形成后,运堤对湖水的拦截进一步加强。与此同时,运堤减水闸坝数量减少,闸坝控制更为复杂。湖水蓄多泄少,一部分水流便沿运堤进入邵伯湖，再由运河、芒稻河分泄入江，入江通道在湖水分泄方面的重要性凸显。正是湖水出路的变化，完成了江淮关系转变的关键性过渡和衔接。

第七章

明代嘉靖以后扬州运河的水文动态：由引江济运到导淮入江

扬州运河自开凿以来迄明代中期，一直接引江水济运。明代后期黄河扰动，清口壅滞，淮水分泄南下。水流首先进入宝应湖、高邮湖、邵伯湖等潴积扩展，再一路由运堤减水闸坝分泄，经运东下河地区归海，一路由扬州运河泄入长江。淮水南溢改变了扬州运河的水文形势，推动了运河由引江向导淮转变，这是京杭运河水文史上的重大变局。在有关明代扬州运河的已有成果中，姚汉源考证了扬州运河闸坝演变的历史脉络，张程娟围绕隆庆六年（1572年）瓜洲建闸及市侩、工部群体，分析建闸对漕运制度及国家财政的影响，阮宝玉以明代仪真兑运为例，探讨明代长运法后民运与军运的关系。[1]以上研究多从水利技术或漕运制度层面探讨，但忽略了运河与环境的互动层面。本章拟在已有研究基础上，复原淮水南溢背景下扬州运河水文动态的演变情况，剖析环境、制度和群体等因素综合影响下运河闸坝体系对运河水文动态的反作用，以此揭示运河和环境的互动关系。

第一节　水环境、漕运利益和瓜、仪闸坝变迁

有明一代，扬州运河是入江正路。《南河全考》："考江水向自瓜、仪达于清口，亦与黄、淮会，而今则黄水身高，夺淮拒江而下，势如建瓴，此漕河即为通江正脉。"[2]扬州运河有仪真、瓜洲两处通江运口，前者承接湖广、江西等地漕船北运南回，后者则是苏松、浙西等地漕船往来的通道。以漕运利益为前提，运口往往设置一系列闸坝存蓄水源。闸坝的设立在一定程度上阻碍了长江和高、宝湖群的互动，增加了湖水入江的复杂性。嘉靖以来，瓜、仪运口闸坝几经更替，体现了闸坝体系在水环境变局中的应对和调适。

一、漕运程限与环境之变：嘉靖年间扬州运河的济运水源

明代前中期，扬州运河的济运水源来自长江、陂塘和邵伯湖，引江是主要的济运模式。嘉靖前期，扬州运河仍以引江济运为主。"明嘉靖时，淮河

1　姚汉源：《京杭运河史》，第282—283、310—312页；张程娟：《争夺运河之利：明代瓜洲闸坝兴替与漕运制度改革》，《中国历史地理论丛》2018年第2辑；阮宝玉：《明清漕运中民运与军运的抉择——以江西、湖广"仪兑"为中心的讨论》，《史林》2019年第6期。

2　（明）朱国盛：《南河全考》，《中国水利志丛刊》，第32册，第235页。

已南下，而嘉靖《惟扬志》云：'仪征（真）坝五座，瓜洲坝十座，各坝悬于江水之上，若口一决，则一泻千里，邗江河湖，涸可立待。宜为重闸，使小有关锁节制。'案：此则嘉靖时，淮河之流尚不能南及瓜、仪，而江口之水尚北流也。"[1] 彼时淮水南溢趋势不明显，大部分水流潴积在高、宝湖群，尚未波及扬州运河。

嘉靖年间，漕运程限改制使引江济运陷入困局。明初漕运规定秋粮十月开仓，但没有限定进京时间。成化八年（1472 年），漕运规定浙江、江西、湖广等地漕船限九月初一到京，江南漕船限八月初一到京。[2] 湖广、江西漕船兑运开帮，往往在四月左右到达仪真运口。[3] 此时正值春潮盛涨，船只可依次乘潮过闸，省免塌房、挑担、脚力劳费。[4] 嘉靖八年（1529 年），江南、浙江、江西、湖广漕船到京期限较成化八年（1472 年）提前两个月。嘉靖三十七年（1558 年），到京日期又较嘉靖八年（1529 年）提前一个月。[5] 与此同时，官方还规定了漕船过淮期限（见表 7 - 1 - 1）。漕运程限、过淮期限与黄、淮下游水情有关。明代黄河在郑州以下南北漫流，正德至嘉靖初黄河主流由沛县入运，嘉靖中期以后黄河主流由泗水一线入淮，黄水时常倒灌淮南运口。[6] 提前到京日程、限定过淮期限，目的是催促漕船尽快过淮、过洪，防止北上途中黄水泛滥，或是返途受到冻阻。[7] 江南漕船限正月之前过淮，湖广、浙江、江西漕船限三月之前过淮。江南漕粮兑运开帮后到达淮安运口，需要在二十日内完成。[8] 由此推之，江南及湖广、江西等地漕船由长江进入瓜洲、仪真运口的时间大致在十二月至来年二月。此时正值冬春，江水低落，潮水不盛，济运水源不足。史载："往岁江西、湖广并南京等处兑运粮米计三千余艘，每以四月渡江，正潮盛时，随到进闸，无俟停止。迄今改运冬春之交，江潮正落，运艘辐辏，至必停泊江干，挨帮候进。"[9] 由此可见，漕运程限改制后，引江济运水源不足，漕船由长江进入运河多有不便。

1　（清）刘宝楠：《宝应县图经》卷 3《河渠》，第 294 页。
2　（明）申时行：《大明会典》卷 27，户部 14，《续修四库全书》，第 789 册，第 489 页。
3　（清）顾炎武撰，黄坤等校点：《天下郡国利病书》，第 1289 页。
4　（清）顾炎武撰，黄坤等校点：《天下郡国利病书》，第 1283 页。
5　（明）申时行：《大明会典》卷 27，户部 14，《续修四库全书》，第 789 册，第 489 页。
6　姚汉源：《中国水利史纲要》，水利电力出版社 1987 年，第 349—356 页。
7　胡铁球：《明清歇家研究》，上海古籍出版社 2015 年，第 325—338 页。
8　（明）沈佳胤辑：《瀚海》卷 11《经世部》，"收兑事宜"，《四库禁毁书丛刊·集部》，第 20 册，第 332 页。
9　（清）顾炎武撰，黄坤等校点：《天下郡国利病书》，第 1289 页。

表 7－1－1 明代漕运程限规定

时间＼区域	湖广、江西、浙江	江南
成化八年(1472 年)	限九月初一到京	限八月初一到京
嘉靖八年(1529 年)	限七月初一到京	限六月初一到京
	限三月以前过淮	限正月以前过淮
嘉靖三十七年(1558 年)	限六月初一到京	限五月初一到京
隆庆六年(1572 年)	十月开仓,十一月兑完,十二月开帮,二月过淮,三月过洪入闸,四月到湾	
万历二年(1574 年)	限二月过淮	限正月以内过淮

资料来源:(明)申时行:《大明会典》卷 27,户部 14,《续修四库全书》,第 789 册,第 489 页;《明神宗实录》卷 2,"隆庆六年六月庚辰"条,第 60 页;《明神宗实录》卷 491,"万历四十年正月戊午"条,第 9246 页。

嘉靖年间,扬州水文形势较为单一。由于北部邵伯湖、高邮湖、宝应湖等湖水尚未大规模向南漫溢,扬州运河的水源以江水、江潮为主。嘉靖初年,瓜洲运口有十座坝,仪真运口有五座坝,用于拦潮济运。但江潮湍急,运口坝是土坝,极易被水流冲毁,"若口一决,则数百里漕流涸可立待,诚足惧焉"。[1] 瓜、仪运口上游、扬州城西南十五里处有三汊河口,因江都、仪真、瓜洲水系在此分为三支而得名。[2] 嘉靖七年(1528 年),都御史唐龙提议在三汊河口置一座闸,又将东水关改闸,"有事两闸俱闭,庶诸潮之水不致横奔,亦防漕良策也"。[3] 江水是扬州运河的重要水源,但是运河地势高、长江水位低,引江济运并不顺利,天干雨少、江水低落时,运河更加淤浅。据万历《江都县志》,"漕河地势原高,扬子大江地势原低,仪真、瓜洲各设五坝,原为防遏河水不使下泻于江。然每年夏秋江涨,则江水亦与河平,即今久旱无雨,漕河淤浅,运道艰难,商贾舟船尤为滞塞,薪米涌贵,民不聊生"。[4] 嘉靖四十一年(1562 年),江都知县赵讷提议置瓜洲十坝,各坝之下开凿一条渠道,每道宽二尺、深二尺或四尺。"俟潮涨之时,引水流入漕河,以济运道。潮退之

1 万历《江都县志》卷 7《提封志》,《四库全书存目丛书·史部》,第 202 册,第 74 页。
2 嘉庆《重修扬州府志》卷 8《山川》,《中国地方志集成·江苏府县志辑》,第 41 册,第 124 页。
3 万历《江都县志》卷 7《提封志》,《四库全书存目丛书·史部》,第 202 册,第 74 页。
4 万历《江都县志》卷 7《提封志》,《四库全书存目丛书·史部》,第 202 册,第 74 页。

后，即取浮土一二石填塞前渠，以防河水下泻。于江潮涨之时，依旧取去浮土，引水入河，不过三五日间，河水新增，运道有济，公私之间，实为两便。”[1]在单一的水文形势下，运口的水利调控也较为单一，瓜洲运口以坝为主，仪真运口闸、坝并用。

另一方面，高、宝、邵伯湖水潴积使扬州运河有了新的补给水源，陂塘济运作用减弱。嘉靖后期，引湖水济运成为扬州运河主要的济运模式。“（嘉靖中）而五塘或修或废，大较不能发长策，复旧制，为国计长远之虑，仅补苴堤闸，为文具已耳。嘉靖末，塘益废，民请输官租为田。然湖积水愈多，引而入江，不虞涸，故运道亦通。”[2]运堤高固，湖水壅高，水流南下趋势显现，湖水成为扬州运河的重要水源。

二、瓜洲建闸的水文生态内涵：隆庆年间淮水入江与泄洪诉求

淮河下游和运西湖群水环境的转变不仅为扬州运河带来新水源，也对运河提出泄洪要求。嘉靖后期已有人提出置瓜洲闸调剂湖水蓄泄：“今顷亩一望而上湖水盈漫而下，汪洋连海，妄意上湖之水亦不难治，所欲以时其蓄泻，是在瓜洲一带置闸，多许立表节以启闭之，何患其势必漫堤也。”[3]彼时瓜洲运口的水利工程以坝为主，坝拦截水源、蓄水济运，但也阻碍了泄水进程。

隆庆四年（1570年），淮决高堰，经大涧口、黄浦口、射阳湖入海[4]，表明淮水分泄南下趋势已经显现。淮水首先进入高、宝湖群潴积扩展，然后分别归海、归江。归海一路由运堤减水闸坝泄水，经运东下河地区东流入海。明初平江伯陈瑄在沿湖运堤设数十处减水闸调控湖水，主张“但许深湖，不许高堤”。[5] 明代中叶，减水闸湮废，堤岸成为阻滞湖水的“死障”[6]，湖泊加速扩展，“湖水捧起”[7]。随着运堤闸坝松弛，归海通道受阻，扬州运河的泄洪作用受到重视。

明代后期淮水南溢，瓜洲运口以坝为主的水利工程不能适应新的泄洪要求。隆庆四年（1570年），御史杨家相以瓜洲土坝盘剥严重为由，提议兴建

1　万历《江都县志》卷7《提封志》，《四库全书存目丛书·史部》，第202册，第74页。

2　万历《扬州府志》卷5《河渠志》，《北京图书馆古籍珍本丛刊》，第25册，第83页。

3　（明）陈全之：《蓬窗日录》，上海书店出版社2009年，第18页。

4　武同举：《淮系年表全编》，陈雷主编：《中国水利史典·淮河卷》，第1册，第553页。

5　（明）万恭著，朱更翎整编：《治水筌蹄》，“创复诸闸以保运道疏”，第147页。

6　（清）金应麟：《三十六陂春水图题咏》，“三十六陂春水图后记”，《扬州文库》，第43册，第651页。

7　（明）万恭著，朱更翎整编：《治水筌蹄》，“创复诸闸以保运道疏”，第147页。

瓜洲闸："一建闸座以省耗费，谓瓜洲土坝剥运甚艰，莫如建闸之便。"[1]隆庆六年(1572年)，万恭主持自时家洲至花园港开渠六里，建成瓜洲运口二闸，即广惠闸和通惠闸，"于是五总船始下坝"。[2] 诚然，瓜洲运口废坝改闸的直接动因是船只过坝程序繁琐、盘剥严峻，过闸船税更是拓展治河经费的重要途径[3]，但瓜洲置闸背后的水文环境也值得关注。隆庆年间，每当淮水分泄南下、运西诸湖泛涨，扬州运河瓜、仪运口就成为众水入江的通道。

> 高邮诸湖，西受七十二河之水，岁苦溢。乃于东堤建减水闸数十，泄水东注，闸下为支河，总汇于射阳湖、盐城入海，岁久悉湮。弘治中，乃开仪真闸，苦不得泄。治水者，岁高长堤，而湖水岁溢。隆庆初，水高于高、宝城中者数尺，每决堤，即高、宝、兴化悉成广渊。隆庆六年，万历元年，建平水闸二十一于长堤，又加建瓜洲闸，并仪闸为二十三，湖水大平，淮涨不能过宝应。又复浅船、浅夫，但许深湖、不许高堤旧制。[4]

瓜、仪运口有闸、坝两种水利工程。闸设有活动门板，调控灵活，更适应明后期的水文形势。万恭在瓜洲建闸之初寄托了分泄淮水和湖水的愿景，他强调建闸的五个益处："今闸成之后，漕舟通利，若履平地，一便；尽免车盘，船无靠损，二便；随到随过，风波无虞，三便；闸座既通，高、宝诸湖，水有疏泄，不致败堤，四便；闸道通行，商舶云集，市廛交易，水陆毕至，五便。"[5]由此可见，瓜洲建闸的初衷不仅为便漕利运，还为了适应新水文环境下的泄洪诉求。

作为一个经验丰富的治水者，万恭考虑的是漕运全局。淮水分泄南下，高、宝湖群潴积扩展，极易冲决运河临湖堤岸，致使漕运阻滞，运河沿线受灾。由此可见，瓜洲建闸虽是一项局域性的水利工程，但背后更为广阔的愿景却是借助扬州运河的水利调控系统，分泄原本由归海一路承载的部分水量，以此构建归江、归海的动态平衡，保障漕运通畅，维系运河沿线水环境稳定。这种以点带线、以线带面的水利构想，体现了治水者应对水环境变局的

1 《明穆宗实录》卷43，"隆庆四年三月壬申"条，第1077页。
2 (明)朱国盛：《南河全考》，《中国水利志丛刊》，第32册，第182页。
3 张程娟：《争夺运河之利：明代瓜洲闸坝兴替与漕运制度改革》，《中国历史地理论丛》2018年第2辑。
4 (明)万恭著，朱更翎整编：《治水筌蹄》，"宝应、仪征(真)间运河建闸溢洪、节流"，第96页。
5 (明)万恭著，朱更翎整编：《治水筌蹄》，"建瓜洲闸疏"，第170页。

生态理念。

与瓜洲运口相比，仪真运口的闸坝变化较小。明代后期，仪真运口有响水、通济、罗泗、拦潮闸等四座闸、六座坝。[1] 瓜洲闸与仪真闸构成了扬州运河的水利调控枢纽，运闸随水流季节性变化启闭。夏秋时节，淮水南下，高、宝湖水涨溢，“瓜、仪二闸宜洞开之”。[2] 瓜洲运道较仪真运道顺直，湖水分泄入江时，大部分汇归瓜洲一道，仪真运河趋于浅涩。万恭治水时，在三汊河建闸，调剂瓜、仪运河的水量。“各湖水南注者，仪河窄而浅，瓜河广而深。余惧瓜之夺仪也，乃于三汊河建洋子桥，桥口如闸制，以节束之，仪河不病浅矣。”[3] 瓜洲建闸后，漕运地位愈加重要，与仪真运口并重，有人提出湖广、江西的一部分漕船在水浅时可由瓜洲入运：“苏浙之舟以十二月至，度正月过讫；全楚舟以二月至，度三月过讫。如遇水盈，从二闸俱入，仪浅则从瓜入，瓜浅则从仪入。”[4] 这和明代前期“由仪真入运河者十七八”[5] 的情形不同。

明代后期，淮水南泄，运西诸湖扩展，扬州运口处于江、淮、湖的交互影响之中。由于水流涨落有季节性，闸坝控制也要随时调整。夏秋时节，邵伯湖、高邮湖、宝应湖涨溢，需开瓜、仪闸泄水。春季正值漕运，在湖水和江潮不能济运的情况下，仍需在运河近江口置闸筑坝、浚深河道，积蓄潮水、引潮济运。“瓜、仪滨江，闸外春运，江潮未盛，潮至则通，潮落则滞。司河者为浚渠焉，愈深愈滞。盖潮带漕水同落故也。余止浚渠，独令闸外与江相接之所置坝焉，以留旧潮而接新潮，且令渠之不直泄也，而又免浚渠之劳费，漕舟乃利。”[6] 万历四年（1576 年）二月，御史陈世宝提议在仪真运口增建两座运闸，并基于江口距闸太远的情况，提出在上、下江口之间每十余丈建一闸。“潮始来，预起板以纳之，潮初退，即下板以闭之，使出江之船尽数入闸，以免迟滞。”[7] 由此可见，在江、淮、湖的交互影响下，扬州运口形成闸、坝并存的水利工程。与明代前中期相比，运口闸坝既要保障漕运通畅，也要兼顾湖水蓄泄，控制体系更为复杂。

---

1 （明）申时行：《大明会典》卷 198，工部 18，《续修四库全书》，第 792 册，第 367 页。
2 （明）万恭著，朱更翎整编：《治水筌蹄》，“仪征（真）、瓜洲运河汛期宜开闸泄洪”，第 100 页。
3 （明）万恭著，朱更翎整编：《治水筌蹄》，“仪征（真）、瓜洲运河及水量调节”，第 98 页。
4 （清）顾炎武撰，黄坤等校点：《天下郡国利病书》，第 1289 页。
5 隆庆《仪真县志》卷 7《水利考》，《天一阁藏明代方志选刊》，第 18 册。
6 （明）万恭著，朱更翎整编：《治水筌蹄》，“仪征（真）、瓜洲滨江闸外置坝留潮济运经验”，第 117 页。
7 （清）傅泽洪主编，郑元庆纂辑：《行水金鉴》卷 122，第 4147 页。

第二节　入江水网的形成

明代后期，运西湖群扩展，泄水入江的诉求日益强烈。最初扬州运河是水流入江的主要通道，但由于扬州地势高亢，在运道尚未浚深的情况下，扬州运河泄水功效甚微，单纯开辟入江口又会使水源走泄。蓄水济运和泄水行洪的矛盾，制约了扬州运河的泄洪功用，促使官方寻求新的入江水道。

一、扬州运河的泄水局限和白塔河、芒稻河的泄水功用

万历初期，淮水成为扬州运河的主要水源。“自瓜仪至淮安，则南资天长诸山所潴高、宝诸湖之水，西资清口所入淮、黄二河之水，俱由瓜、仪出江，故里河之深浅，亦视两河之盈缩焉。”[1]“两河”指淮河和黄河，黄河水源主要供给淮扬运河北端，淮扬运河南端的扬州运河则仰仗淮水和高、宝湖水。

另一方面，作为“通江正脉”[2]的扬州运河是泄洪干道。扬州地势稍高于湖泊，泄水需要凿深运道。但一味地开辟入江通道不仅无法分泄泛涨的湖水，还会造成运河浅涩。“或曰：淮决而南，由瓜、仪入江，能使泗不害，高、宝亦不害，岂不两利而俱存乎？而不知淮南之地由高、宝而东则俱下，由邵伯而南则又昂，淮之不得达于江也，地限之也。何以明其然也？漕河高于湖者六尺有余，凿之使深，以通湖流，达于瓜、仪，仅可转漕耳。”[3]运河以漕运为先，为保障航运水深，疏浚入江口、设置闸坝不能仅仅参照泄水标准，这就使得运河的泄水功用大打折扣。万历五年(1577年)，大辟通江诸口，带来的也只是“湖水减不盈尺，漕河舟楫三十里内几不为通”的局面。[4] 由此可见，济运和泄洪的矛盾限制了扬州运河泄水入江。

万历初期，扬州通江水道由运河、芒稻河和白塔河组成。淮扬运河出邵伯湖口后至扬州湾头分为两汊，其一是扬州运河，其二是运盐河。万历《扬州府志》：“运盐河，自府城北湾头起，经泰州、如皋、通州至海门，四百余里，

1　(明)潘季驯：《河防一览》卷1，陈雷主编：《中国水利史典·黄河卷》，第1册，第380—381页。
2　(明)朱国盛：《南河全考》，《中国水利志丛刊》，第32册，第235页。
3　(明)陈应芳：《敬止集》卷1，“论高堰利害”，《泰州文献》，第17册，第169页。
4　(明)陈应芳：《敬止集》卷1，“论高堰利害”，《泰州文献》，第17册，第169页。

其支派通各盐场，为盐船所经，故名运盐河。”[1] 运盐河是东西向河道，在扬州境内连接两条南北向的通江水道，即白塔河和芒稻河。白塔河于宣德四年(1429年)由陈瑄主持开通，有明一代，时通时塞，明后期已不再通漕。芒稻河开凿于何时，不见记载，但从明代前中期鲜被提及的情况来看，芒稻河起初只是一条不起眼的河道，通航作用有限。随着高、宝、邵伯诸湖泛涨，仅靠运堤减水闸坝和扬州运河的瓜、仪运口，已无法宣泄汛期暴涨的洪流。万历七年(1579年)，潘季驯治水时提议疏浚芒稻河、白塔河作为汛期泄湖入江的通道："查得扬州湾头，原有运盐官河一道，内由芒稻、白塔二河直达大江，势甚通便，年久淤浅。先年侍郎王恕曾议挑浚，计长三百四十里，道里辽远，工费不赀。”[2]

白塔河、芒稻河的泄水功用关系到运东下河地区的洪涝灾情。以泰州为例，“按泰州运盐河以南为上乡，田地无几，其十七皆在东北下乡，每霖潦暴集，下乡辄受渰漫，乃渐由诸盐场出海口，水之所趋，谁能强之，而兴化民以为曲防病邻，悖矣。询之土人，水自运盐河东来，每遇霪雨，宜决白塔、芒稻二坝，以分泄之，固闭下河涵洞，无令横溢，则犹可救济下乡。或当旱年，则宜筑塞二河，塞上河诸涵洞，庶无为盐运之梗”。[3] “上乡”指运盐河以南地势较高的沿江高沙平原，“下乡”指运盐河以北地势低洼的下河地区，汛期湖水泛涨，白塔河、芒稻河泄水不畅，洪水直接侵袭下河。另一方面，运盐河有运盐、通航功能，泄水期间芒稻河、白塔河上的坝会被拆去。有人以船只走私为由，反对将芒稻河、白塔河作为泄水通道。万历七年(1579年)，潘季驯针对以上反对意见，提议在坝口密布栅栏，防止船只偷渡逃税："且议者又谓私贩船只潜度难防，遂致中寝。殊不知泄水之期，每年止是五、六、七、八四个月吃紧，若从坝口密布桩栅，就令白塔巡司防守，自可禁绝。其余月份，任从照旧筑坝，实为两利而无害也。”[4] 坝口密布的栅栏只拦船不阻水，既可解决泄水问题，又可防止船只走私。万历十八年(1590年)，潘季驯再次重申在芒稻河、白塔河入江口设置木栅："查得沙坝并芒稻、白塔二河俱可泄水，当事者因虑私贩盐徒潜通间道，每每筑坝断流，殊不知欲禁舟航，何须筑塞？

1　万历《扬州府志》卷1《郡县志》，《北京图书馆古籍珍本丛刊》，第25册，第43页。

2　(明)潘季驯：《河防一览》卷9，“遵奉明旨计议河工未尽事宜疏”，陈雷主编：《中国水利史典·黄河卷》，第1册，第483页。

3　万历《扬州府志》卷6《河渠志》，《北京图书馆古籍珍本丛刊》，第25册，第98页。

4　(明)潘季驯：《河防一览》卷9，“遵奉明旨计议河工未尽事宜疏”，陈雷主编：《中国水利史典·黄河卷》，第1册，第483页。

河心密布桩栅，仍委白塔巡检严防越渡船只，瓜、仪诸闸一体开放，闸口拦以木栅，则湖水可泄，而盐政税课亦无妨矣。”[1] 由潘季驯反复重申提议可以看出，白塔河、芒稻河等通江水道的泄水功能受到关注。

二、纾解济运与泄洪的矛盾：金湾河—芒稻河的形成

万历前期，黄、淮下游在潘季驯整治下相对安流，泄淮入江的诉求有限。万历十年(1582 年)，河道尚书凌云翼提议由邵伯湖接引新河至运盐河接芒稻河入江："西引邵伯湖之水转南，至新安湖，复东入运河，至芒稻河入江，有余则听其直泻，不足则引以济漕。"[2] 但是，河道最终并未开凿。万历十九年(1591 年)以后，清口壅滞严峻，淮水入江趋势明显。邵伯湖潴积漫溢，位于邵伯镇南五里、西接邵伯湖口的金家湾地势最洼，屡受冲决。邵伯湖以南的通江湖口狭窄，阻碍了湖水南泄入江。据万历《江都县志》，"漕河为南北咽喉，蜿蜒千里，而邵伯一湖尤漕河之最险要者。然其势本仰受淮水之余，特以接运。自黄水势大，淮不为敌，不得遂其归海之势，则转而南下，是淮上带汝、泗、寿春之水，跨高良涧、武家墩，过山阳、高、宝，尽注于邵伯湖西。湖口由高庙经扬入江者，才阔二十丈。以二十丈之口，欲泄全湖之水，百不一耳"。[3] 由湖口至湾头只有运河一条泄水通道，运河本身并不深阔，沿线多有官铺民舍，扬州东关向南商铺林立，又有转运盐场，不利于扩宽河道。"自高庙由扬州至瓜渚，皆开阔十数丈，此淮水入江之正路。然高庙瓦窑铺民舍多逼官河，其屋居卑朽，即折毁不足惜。第扬城东关折而南，阛阓联属，且转运之盐场在焉，一经迁易，不无废业之叹。"[4] 运河泄水功用受限，开金家湾新河至芒稻河入江的方案逐渐提上议程。"不若一意辟金湾，即三四十丈，不为阔也。盖三十余里入江，此势之最捷而泄水最易者也。"[5] 关于金家湾新河开凿的时间，文献记载稍有差异。

> 导淮则自清口辟积沙数十里，……凿江都淳家湾(即金家湾，二十一年新开以护湖堤，是年复加浚深广)，横绝运盐河入芒稻河，径达江……逾年始定，二十三年奏括帑金五十万，役山东河南江北丁夫一十万，计诸役

1　(明)潘季驯：《河防一览》卷 3，"河防险要"，陈雷主编：《中国水利史典・黄河卷》，第 1 册，第 395 页。
2　《明神宗实录》卷 130，"万历十年十一月戊午"条，第 2418 页。
3　万历《江都县志》卷 7《提封志》，《四库全书存目丛书・史部》，第 202 册，第 73 页。
4　万历《江都县志》卷 7《提封志》，《四库全书存目丛书・史部》，第 202 册，第 73 页。
5　万历《江都县志》卷 7《提封志》，《四库全书存目丛书・史部》，第 202 册，第 73 页。

毕大举,其明秋工告成,淮果大出清河口,祖陵水寖退而泗患宁焉。[1]

邵伯南五里许曰金家湾,比最洼下。先是理河者议欲浚之通江,遂奏记当道以闻。俞其请,发淮扬帑金三万四百两有奇,募工挑浚。襄城张公宁之来,适当其役,胼胝从事,为畚臿者。先甲午(万历二十二年)三月首事,甫周岁而功浚,自金湾至运盐河十四里,横绝芒稻河,又十八里入江,阔十四丈,深一丈六七尺不等,共计土方八万零。由山阳南淮水入江之道,莫捷于此云。[2]

按金家湾在邵伯南五里许,乃通芒稻河入江之捷径也。是年(万历二十三年)既开一十四里以至芒稻河,复建减水石闸三座,由芒稻河通江十八里,亦建石闸一座,于是河水有所宣泄云。[3]

(万历二十三年)总河杨一魁会礼科给事中张企程并抚按各院会题分黄导淮,明年行委郎中詹在泮等开桃源黄坝新河,……又挑高邮茆塘港通邵伯湖,开金家湾,下芒稻河入江,以疏淮涨。[4]

表7-2-1 不同文献中金湾河开凿的时间

文献出处	开挖时间
万历《扬州府志》	万历二十一年(1593年)开挖,万历二十四年(1596年)浚深
万历《江都县志》	万历二十二年(1594年)开工,万历二十三年(1595年)完工
《南河全考》	万历二十三年(1595年)
《行水金鉴》	万历二十四年(1596年)

由上可见,万历《江都县志》和《南河全考》记载一致,万历《扬州府志》中第二次开凿金湾河的记载和《行水金鉴》"分黄导淮"呼应。金家湾工程本身是一个历时持久的复杂工程。可以推测,金家湾河最初只是分泄湖水、守护湖堤的地方河流,在万历二十一年(1593年)至万历二十三年(1595年)间陆续兴工。万历二十四年(1596年),"分黄导淮"开展,这是由杨一魁主持的一项国家治水工程。导淮指由高家堰武家墩、高良涧、周家桥三座减水闸

1 万历《扬州府志》卷5《河渠志》,《北京图书馆古籍珍本丛刊》,第25册,第84页。
2 万历《江都县志》卷7《提封志》,《四库全书存目丛书·史部》,第202册,第73页。
3 (明)朱国盛:《南河全考》,《中国水利志丛刊》,第32册,第198页。
4 (清)傅泽洪主编,郑元庆纂辑:《行水金鉴》卷37,第1370—1371页。

分泄淮水，一由泾河、子婴沟等归海，一由金家湾下芒稻河入江。[1] 金湾河、芒稻河泄水通道在导淮前已初步形成，在导淮中受到重视。工部尚书杨一魁治水时，强调扬州运河、金湾河、芒稻河对导淮的意义。他指出，“今入江、入海之路既浚，分黄导淮之功已成，应于泾河、子婴沟、金湾河诸闸，并瓜、仪二闸，并为开治，大放湖水，就湖疏渠与高、宝越河相接，既避运道风波之险，而水固成田，给民莜种”。[2] 金湾河成为“分黄导淮”的组成部分，由地方水利转变为国家工程。《行水金鉴》等把开凿金湾河记成杨一魁治水事迹，明显是将金湾河纳入了“分黄导淮”的叙事体系。

金湾河、芒稻河水道连接邵伯湖口与长江，是明代后期湖泊泄水入江最为顺直便捷的通道。金湾河建三闸六门，芒稻河有二闸六门，旱时闭闸蓄水供运，涝时开启泄洪入江。[3] 金湾河—芒稻河水路形成后，不仅有利于汛期湖水入江，还使运河泄水和漕运的矛盾得到缓和。运河、运盐河、金湾河、芒稻河等相互交织，构成明代后期扬州地区泄水入江的水网体系。

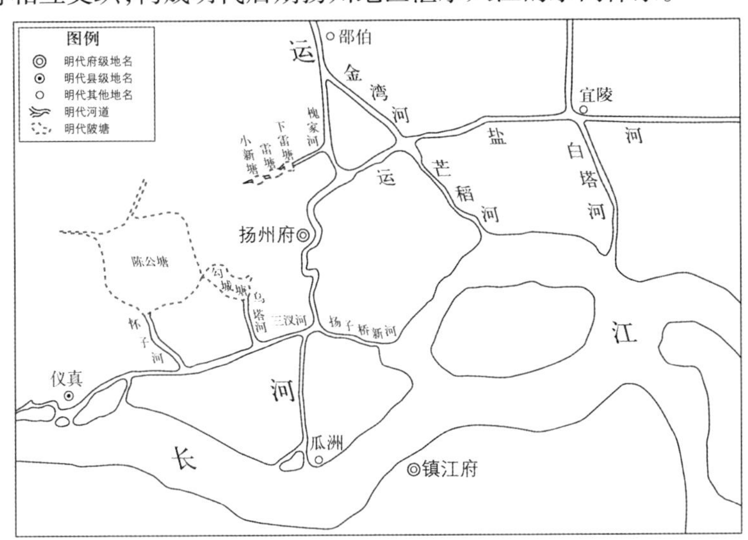

图 7－2－1　明代后期扬州入江河道示意图

资料来源：底图为姚汉源《京杭运河史》“明后期临江运道示意图”，第 306 页。参考(明)朱国盛：《南河全考》，《中国水利志丛刊》，第 32 册，第 71—74 页；武同举：《淮系年表全编》，“淮系历史分图七十八·临江运道四(明)”，陈雷主编：《中国水利史典·淮河卷》，第 1 册，第 322 页。

1　(明)朱国盛：《南河全考》，《中国水利志丛刊》，第 32 册，第 196—197 页。
2　《明神宗实录》卷 300，“万历二十四年八月壬寅”条，第 5620 页。
3　(清)傅泽洪主编，郑元庆纂辑：《行水金鉴》卷 152，第 5105—5106 页。

第三节　争端与平衡

作为水利和政治共同体的运河，是各个朝代维系统治的枢纽。国家以运河为中心，集结地方资源，形成独特的水利调控系统。但是随着环境变迁或制度更迭，水利调控并非一成不变，国家层面为维护运河稳定、漕运通畅进行了一系列改革，由此滋生利益重新分配问题，原有利益群体受到扰动，新的争端随之发生。各大群体出于自身考量，针对闸坝工程提出不同诉求，反过来制约运河的水利调控系统，对运河沿线水环境产生深远影响。这意味着运河的变迁不只是一种线性演变过程，更是集结环境、制度、群体等诸多要素的动态系统。[1] 本节尝试把环境、制度和群体联系起来考察，分析运河对沿线水环境的影响。

一、群体、闸坝对水环境的反作用

扬州运河仪真、瓜洲运口闸坝是争端焦点，闸与坝的运作机制不同，背后代表的利益群体及水利诉求也不同。明代中期以来，在瓜、仪运口由坝改闸的过程中，群体争端有数次（见表7－3－1）。主理漕运或河工的官员出于过船、济运的考量倾向于建闸，而靠船只盘坝牟利的闾阎驵侩、脚夫店家以闸走泄水源为由，反对建闸、开闸。

表7－3－1　明代瓜、仪运口的闸坝争端

时间	主张建闸、开闸者	反对建闸记录
成化十年（1474年），建通江、通济、向水、里河闸	提河工部郎中郭升、总督漕运兼巡抚都御史李裕	“其奈市户胶坝利，往往啖管河官兴言鼓惑，意在塞隳。”
弘治元年（1488年），复东关、罗泗，废响水，拓中闸	郎中施恕	“然江滨无闸，潮无所潴，上闸既启，注不可遏，于是复起泄水之议。”

1　将运河流经区域作为一个以“运河”为功能整合载体，兼具生态、政治、社会、经济、环境等要素的动态系统来认识，是运河史及区域史研究中比较薄弱的环节。相关论述见吴欣：《从“制度”到“生活”：运河研究的新维度》，《光明日报》2016年8月10日。

(续表)

时间	主张建闸、开闸者	反对建闸记录
弘治十八年(1505年)春正月,复建通济闸	兵部侍郎黄瓒	"方其置闸也,闾阎驵侩之家狃于坝利,往往浮言喧腾,谓有泄水过盐之患。"
嘉靖六年(1527年),仪真开拦潮闸	漕臣	"近年工部委官偏听脚夫、店家之言,指以泄水为由,不肯开放。"
隆庆六年(1572年),瓜洲建闸	兵部左侍郎兼都察院右佥都御史总理河道万恭	"本镇垄断之徒,欲牟大利,每假走泄水利为辞。"

资料来源:(清)顾炎武撰,黄坤等校点:《天下郡国利病书》,第1278、1284、1287—1288页;(明)万恭著,朱更翎整编:《治水筌蹄》,"建瓜洲闸疏",第169—170页。

实际上,闸坝更迭涉及的群体并非仅如文献表面所示。弘治十四年(1501年)建拦潮闸,南京工部主事邹韶上呈:"切见仪真设有罗泗桥等闸三座,旧例夏秋江涨,则启闸以纳潮,冬月潦尽,则闭闸以潴水,固为便益。但方春粮运上京,闭闸过坝,则利归塌房,穷军受疲;冬粮船回还过坝,船多损折。"[1]"塌房"指专供客商存货的地方。明代塌房税由税钱、免牙钱、房钱三部分组成,其中税钱是官府所收的税钞,免牙钱是免牙行勒索而缴纳的费用,房钱是货物寄存费,后两者实为仓储管理费,不归官府所有,直接归官府征募的看守人所有。[2] 宣德四年(1429年),户部主事郭资等拟定条例,将零星征税项目制度化,范围从店肆门摊税扩大到蔬地、果株、塌坊、库房、店舍、驴骡车辆、船只等。[3] 由此可见,闾阎驵侩、脚夫店家等市侩群体与地方官员、户部在一定程度上是利益共同体,他们主张筑坝,反对建闸,成为运口置闸进程曲折反复的重要原因。

隆庆至万历年间,扬州运河通江运口的闸坝变迁既受漕运利益驱动,也受水环境影响。在一系列的闸坝变更中,隆庆六年(1572年)瓜洲建闸事件最为显著,其间涉及的争端也错综复杂。已有学者对建闸前后脚夫、铺户等

1 (清)顾炎武撰,黄坤等校点:《天下郡国利病书》,第1282页。

2 余清良:《明代钞关制度研究(1429—1644)——以浒墅关和北新关为中心》,厦门大学博士学位论文,2008年,第54—55页。

3 《明宣宗实录》卷五五,"宣德四年六月壬寅"条,第1325页。

地方势力和国家官员之间的利益争端进行研究。[1] 但是从水环境变迁的视角来看，围绕瓜洲建闸的争端远不止此。万恭在《建瓜洲闸疏》中谈到：

> 今该臣看得瓜洲为运道咽喉，而下江等总岁运漕储二百万石，咸必由之。一向建设土坝，凡江北之空船南还，必掣坝以出，江南之重船北运，必盘坝以入，运船有靠损之虞，盘剥有脚价之费，停泊江滨，有风涛之患，船只辐辏，有守候之苦。诸臣累次建白，该部累次题覆，欲于花园港、猪市等处建闸，慎严启闭，俾运艘往来，直达江浒，委属利便。而竟格不得行者，徒以本镇垄断之徒，欲牟大利，每假走泄水利为辞。查得仪真亦近大江，国初亦设土坝，后因车盘不便，弘治年间改建闸座，迄今上江漕运，便不可言。且高、宝诸湖之水，岁以弥漫决堤为患，未闻以走泄涸竭为患也。况国家之事，未有全利而无害者，惟择其利多而害少者为之。[2]

从上述文字可以看出，阻碍瓜洲建闸的是依赖船只盘坝获利的地方势力，其反对建闸的依据是运口建闸易使运道水源走泄，而主张建闸的官方代表万恭则认为扬州运河以邵伯湖、高邮湖、宝应湖为水源，运口建闸并不会使水源走泄、运道浅涸。他说："而或恐二十三闸泄高、宝八百里七十二河之水，欲闭瓜、仪，蓄诸湖，利饷道，误哉！"[3] 结合明代后期扬州运河的水情来看，地方势力和中央官员的争论都有一定道理，也各有片面之处。由于扬州地势较高、宝湖水稍高，湖水虽有南泄入江的趋势，但并不顺畅。即使开辟通江口，湖水也不见消落，反而易使运河水源走泄。由此可见，瓜洲建闸之前，湖水南泄入江是趋势，扬州运道浅涩也是客观事实。

扬州运河蓄泄背后还有归江、归海的矛盾。隆庆四年（1570年），淮水从高家堰分泄南下，黄浦决口，高、宝诸湖涨溢，漕运受阻，淮扬数州县受灾。"淮既东，黄水亦蹑其后，决黄浦八浅，沙随水入射阳湖中，胶泥填阏，入海路大阻。久之，乃东漫盐城之石䃮口及姜家堰，破范公堤而出入于海。自邵伯湖南奔瓜、仪入江，又旁夺芒稻、白塔河以去。每岁夏、秋之交，诸郡县实土

---

1 张程娟：《争夺运河之利：明代瓜洲闸坝兴替与漕运制度改革》，《中国历史地理论丛》2018年第2辑。

2 （明）万恭著，朱更翎整编：《治水筌蹄》，"建瓜洲闸疏"，第169页。

3 （明）万恭著，朱更翎整编：《治水筌蹄》，"宝应、仪征（真）间运河建闸溢洪、节流"，第96页。

楗城门，城不没者数尺，盖灾甚矣。"[1] 在汛期淮水和高、宝诸湖的泄水问题上，归江和归海相辅相成，又互有矛盾。运堤原有减水闸湮废，众水东流入海受阻。当一方通道受阻后，另一通道的过水量便会激增。但扬州地势比湖水稍高，又有运口闸坝拦截，水流向南入江不畅，所过之处，洪涝灾害严重。出于地方利益的考量，运东下河地区的人们倾向于水流归江，而扬州地区的人们则倾向于水流归海。万恭作为中央官员，行使总理河道的职权，维护的是运河整体利益。他一方面重建淮扬运堤平水闸，一方面建瓜洲闸，实际上是在归海、归江的矛盾中寻求一个动态平衡。

另一方面，在瓜、仪运口的闸坝利益上，工部对户部的财政权形成分割。在明代财政体系中，户部与工部的矛盾由来已久。明代运河沿线设立钞关，由户部管辖，向过往船只征收商税。工部和户部一样，享有征收商税权和对关榷商税的抽分权。明代中后期，工部越来越多地参与财政管理事务，不仅设局抽分竹木，还从各地征用物资与资金，影响明帝国的财政政策。[2] 明中后期黄、淮下游大兴河工，工部经费需求增长。隆庆四年（1570 年），总河工部在仪真砖厂抽分商税。据万历《扬州府志》，"准咨为设处钱粮以济工程，始以砖厂衙门兼催征关税之务。凡客船上河、下江过坝者，分别长短截抽税"。[3] 隆庆四年（1570 年）仪真设过闸船税，部分税费用于隆庆六年（1572 年）瓜洲建闸。瓜洲闸建成后，依照仪真闸事例，征收过闸船税，"再照仪真之闸抽分船税，河道大工，全赖于此"。[4] 工部为筹集河工费用征收过闸船税，占用了市侩群体从盘坝获取的利好，取代了地方政府从盘坝中获取的税费，激化了工部与户部的财政冲突。

万历元年（1573 年）八月，"议者以闸开水数为泄，每岁运船及白粮船过时，度可三月而尽，于是仅开三周月，运船过讫，即塞之，遂罢过闸船税。"[5] 也就是说，瓜洲建闸不到一年重新筑闭，官方罢免过闸船税，规定漕船过闸、民船盘坝。筑闭瓜洲闸，只在仪真一处征收过船税，是为了平衡工部与户部利益关系。万历前期，黄、淮下游水环境在潘季驯整治下相对稳定，工部治河经费诉

1　万历《扬州府志》卷 5《河渠志》，《北京图书馆古籍珍本丛刊》，第 25 册，第 83—84 页。

2　黄仁宇：《十六世纪明代中国之财政与税收》，九州出版社 2019 年，第 19—21 页；黄阿明：《明代户部机构及其运作——以 16 世纪为中心》，华东师范大学硕士学位论文，2005 年，第 62—68 页。

3　万历《扬州府志》卷 3《赋役志》，《北京图书馆古籍珍本丛刊》，第 25 册，第 60 页。

4　（清）顾炎武撰，黄坤等校点：《天下郡国利病书》，第 1294 页。

5　（清）顾炎武撰，黄坤等校点：《天下郡国利病书》，第 1294—1295 页。

求相对缓和。万历二十四年(1596年)工部尚书杨一魁主导“分黄导淮”工程，又对治河经费提出诉求。杨一魁提出重开瓜洲闸、征收过船税：“宜于瓜洲通济镇口诸闸，如仪真事例，量取船税，以济河工之用。”[1]瓜洲闸设立与否已成为工部获取治河经费的手段，背离了原本调节蓄泄的水利构想。

在漕运利益驱使下，官方严格控制运河蓄泄。“况漕运过淮又当冬末春初之时，沿外闸洞注江、注海故道，皆可泄水。旧有盐徒强佃盗窃水利，明闭暗开，漫不关防者；或有河蠹市棍喜阻货船，高值剥载，利河淤浅者。臣频行禁闭，入冬，自清淮以及瓜、仪躬亲查勘。凡遇闸洞，躬督下桩填土，实塞丈余，派夫防守，全淮下游汇归一路，沙无停滞，河水汪洋，数千漕艘扬帆飞渡，蓄之豫也。”[2]官方为保障漕运通畅，严格控制运河诸闸，瓜、仪等通江运口也不例外。“其在瓜洲二闸，俟苏、浙运毕即行封锁，庶不失先年建闸肃规之意，而于运道大有裨矣。”[3]此外，黄、淮水流南泛带来大量泥沙，淤高运道，加剧运河水源短缺。“至行运，漕河自清口以至瓜、仪，黄流倒灌，岁积泥沙，河底日高，水行地上，久未大挑矣。”[4]扬州运口蓄泄矛盾严峻，水利调控逐渐向坝转变，原本蓄泄有度的水环境逐渐向蓄而不泄的方向倾斜，运河的泄水功用被大大削弱。

二、金湾河、芒稻河的泄水局限

明代后期随着清口壅塞，淮河分泄入湖的水流增加，入江水网的泄水任务日渐繁重。金湾河开凿后，金湾河、芒稻河一线成为高、宝诸湖泄水入江的重要通道。“江都地多陵阜，故名广陵。苦水害者，惟邵伯滨湖为甚，自迩凿金家湾，开越河，输泄既易，堤坊亦固，而伏秋可无虑矣。”[5]万历二十五年(1597年)，江都知县张宁在瓜、仪运口上游的扬子桥处改坝为闸，进一步缓解了运河蓄泄矛盾。“每伏秋启之，以泄官河之水，春冬闭之，赖以济运，其水十里南入大江。”[6]芒稻河作为入江水道，在泄水的同时，也有盐船走私的

---

1 《明神宗实录》卷300,“万历二十四年八月壬寅”条,第5620—5621页。

2 (明)徐标:《严饬河防事宜疏》,(明)朱国盛:《南河志》卷6《奏章》,陈雷主编:《中国水利史典·运河卷》,第1册,第1069页。

3 (明)朱国盛:《南河志》卷7《旧条规》,陈雷主编:《中国水利史典·运河卷》,第1册,第1082页。

4 (明)徐标:《南河修浚议》,(明)朱国盛:《南河志》卷9《条议》,陈雷主编:《中国水利史典·运河卷》,第1册,第1104页。

5 万历《扬州府志》卷6《河渠志》,《北京图书馆古籍珍本丛刊》,第25册,第89页。

6 万历《江都县志》卷7《提封志》,《四库全书存目丛书·史部》,第202册,第74页。

问题。为此官方在入江口置木栅，只拦船只而不阻碍泄水。

> 职又查得万历五年，高家堰大坏，淮水南徙，诸湖泛涨，蒙前漕抚部院吴移文本府，开瓜洲、仪真二闸，挖郡城东之沙坝及芒稻河坝，不数日而河水减二尺许，湖水减一尺许，自此芒稻河之名始著。又虑私盐从此入江，于河中钉品字桩，止令通水，不令通船，至今赖以泄水。而沙坝则旋即筑塞，瓜闸则粮运过尽例不复开。为今若开沙坝、钉木桩，如芒稻河通水而不通船。再开瓜闸，亦钉以桩，视湖之增减为启闭，则湖水南流愈多，减闸之水自杀，此不费一钱而得两泄水之捷径，是亦一时之权宜也。[1]

万历二十八年（1600年）邵伯越河形成后，运、湖分离，湖水入江情形更为复杂。自北而来的水流一部分经运河南下，一部分经邵伯湖南下，两股水流仍至邵伯湖口的金家湾汇合，泄水难度加大。祝世禄提议拓宽入江河道："其通江一路金家湾、芒稻河，原题允开广二十丈，竟开十丈而止，又浅又狭，焉能泄周家桥诸湖之水？再得加广十五丈许，加深五尺许。"[2]但是越到后期，河道疏浚工程越松弛，运盐河更以盐运为先，疏于挑浚，致使河道淤高，湖水由金湾河入江不畅。"后因商人不循三年一浚盐河之制，只顾蓄水行船，于天启六年（1626年）将（芒稻）闸底改造，增高六尺，以故湖水难消，漕堤易决。"[3]河道淤高后，为蓄水济运，闸座相应增高，势必阻碍湖水倾泄。

在金湾河、芒稻河泄水问题上，官方和民间的争端同样存在。芒稻河入江处有芒稻闸，视旱涝按时启闭。鹾司顾虑盐运走私入江，申请闭塞。高、宝湖水涨溢，印河官以维护漕堤、保障民生为由，奏请开闸消杀横流。但是临闸居民不赞同开闸，"致州县官民各持一见"。[4] 汛期水流由芒稻河分泄，侵袭沿岸民居，临岸居民反对开闸实际是反对高、宝湖水由归江通道泄水，但官方希望在归江、归海的动态平衡中维持漕运顺畅。在官民争端中，以朱国盛为代表的官员选择折中方案，以坝代替芒稻闸。

1　（清）顾炎武撰，黄坤等校点：《天下郡国利病书》，第1331页。

2　（明）祝世禄：《环碧斋尺牍》卷4，《明别集丛刊》第3辑，第80册，第340页。

3　（清）傅泽洪主编，郑元庆纂辑：《行水金鉴》卷152，第5106页。

4　（明）朱国盛：《河工条议原详》，（明）朱国盛：《南河志》卷8《条议》，陈雷主编：《中国水利史典·运河卷》，第1册，第1094页。

> 该本司亲勘芒稻一河，果上流之咽喉也。今将金湾闸照各闸置板立石，责夫看守，相时启闭。其闸下支河，务令附近浅夫及田头人等捞浚深通，俾其旱而有蓄，涝而不漫。如遇横涨，任其宣泄。若复开闸，恐扰多事。今议于下流堤边，添置滚水石坝二道，以图坚久。再置涵洞二处，以备缓急。其坝不得亢之，使高以阻滚泄。须量水平，随地势之高下而低昂之，使水由坝上，不频开闸。[1]

淮水入江水量巨大，而通江口狭窄，汛期高、宝湖水泛涨，金湾河、芒稻河无法容纳，本就泄水不畅。“盖尝譬之，淮、泗百石之甕也，高、宝诸湖升斗之罂也，芒稻河杯勺之斟也。以罂之腹，而欲受甕腹之所受，其数不胜也。以罂之口，而欲出瓮口之所出，其数又不胜也。满则溢，溢则倾，倾则散漫，旁流不可收拾。即欲复归之瓮而节宣由我，不可得已。”[2]金湾闸加高、芒稻闸改为坝后，汛期淮水分泄南下，湖水入江更加困难，兼有西部丘陵来水，邵伯湖口一带水流壅滞，“邵伯镇居民中决，金湾河一带平漫矣”。[3]

综上所述，以瓜、仪运口和金湾河、芒稻河闸制调控淮水蓄泄本是万恭等治水者构想的水利愿景。市侩群体、地方官员和户部结成的利益共同体，成为运口置闸的阻力。隆庆年间仪真、瓜洲运口征收过闸船税，使运河在济运、泄洪之外又被赋予税收属性，由此引发户部和工部的财政争端。官方筑闭瓜洲闸，仅留仪真闸，一定程度上是在平衡工部和户部之间的利益关系。运河闸坝成为财政工具，水利功能大为削弱。由闸改坝成为平衡群体利益的折中方式，扬州运河及入江水道的泄洪功用受限。汛期淮湖涨溢，水流入江不畅，运河沿线积水问题严峻。

本章小结

明代嘉靖以后，扬州运河水文动态经历了由引江到导淮的转变。淮水

1　（明）朱国盛：《河工条议原详》，（明）朱国盛：《南河志》卷8《条议》，陈雷主编：《中国水利史典・运河卷》，第1册，第1094页。

2　（明）顾云凤：《开高家堰施家沟议》，（明）朱国盛：《南河志》卷10《杂议》，陈雷主编：《中国水利史典・运河卷》，第1册，第1120页。

3　（明）徐标：《江北水患工程疏》，（明）朱国盛：《南河志》卷6《奏章》，陈雷主编：《中国水利史典・运河卷》，第1册，第1065页。

分泄南下，运西诸湖扩张，既为扬州运河带来了新水源，也对扬州运河提出了泄洪诉求。这是隆庆六年(1572年)瓜洲由坝改闸背后最为深刻的环境因素。以万恭为代表的治水官员提议以瓜、仪闸来分泄淮水，进而重构归江、归海之间的动态平衡，是为明代后期水文生态思想的代表。但是，运河济运和泄洪之间的矛盾，制约了扬州运河的泄水功用。金湾河、芒稻河的形成拓展了淮水入江通道，缓解了扬州运河济运与泄洪的矛盾，并在杨一魁“分黄导淮”的治水过程中由一项地方水利上升到国家工程。正是运河等入江水道的水文转变，进一步巩固了淮水入江格局，完成了重构江淮关系的最后一环。在由引江到导淮的转变中，扬州运河瓜、仪运口及芒稻河的闸制体现了更强的适应性，成为分泄淮水、保障漕运的关键。但是市侩群体、地方官员和户部结成的利益共同体，成为瓜、仪运口闸制的阻力，户部和工部的财政争端更导致瓜洲建闸不到一年就重新筑闭，芒稻河闸制也因官民争端改为滚水坝。筑坝成为群体争端的平衡机制，扬州运河等入江水道的水利调控系统向坝倾斜，限制了淮水入江的进程。总之，明代后期在淮水入江的水文转折中，扬州运河成为江、淮、运三水交汇处，仪真、瓜洲运口成为维持淮水归江和归海动态平衡、保障运河沿线水环境稳定的枢纽所在。但是运河水利调控系统受济运、泄洪的矛盾牵制，被群体争端制约，呈现出多变性和脆弱性。一旦地处江、淮交汇处的扬州运河水利调控系统失范，归江、归海的平衡就会受到扰动，淮水出路受阻，运河沿线的水患加剧。

结论

历史时期江淮关系和淮扬运河水文动态之间关联紧密。淮扬运河是江淮关系的重要媒介，对江淮关系的构建影响重大。江淮关系是运河水文动态的映射，为解读运河时空变迁提供了更为广阔的视野。淮扬运河与江淮关系的互动过程分为三个阶段，即宋代以前江、淮一体阶段，宋代至明代中期江、淮分化阶段，明代后期以来淮水入江阶段。

宋代以前，运河与江、淮等外部水系保持贯通，江淮关系呈现水流自然沟通、互为一体的状态。早在先秦时期，江、淮河口开阔，河湖众多，港汊密布，长江、淮河水系自然通流，春秋邗沟正是基于这种水系一体的环境稍加疏浚形成的。汉唐时期，江、淮河口东迁，射阳湖淤浅，丰水环境减弱，邗沟东道西移。运河水流不似先秦贯通，江、淮分化初现端倪，但在感潮环境中，运河可借助潮水济运，稍加人力干预便能实现整体贯通，江、淮一体得以维持。唐宋之交，随着江、淮河口进一步东迁，感潮环境减弱，江、淮自然通流的状态结束，运河贯通一体的局面被打破，江淮关系从一体走向分化。

宋代，在江、淮分化的大背景下，淮扬运河南、北段浅涩情形更为严峻。为维持运道水位，筑堰置闸等人为干预相应加强，阻断了运河和外界水系的循环贯通，加剧了江淮关系的分化。与此同时，运道封闭加速了泥沙沉积，致使淮扬运河南、北段地势抬升。中部湖水入淮受阻，部分水流进入淮扬中部的洼地，在运河以西潴积，加速运西湖泊的扩展和新湖群的发育。为保障行船安全，湖区运道兴筑单堤，反过来进一步拦截东西向水流，加速运西湖群扩展。宋代运堤就在这种运、湖互动的关系中不断兴修、延伸，成为一道纵贯南北的堤防，对淮扬地区河湖地貌演化产生重要影响。

明初，淮扬运河北段不通淮河，江、淮水系完全处于隔绝状态。彼时黄河夺淮已久，但黄河长期南北摆动、迁徙不定，对淮河下游的影响尚未凸显。平江伯陈瑄开凿清江浦，治理沿运湖堤，完备闸坝工程，重新实现运河通流。

在陈瑄构建的运河体系中,除淮扬运河北运口体现出对黄河夺淮后新环境的适应,大部分还是沿袭宋代运河堤岸闸坝形制。和宋代情形类似,明代前中期运河所谓的沟通只是人力勉强维持的结果,并不算真正意义上的水系通流,江淮关系仍处于分化状态。

明代嘉靖年间,黄河主流干道夺泗水入淮,致使清口淤塞,淮水入海通道受阻。隆庆、万历时期,在黄河扰动、淮水治理和治运理漕等一系列因素影响下,淮水由高家堰分泄南下的格局逐渐确立,不仅对淮扬运河沿线湖泊、堤防和闸坝体系产生影响,还推动江淮关系向新的方向发展演进。在淮扬运河北段,随着沿淮地势淤高,运河无法获取湖水济运,转而汲引黄、淮之水,加剧运道淤积。在抵御黄、淮南泛和维持运道水源的双重诉求下,淮扬运河北段沿线堤防由单堤过渡到双堤,加剧了对水流、泥沙的拦截。在淮扬运河中段湖区,受黄淮南泛、运堤阻隔和入江不畅等因素影响,运西诸湖经历了扩展,推动运道由运、湖一体的湖漕转向双堤渠系越河。双堤越河形成后,运堤闸坝调控的复杂程度相应增加,对水流的阻隔进一步加剧。在淮扬运河南段,随着淮水南下水量增加,扬州运河在漕运之外也兼具了泄水功用,但由于地势所限,运河在漕运和泄水之间存在固有矛盾,开凿金湾河、疏浚芒稻河缓解了矛盾,并被纳入"分黄导淮"的国家工程。至此,淮水入江格局基本确立,江淮关系进入新时期。

江淮关系与淮扬运河水文动态的演进是自然和人为因素共同作用的结果,各个阶段的驱动因素有所差异。宋代以前,主导江淮关系和淮扬运河水文动态的是江、淮河口变迁等自然因素。宋代,淮扬运河运堤闸坝体系形成,标志着运河由一条半天然、半人工的河流向全线人工干预的河流转变,人为因素占据主导地位,江淮关系成为人力勉强维系的结果。明代后期,在黄河扰动和运堤拦截的双重影响下,江淮关系在淮水入江的新格局中发展演进。其中,黄河扰动起外力助推作用,而发端自宋代、完成于明代后期的淮扬运河堤岸闸坝体系才是内在驱动。正是由于运河堤防的拦截,分泄南下的散漫淮水才得以约束,进而与长江联动。

淮扬运河堤岸闸坝体系不仅影响了运河自身水文形势及江淮关系,还深刻影响了淮扬地区的河湖地貌和水利格局。前人研究多关注黄河夺淮对区域环境演变的负面影响,而较少深究人地关系演化背后更为深层的内在逻辑。淮扬运河堤岸闸坝体系成为解读区域环境和人地关系演化的突破点。

其一，宋明时期淮扬运河堤岸闸坝体系确立了运河两侧河湖地貌分化的基本格局。在淮扬地区，天然河道流向多为自西向东，纵贯南北的运河堤防形成后，势必对水流形成拦截。宋代单堤时期，随着大量水流被拦截，运河以西洼地潴水并形成新湖群，运河以东的部分地区逐渐涸出水面、垦为农田，运河两侧分异的河湖地貌初具雏形。明代，湖区双堤渠系越河形成后，运堤对水流的拦截作用更加明显。双堤之间的运道接受黄河倒灌或淮水南泄携带的泥沙，地势逐渐淤高，成为淮扬地区一道明显的地貌标志。在这种情况下，运堤对东西两侧河湖地貌的分化越加明显。不同地区水环境的差异影响了土地利用方式的选择，在长期的人地互动中塑造出运西湖群密布、运东农田纵横的地貌格局。

其二，宋明时期淮扬运河堤岸闸坝体系对梯级水利格局的构建意义深远。淮扬地势西高东低，宋代以前的陂塘和捍海堰分别解决了丘陵地带的灌溉和滨海低地的盐碱问题，但是丘陵和范公堤之间的广阔地带还是缺少水利调控的季节性湖沼平原，大规模的农业发展难以实现。单堤形成后，运西湖区由于运堤的拦截得以积蓄水源，东部洼地得以涸出成陆，使淮扬地区避免了东、西一片积水的情形，客观上利于区域整体开发。官方精细的闸坝控制，使运西湖水能够穿过运堤供给运东，维持了水流的动态平衡，为淮扬地区的发展提供了相对稳定的水环境。西有陂塘、中有运河、东有捍海堰的梯级水利格局，使黄淮夺淮前的宋代成为淮扬水利发展史上的高峰时刻。宋代确立了以运河为中心的水利格局，借助运河的堤岸闸坝体系，人力得以对淮扬地区的整体水流实现调控。从宋代陈损之到明初平江伯，再到明代后期万恭、潘季驯，历任治水者都力求在运堤闸坝体系之中实现区域治水目标。明代后期淮水在黄河扰动下分泄南流，大量水流在运堤拦截和闸坝调控下形成向东、向南的排泄路径。堤岸闸坝调节东西向水流，使水流由运堤减水坝分泄，经里下河地区入海，是为淮水归海之路；运堤和运道闸坝约束南北向水流，由扬州运河、芒稻河等泄入长江，是为淮水归江之路。以运河为中心，维持归江、归海动态平衡，保持水流蓄泄有度，成为淮扬地区水环境稳定的内在要求。

但是以运河为中心的水利调控系统相当脆弱，一旦受外力干扰或脱离官方精细的管理，就会处于崩坏状态。南宋黄河夺淮以后，尤其到了明代后期，黄河扰动淮河下游的同时，也扰动了淮扬运河的水文环境。双堤渠系越河形成后，运堤对水环境的分化作用进一步巩固。黄河南灌、淮水南泄所携带的大量泥沙逐渐将运河淤成一条地上悬河，运河两侧河湖地貌的分异更加明显，闸坝控制也更为复杂。官方以漕运为纲的政策，使东、西水环境的调节背离了因地因时的基本要求，时常处于失控状态，淮扬地区水旱频发，其中以运河以东的里下河地区受灾最重。

总之，宋明是运河堤岸闸坝体系形成的时期，是淮扬地区河湖地貌分异局面确立的时期，也是以运河为中心的水利格局构建的时期。宋明时期淮扬运河堤岸闸坝的发展，不仅影响了运河自身水文动态和江淮关系的演变，也对淮扬地区河湖地貌和水利格局产生了深远影响，其中所折射出的人地关系和环境演化逻辑表明，淮扬地区水环境的稳定，一在外部水环境的稳定，一在以运河为中心的内部水利的有序调控。

清代、民国时期淮扬运河水文动态和淮水入江格局在明后期的框架体系之上继续拓展和深化。清代，清口泥沙淤积、水流壅滞的形势加剧，淮水南移趋势愈加明显，淮扬运河北段地势在黄、淮南泛和泥沙沉积的影响下抬升，淮扬运河中段湖群进一步潴水扩展，淮扬地区南端因导淮诉求发展出包括扬州运河在内的多条入江水道纵横交错的河网体系。淮扬运河两侧河湖地貌的分异在人地交互的演进过程中不断深化，以运河归海坝、归江十坝为中心的闸坝调控体系在归海、归江之间的互动中更加复杂。同时，黄河对淮河下游的扰动日趋强烈，官方出于保漕护运的目的，频繁地以分泄淮水的方式将黄、淮下游水文的不稳定因素转嫁给淮扬，又通过开启运堤归海坝的形式最终转嫁给里下河地区。外部水环境频繁扰动，运河水利调控系统失序，归江、归海的动态平衡无法维系，使淮扬地区处于水旱频发的局面。咸丰元年（1851 年），淮河洪水冲破洪泽湖大堤（即高家堰）的三河口，由三河经高邮湖、邵伯湖、归江河道至三江营注入长江，淮水由支流入江转为主流入江，江淮关系继续深化。咸丰五年（1855 年）黄河北徙，但淮河难回故道，淮水主流入江成为定局。清末至民国，寻求淮水出路的呼声此起彼伏，江海分疏及入江、入海等导淮方案纷纷提出。张謇主张江海分疏，先是提议“三分入江、七分入海”，后转变为“三分入海、七分入江”。其中，入江线路由蒋坝，经高、宝湖及邵伯湖、淮扬运河、三江营入江；入海线路由张福河出清口，循废黄河、灌河入海。李仪祉在导淮问题上也主张入江为主、入海为辅。[1] 这些导淮提议背后不仅有治水者对彼时地理形势和水文环境的实际勘察,也折射出对江淮关系的深刻认知。在导淮实践中,虽有疏浚张福河,拓宽高邮湖、邵伯湖泄洪水道,修建运河邵伯、淮阴船闸等举措,使淮河得到一定治理,但导淮并未达到实际效果,大部分仍停留在计划层面,淮扬地区水文环境并没有得到有效改善。[2] 导淮是一个错综复杂的历史议题,其中涉及的水文体系更是盘根错节,只有首先弄清江淮关系和淮扬运河互动演化的历史逻辑,才能为更好地探讨包括具体路线、工程技术、政治制度、社会变迁等诸多内容在内的导淮议题提供基础。

中华人民共和国成立后,在党的号召、领导下,大规模治淮、治运工程相继开展,淮河和淮扬地区的水患才得到根本改善,里下河地区"四水投塘""十年九淹"的历史得以终结。[3] 20 世纪 50 年代以来,培修淮扬运河复堤,疏浚淮阴以下废黄河,开挖苏北灌溉总渠,建高良涧闸、三河闸等,实行"分淮入沂",加固洪泽湖大堤,完善洪泽湖控制工程,全面整治扩大入江水道。至 20 世纪 80 年代,淮河洪水入江、入海两大系统工程得到进一步完善,淮河洪水得到初步控制。[4] 淮河、运河不再行洪,而集灌溉、排水、通航等综合效益于一体。另一方面,随着南水北调和生态文明建设的开展,淮水入江水道与同江、淮联系密切的淮扬运河不仅成为跨流域调水的大动脉,还被赋予了更多的生态内涵。2014 年,中国大运河被列入《世界遗产名录》。2017 年,《长江经济带生态环境保护规划》指出以南水北调东线清水廊道及周边湖泊、湿地为重点,建设江淮生态大走廊。2019 年 2 月,《大运河文化保护传承利用规划纲要》提出构筑大运河绿色生态带;12 月,大运河国家文化公园建设方案提出打造淮扬片区以运河水韵为特色的水上观光园。宋明时期淮扬运河的水文动态和江淮关系看似距此久远,但仍能为当下的大运河文化带建设和生态景观营建提供一定的历史启示。

其一,现代京杭大运河堤岸巩固后,东西水流的阻隔加深,如何维持东、西水流之间的动态平衡,保障运西、运东地区农田灌溉,成为探索运河堤岸维护和闸坝调控机制的重要目标。像明代陈瑄所主张的"但许深湖,不许高

---

1 孙语圣:《民国时期的导淮路线述评》,《历史教学》2010 年第 22 期。

2 张红安:《试析南京国民政府在苏北的"导淮"》,《南京师大学报(社会科学版)》2001 年第 1 期。

3 江苏省地方志编纂委员会编:《江苏省志 · 水利志》,江苏古籍出版社 2001 年,第 34 页。

4 江苏省地方志编纂委员会编:《江苏省志 · 水利志》,第 94—95 页。

堤”的生态水文思想，在今天仍有重要的参考意义。调控运西湖水蓄泄、维持运河两侧水流动态平衡，使运西湖泊的活水绵缓滋润运东地区，做到清水活缓、蓄泄有度，仍是当代大运河沿线农田灌溉和环境维护的重要内容。

其二，大运河不仅是一项水利工程，还是自然和人为交互塑造的景观。“青满长堤绿满陂”“远树晴烟锁，重湖晚照平”[1]等运湖相依、水岸一体的景观早已为古人吟咏，这种运堤、湖面、茭草、柳树交相辉映的景观，成为京杭大运河历史剪影中的一抹亮色。在当代运河沿线景观、生态的建设过程中，运河已不仅是一条涉及灌溉、通航的线型河道，作为惠及两岸地区乃至整片流域的“生态体”，其内涵应被多方面发掘。

其三，现代淮扬地区的河湖地貌和环境演变都镌刻有历史时期江淮关系和淮扬运河互动的深刻烙印。与江淮关系密切相关的淮扬运河，不仅是关涉地方水利整治的工程，还是一项涉及区域整体协同发展的生态系统。南水北调以来，江淮关系进入新的发展阶段，在重视作为跨流域调水大动脉的淮扬运河和淮河入江水道的同时，关注江淮关系构建过程中运河与其他水系的交互作用及其对周边水文生态的影响，是古代江、淮、运关系带给今天的启示。

1 （明）何庆元：《何长人集》，《明别集丛刊》第3辑，第60册，第192页；（清）庐震：《说安堂集》卷5，“高邮晚泊”，《四库未收书辑刊》第5辑，第27册，北京出版社2000年，第749页。

参考文献

古籍

[1] 杨伯峻编著:《春秋左传注》,中华书局 2016 年。

[2] (晋)杜预注,(唐)孔颖达等正义:《春秋左传正义》,上海古籍出版社 1990 年。

[3] (汉)司马迁:《史记》,中华书局 1959 年。

[4] (汉)班固:《汉书》,中华书局 1962 年。

[5] (汉)赵晔撰,(元)徐天祜音注:《吴越春秋》,江苏古籍出版社 1999 年。

[6] (晋)陈寿撰,(南朝宋)裴松之注:《三国志》,中华书局 1959 年。

[7] (北魏)郦道元注,杨守敬、熊会贞疏,段熙仲点校:《水经注疏》,江苏古籍出版社 1989 年。

[8] (南朝梁)萧子显:《南齐书》,中华书局 1972 年。

[9]《全唐诗》,中华书局 1960 年。

[10] (后晋)刘昫等撰:《旧唐书》,中华书局 1975 年。

[11] (宋)欧阳修、宋祁撰:《新唐书》,中华书局 1975 年。

[12] (宋)沈括著,侯真平校点:《梦溪笔谈》,岳麓书社 1998 年。

[13] (宋)苏轼:《东坡书传》,中华书局 1991 年。

[14] (宋)蔡沈:《书经集传》,上海古籍出版社 1987 年。

[15] (宋)郑樵:《六经奥论》,《景印文渊阁四库全书》(第 184 册),台湾商务印书馆 1986 年。

[16] (宋)陈大猷:《书集传》,《景印文渊阁四库全书》(第 60 册),台湾商务印书馆 1986 年。

[17] (宋)章如愚:《群书考索》,《景印文渊阁四库全书》(第 936 册),台湾商务印书馆 1986 年。

[18] (宋)朱熹:《晦庵先生朱文公文集》,(宋)朱熹撰,朱杰人等主编:《朱子全书》(第 24 册),上海古籍出版社、安徽教育出版社 2002 年。

[19] (宋)傅寅:《禹贡说断》,中华书局 1985 年。

［20］（宋）司马光:《资治通鉴》,中华书局 1956 年。

［21］（宋）李焘著:《续资治通鉴长编》,上海古籍出版社 1986 年。

［22］（宋）乐史撰,王文楚等点校:《太平寰宇记》,中华书局 2007 年。

［23］（宋）王象之撰,李勇先校点:《舆地纪胜》,四川大学出版社 2005 年。

［24］（宋）秦观撰,徐培均笺注:《淮海集笺注》,上海古籍出版社 1994 年。

［25］（宋）梅尧臣:《宛陵先生集》,《景印文渊阁四库全书》(第 1099 册),台湾商务印书馆 1986 年。

［26］（宋）曾巩:《隆平集》,《景印文渊阁四库全书》(第 371 册),台湾商务印书馆 1986 年。

［27］（宋）杨万里:《诚斋集》,《景印文渊阁四库全书》(第 1160 册),台湾商务印书馆 1986 年。

［28］（宋）范仲淹撰:《范文正公文集》,(清)范能濬编集:《范仲淹全集》,凤凰出版社 2004 年。

［29］（宋）陈造:《江湖长翁集》,《景印文渊阁四库全书》(第 1166 册),台湾商务印书馆 1986 年。

［30］（宋）李曾伯:《可斋杂稿》,《景印文渊阁四库全书》(第 1179 册),台湾商务印书馆 1986 年。

［31］（元）脱脱等撰:《宋史》,中华书局 1977 年。

［32］（元）马端临:《文献通考》,中华书局 2011 年。

［33］《明实录》,“中央研究院”历史语言研究所校印本,1962 年。

［34］（明）胡广等纂修,周群、王玉琴校注:《四书大全校注·孟子集注大全》,武汉大学出版社 2015 年。

［35］（明）章一阳:《金华四先生四书正学渊源》,《孟子文献集成》编纂委员会编:《孟子文献集成》(第 29 卷),山东人民出版社 2017 年。

［36］（明）顾大韶:《炳烛斋随笔》,《续修四库全书》(第 1133 册),上海古籍出版社 2002 年。

［37］（明）王琼:《漕河图志》,陈雷主编:《中国水利史典·运河卷》(第 1 册),中国水利水电出版社 2015 年。

［38］（明）杨宏、谢纯撰,荀德麟、何振华点校:《漕运通志》,方志出版社 2006 年。

［39］（明）胡应恩:《淮河水利考》,陈雷主编:《中国水利史典·淮河卷》(第 1 册),中国水利水电出版社 2015 年。

［40］（明）章潢:《图书编》,广陵书社 2011 年。

［41］（明）朱吾弼等辑:《皇明留台奏议》,《续修四库全书》(第 467 册),上海古籍出版社 2002 年。

［42］（明）郑晓撰:《郑端简公奏议》,《续修四库全书》(第 476 册),上海古籍出版社 2002 年。

［43］（明）祝世禄:《环碧斋尺牍》,《明别集丛刊》(第 3 辑,第 80 册),黄山书社 2016 年。

［44］（明）陈子龙辑:《明经世文编》,《四库禁毁书丛刊・集部》(第 25、27、29 册),北京出版社 1997 年。

［45］（明）陈应芳:《敬止集》,《泰州文献》(第 17 册),凤凰出版社 2015 年。

［46］（明）万恭著,朱更翎整编:《治水筌蹄》,水利电力出版社 1985 年。

［47］（明）吴文恪:《吴文恪文集》,《明别集丛刊》(第 4 辑,第 13 册),黄山书社 2016 年。

［48］（明）黄克缵:《数马集》,《明别集丛刊》(第 3 辑,第 97 册),黄山书社 2016 年。

［49］（明）潘希曾:《竹涧奏议》,《景印文渊阁四库全书》(第 1266 册),台湾商务印书馆 1986 年。

［50］（明）刘天和著,卢勇校注:《问水集校注》,南京大学出版社 2016 年。

［51］（明）归有光撰,严佐之等主编:《归有光全集》(第 7 册),上海人民出版社 2015 年。

［52］（明）王圻:《续文献通考》(第 1 卷),现代出版社 1991 年。

［53］（明）潘季驯:《河防一览》,陈雷主编:《中国水利史典・黄河卷》(第 1 册),中国水利水电出版社 2015 年。

［54］（明）朱国盛:《南河全考》,《中国水利志丛刊》(第 32 册),广陵书社 2006 年。

［55］（明）朱国盛:《南河志》,陈雷主编:《中国水利史典・运河卷》(第 1 册),中国水利水电出版社 2015 年。

［56］（明）申时行:《大明会典》,《续修四库全书》(第 789、792 册),上海古籍出版社 2002 年。

［57］（明）马麟修,(清)杜琳等重修,(清)李如枚等续修,荀德麟等点校:《续纂淮关统志》,方志出版社 2006 年。

［58］（清）张廷玉等撰:《明史》,中华书局 1974 年。

［59］（清）顾炎武撰,黄坤等校点:《天下郡国利病书》,上海古籍出版社 2012 年。

［60］（清）晏斯盛：《禹贡解》，李勇编：《禹贡集成》（第 5 册），上海交通大学出版社 2009 年。

［61］（清）顾祖禹撰，贺次君、施和金点校：《读史方舆纪要》，中华书局 1955 年。

［62］（清）傅泽洪主编，郑元庆纂辑：《行水金鉴》，凤凰出版社 2011 年。

［63］（清）胡渭著，邹逸麟整理：《禹贡锥指》，上海古籍出版社 2013 年。

［64］（清）萧穆撰，项纯文点校：《敬孚类稿》，黄山书社 2014 年。

［65］（清）魏源：《书古微》，《魏源全集》（第 2 册），岳麓书社 2011 年。

［66］（清）钱大昕：《潜研堂文集》，《嘉定钱大昕全集》（第 9 册），凤凰出版社 2016 年。

［67］（清）徐庭曾：《邗沟故道历代变迁图说》，《扬州文库》（第 43 册），广陵书社 2015 年。

［68］（清）焦循著，刘建臻点校：《孟子正义》，广陵书社 2016 年。

［69］（清）焦循著，孙叶锋点校：《北湖小志》，广陵书社 2003 年。

［70］（清）刘宝楠：《宝应县图经》，成文出版社 1970 年。

［71］（清）刘文淇著，赵昌智、赵阳点校：《扬州水道记》，广陵书社 2011 年。

［72］（清）胡澍：《扬州水利图说》，《扬州文库》（第 43 册），广陵书社 2015 年。

［73］（清）董醇纂：《甘棠小志》，《中国地方志集成·乡镇志专辑》（第 16 册），江苏古籍出版社 1992 年。

［74］（清）麟庆：《黄运河口古今图说》，《中华山水志丛刊》（第 20 册），线装书局 2004 年。

［75］（清）金应麟：《三十六陂春水图题咏》，《扬州文库》（第 43 册），广陵书社 2015 年。

［76］（清）徐松辑，刘琳、刁忠民、舒大刚等校点：《宋会要辑稿》，上海古籍出版社 2014 年。

［77］（清）汪士铎：《汪梅村先生集》，《近代中国史料丛刊》（第 13 辑，第 125 种），文海出版社 1994 年。

［78］武同举：《淮系年表全编》，陈雷主编：《中国水利史典·淮河卷》（第 1 册），中国水利水电出版社 2015 年。

［79］谭其骧主编：《清人文集地理类汇编》（第 4 册），浙江人民出版社 1987 年。

［80］《清代诗文集汇编》编纂委员会编：《清代诗文集汇编》，上海古籍出版社 2011 年。

方志

[1] 正德《淮安府志》,方志出版社2009年。

[2] 嘉靖《宝应县志略》,《天一阁藏明代方志选刊》(第19册),上海古籍书店1962年。

[3] 隆庆《宝应县志》,《天一阁藏明代方志选刊续编》(第9册),上海书店出版社1990年。

[4] 隆庆《高邮州志》,《原国立北平图书馆甲库善本丛书》(第304册),国家图书馆出版社2013年。

[5] 隆庆《仪真县志》,《天一阁藏明代方志选刊》(第18册),上海古籍书店1963年。

[6] 万历《淮安府志》,《天一阁藏明代方志选刊续编》(第8册),上海书店出版社1990年。

[7] 万历《宝应县志》,《南京图书馆藏稀见方志丛刊》(第65册),国家图书馆出版社2012年。

[8] 万历《兴化县新志》,成文出版社1983年。

[9] 万历《扬州府志》,《北京图书馆古籍珍本丛刊》(第25册),书目文献出版社1991年。

[10] 天启《淮安府志》,方志出版社2009年。

[11] (清)方瑞兰等修,江殿扬等纂:《安徽省泗虹合志》,成文出版社1985年。

[12] 乾隆《泗州志》,成文出版社1983年。

[13] 乾隆《江南通志》,广陵书社2010年。

[14] 嘉庆《高邮州志》,《中国地方志集成·江苏府县志辑》(第46册),江苏古籍出版社1991年。

[15] 嘉庆《重修扬州府志》,《中国地方志集成·江苏府县志辑》(第41册),江苏古籍出版社1991年。

[16] 道光《重修宝应县志》,成文出版社1983年。

[17] 咸丰《重修兴化县志》,成文出版社1970年。

[18] 同治《重修山阳县志》,《中国地方志集成·江苏府县志辑》(第55册),江苏古籍出版社1991年。

[19] 光绪《淮安府志》,《中国地方志集成·江苏府县志辑》(第54册),江苏古籍出版社1991年。

[20] 民国《续修盐城县志稿》,《中国地方志集成·江苏府县志辑》(第59册),江苏

古籍出版社 1991 年。

［21］民国《三续高邮州志》,《中国地方志集成·江苏府县志辑》(第 47 册),江苏古籍出版社 1991 年。

［22］《山阳艺文志》,成文出版社 1983 年。

当代著作

［1］胡焕庸:《淮河》,开明书店 1952 年。

［2］岑仲勉:《黄河变迁史》,人民出版社 1957 年。

［3］中国科学院南京地理研究所湖泊室编著:《江苏湖泊志》,江苏科学技术出版社 1982 年。

［4］史念海:《中国的运河》,陕西人民出版社 1988 年。

［5］水利部治淮委员会《淮河水利简史》编写组:《淮河水利简史》,水利电力出版社 1990 年。

［6］朱松泉、窦鸿身等著:《洪泽湖——水资源和水生生物资源》,中国科学技术大学出版社 1993 年。

［7］邹逸麟:《黄淮海平原历史地理》,安徽教育出版社 1993 年。

［8］张义丰、李良义、钮仲勋主编:《淮河地理研究》,测绘出版社 1993 年。

［9］吴必虎:《历史时期苏北平原地理系统研究》,华东师范大学出版社 1996 年。

［10］鲍彦邦:《明代漕运研究》,暨南大学出版社 1995 年。

［11］陈吉余主编:《中国海岸带和海涂资源综合调查专业报告集·中国海岸带地貌》,海洋出版社 1996 年。

［12］蔡泰彬撰:《晚明黄河水患与潘季驯之治河》,乐学书局 1998 年。

［13］姚汉源:《京杭运河史》,中国水利水电出版社 1998 年。

［14］徐从法主编,京杭运河江苏省交通厅、苏北航务管理处史志编纂委员会编:《京杭运河志(苏北段)》,上海社会科学院出版社 1998 年。

［15］韩昭庆:《黄淮关系及其演变过程研究——黄河长期夺淮期间淮北平原湖泊、水系的变迁和背景》,复旦大学出版社 1999 年。

［16］江苏省地方志编纂委员会编:《江苏省志·水利志》,江苏古籍出版社 2001 年。

［17］王鑫义主编:《淮河流域经济开发史》,黄山书社 2001 年。

［18］《洪泽湖志》编委会编:《洪泽湖志》,方志出版社 2003 年。

［19］张崇旺:《明清时期江淮地区的自然灾害与社会经济》,福建人民出版社

2006年。

[20] 彭安玉:《明清苏北水灾研究》,内蒙古人民出版社2006年。

[21] 李长傅:《李长傅文集》,河南大学出版社2007年。

[22] 王英华:《洪泽湖—清口水利枢纽的形成与演变》,中国书籍出版社2008年。

[23] 嵇果煌:《中国三千年运河史》,中国大百科全书出版社2008年。

[24] 周魁一:《水利的历史阅读》,中国水利水电出版社2008年。

[25] 姜加虎、窦鸿身、苏守德编著:《江淮中下游淡水湖群》,长江出版社2009年。

[26] 卢勇:《明清时期淮河水患与生态社会关系研究》,中国三峡出版社2009年。

[27] 陈金渊著,陈炅校补:《南通成陆》,苏州大学出版社2010年。

[28]《中国河湖大典》编纂委员会编著:《中国河湖大典·淮河卷》,中国水利水电出版社2010年。

[29] 徐炳顺:《扬州运河》,广陵书社2011年。

[30] 马俊亚:《被牺牲的"局部":淮北社会生态变迁研究(1680—1949)》,北京大学出版社2011年。

[31]《神奇垛田》编写组著:《神奇垛田》,东南大学出版社2012年。

[32] 徐从法:《京杭大运河史略》,广陵书社2013年。

[33] 张文华:《汉唐时期淮河流域历史地理研究》,上海三联书店2013年。

[34] 马俊亚:《区域社会经济与社会生态》,生活·读书·新知三联书店2013年。

[35] 马俊亚:《区域社会发展与社会冲突比较研究:以江南淮北为中心(1680—1949)》,南京大学出版社2014年。

[36] 王建革:《江南环境史》,科学出版社2016年。

[37] 徐炳顺:《导淮入江史略》,广陵书社2017年。

[38] 吴士勇:《明代总漕研究》,科学出版社2017年。

[39] 吴海涛:《淮河流域环境变迁史》,黄山书社2017年。

[40] 黄仁宇著,张皓、张升译:《明代的漕运》,新星出版社2005年。

论文

[1] 陈吉余:《长江三角洲江口段的地形发育》,《地理学报》1957年第3期。

[2] 陈吉余、虞志英、恽才兴:《长江三角洲的地貌发育》,《地理学报》1959年第3期。

[3] 朱江:《从文物发现情况来看扬州古代的地理变迁》,《扬州师院学报》1977年第

9期。

［4］潘凤英:《试论全新世以来江苏平原地貌的变迁》,《南京师院学报(自然科学版)》1979年第1期。

［5］罗宗真:《扬州唐代古河道等的发现和有关问题的探讨》,《文物》1980年第3期。

［6］王靖泰、郭蓄民、许世远、李萍、李从先:《全新世长江三角洲的发育》,《地质学报》1981年第1期。

［7］秦浩:《试述扬州水道的变迁和唐城》,《南京大学史学论丛》第3辑,南京大学出版社1980年。

［8］于见:《明清时期黄淮运关系及其治理方针》,《治淮》1986年第3期。

［9］张芳:《扬州五塘》,《中国农史》1987年第1期。

［10］韩茂莉:《唐宋之际扬州经济兴衰的地理背景》,《中国历史地理论丛》1987年第1辑。

［11］景存义:《洪泽湖的形成与演变》,《河海大学学报》1987年第2期。

［12］郭黎安:《里运河变迁的历史过程》,《历史地理》第5辑,上海人民出版社1987年。

［13］邹逸麟:《淮河下游南北运口变迁和城镇兴衰》,《历史地理》第6辑,上海人民出版社1988年。

［14］吴必虎:《黄河夺淮后里下河平原河湖地貌的变迁》,《扬州师院学报》1988年第1、2期。

［15］潘凤英:《晚全新世以来江淮之间湖泊的变迁》,《地理科学》1983年第4期。

［16］潘凤英:《历史时期射阳湖的变迁及其成因探讨》,《湖泊科学》1989年第1期。

［17］万延森、盛显纯:《淮河口的演变》,《黄渤海海洋》1989年第1期。

［18］凌申:《全新世以来苏北平原古地理环境演变》,《黄渤海海洋》1990年第4期。

［19］廖高明:《高邮湖的形成和发展》,《地理学报》1992年第2期。

［20］凌申:《射阳湖历史变迁研究》,《湖泊科学》1993年第3期。

［21］王庆、陈吉余:《洪泽湖和淮河入洪泽湖河口的形成与演化》,《湖泊科学》1999年第3期。

［22］印志华:《从出土文物看长江镇扬河段的历史变迁》,《东南文化》1997年第4期。

［23］韩昭庆:《洪泽湖演变的历史过程及其背景分析》,《中国历史地理论丛》1998

年第2辑。

［24］王庆、陈吉余：《淮河入长江河口的形成及其动力地貌演变》，《历史地理》第16辑，上海人民出版社2000年。

［25］柯长青：《人类活动对射阳湖的影响》，《湖泊科学》2001年第2期。

［26］凌申：《古淮口岸线冲淤演变》，《海洋通报》2001年第5期。

［27］凌申：《全新世以来里下河地区古地理演变》，《地理科学》2001年第5期。

［28］张红安：《试析南京国民政府在苏北的“导淮”》，《南京师大学报（社会科学版）》2001年第1期。

［29］沈明洁、谢志仁、朱诚：《中国东部全新世以来海面波动特征探讨》，《地球科学进展》2002年第6期。

［30］王庆、高光辰、仲少云、陈吉余：《一千年来中国东部平原地区四个主要河口的动力地貌演变机制与环境》，《历史地理》第19辑，上海人民出版社2003年。

［31］孙语圣：《民国时期的导淮路线述评》，《历史教学》2010年第22期。

［32］荀德麟：《清江浦运河与运口考》，《淮阴工学院学报》2015年第4期。

［33］胡克诚：《明代漕抚创制史迹考略——以王竑为中心》，《聊城大学学报（社会科学版）》2015年第3期。

［34］印志华、张敏、倪学萍等：《江苏扬州宝应明代刘堡减水闸发掘简报》，《东南文化》2016年第6期。

［35］彭安玉：《大运河江淮段流向的历史演变——兼论清代“借黄济运”政策的影响》，《江南大学学报（人文社会科学版）》2017年第3期。

［36］吴士勇：《明代万历年间总漕与总河之争述论》，《南昌大学学报（人文社会科学版）》2017年第4期。

［37］简培龙、简丹：《洪泽湖大堤历史演变研究》，《中国水利》2017年第9期。

［38］杨霄、韩昭庆：《1717—2011年高宝诸湖的演变过程及其原因分析》，《地理学报》2018年第1期。

［39］张程娟：《争夺运河之利：明代瓜洲闸坝兴替与漕运制度改革》，《中国历史地理论丛》2018年第2辑。

［40］杨怀仁、谢志仁：《中国近20000年来的气候波动与海面升降运动》，杨怀仁主编：《第四纪冰川与第四纪地质论文集》第2集，地质出版社1985年。

［41］沈国俊：《长江古河道的发现》，中国地质学会第四纪冰川与第四纪地质专业委员会、江苏省地质学会合编：《第四纪冰川与第四纪地质论文集》第5集，地质出版社

1988 年。

[42] 安徽省社科联课题组:《古代淮河多种称谓问题研究》,徐东平等编:《皖北崛起与淮河文化——第五届淮河文化研讨会论文选编》,合肥工业大学出版社 2010 年。

[43] 李保华:《冰后期长江下切河谷体系与河口湾演变》,同济大学博士学位论文,2005 年。

[44] 黄阿明:《明代户部机构及其运作——以 16 世纪为中心》,华东师范大学硕士学位论文,2005 年。

[45] 樊育蓓:《太湖流域史前稻作农业发展研究》,南京农业大学硕士学位论文,2011 年。

[46] 李奇飞:《明代漕运总督研究》,江西师范大学硕士学位论文,2015 年。

[47] [日]谷光隆:《大运河・黄河・淮河三水系の概观:黄淮交汇河工史序论》,1982 年。

[48] [日]西冈弘晃:《唐宋期扬州の盛衰と水利问题》,"中村学园研究纪要",2002 年第 34 号。

图书在版编目（CIP）数据

江淮关系与淮扬运河水文动态研究(10—16世纪) / 袁慧著. -- 上海：上海教育出版社，2022.11
ISBN 978-7-5720-1677-6

Ⅰ. ①江… Ⅱ. ①袁… Ⅲ. ①大运河 - 区域水文学 - 研究 - 江苏 - 10—16世纪 Ⅳ. ①P344.253

中国版本图书馆CIP数据核字(2022)第178889号

责任编辑　董龙凯
书籍设计　陆　弦

江淮关系与淮扬运河水文动态研究（10—16世纪）
袁　慧　著

出版发行　上海教育出版社有限公司
官　　网　www.seph.com.cn
地　　址　上海市闵行区号景路159弄C座
邮　　编　201101
印　　刷　上海盛通时代印刷有限公司
开　　本　700 × 1000　1/16　印张 16.5　插页 5
字　　数　266 千字
版　　次　2022年11月第1版
印　　次　2022年11月第1次印刷
书　　号　ISBN 978-7-5720-1677-6/K·0017
定　　价　98.00 元

如发现质量问题，读者可向本社调换　电话：021-64373213